"十三五"江苏省高等学校重点教材（编号 2020-2-125）

人工智能技术应用核心课程系列教材

机器学习案例驱动教程

张 霞 赵 磊 主 编

张 玲 副主编

電子工業出版社

Publishing House of Electronics Industry

北京 • BEIJING

内 容 简 介

本书在不涉及大量数学模型与复杂算法实现的前提下，从机器学习概述开始，由“泰坦尼克号数据分析与预处理”“良/恶性乳腺癌肿瘤预测”“波士顿房价预测”“手写体数字聚类”“人脸特征降维”“在线旅行社酒店价格异常检测”6个案例分别引入数据分析、分类、回归、聚类、特征降维和异常检测的应用开发实战技术及其少量理论，能够帮助读者以最快的速度掌握使用Scikit-learn库进行机器学习开发的实战技能。书末是学习机器学习时可能用到的附录。

本书适合对机器学习感兴趣的初学者、需要快速入门机器学习的相关专业学生，以及期望快速进入机器学习任务的研发工程技术人员。

图书在版编目（CIP）数据

机器学习案例驱动教程 / 张霞，赵磊主编. —北京：电子工业出版社，2021.6
ISBN 978-7-121-41103-8

Ⅰ. ①机…　Ⅱ. ①张…　②赵…　Ⅲ. ①机器学习－高等学校－教材　Ⅳ. ①TP181

中国版本图书馆 CIP 数据核字（2021）第 080038 号

责任编辑：贺志洪　　文字编辑：程超群
印　　刷：北京七彩京通数码快印有限公司
装　　订：北京七彩京通数码快印有限公司
出版发行：电子工业出版社
　　　　　北京市海淀区万寿路 173 信箱　邮编 100036
开　　本：787×1 092　1/16　印张：16.25　字数：416 千字
版　　次：2021 年 6 月第 1 版
印　　次：2024 年 7 月第 5 次印刷
定　　价：49.00 元

凡所购买电子工业出版社图书有缺损问题，请向购买书店调换。若书店售缺，请与本社发行部联系，联系及邮购电话：（010）88254888，88258888。

质量投诉请发邮件至 zlts@phei.com.cn，盗版侵权举报请发邮件至 dbqq@phei.com.cn。

本书咨询联系方式：（010）88254609，hzh@phei.com.cn。

机器学习是人工智能的一个重要分支与核心研究内容，是目前实现人工智能的一条重要途径。机器学习的研究工作发展很快，其应用已遍及人工智能的各个领域，如数据挖掘、计算机视觉、自然语言处理、智能机器人等，也涌现出了很多机器学习库，帮助开发者搭建一个机器学习模型。本书以 Python 语言中专门针对机器学习应用而发展起来的 Scikit-learn（0.22.2）库为基础，结合机器学习前辈们的经验，用 6 个真实数据的案例引入数据分析、分类、回归、聚类、特征降维和异常检测 6 个任务，帮助读者以最快的速度掌握机器学习开发的实战技能。

本书由绪论、6 个案例和附录构成。

绪论：机器学习综述。先通过对机器学习的含义、应用场景、类型、术语等内容的介绍，引导读者对机器学习有个总体认识；接着介绍开发环境的搭建，引导读者学习相关软件的下载、安装和配置方法；最后带领读者熟悉 Python 编程语言基础。

案例 1：泰坦尼克号数据分析与预处理。通过对泰坦尼克号数据进行分析和绘图展示，引导读者学习数据预处理、数据分析和数据展示等任务，为后续机器学习任务做好准备，详细介绍案例实现、案例详解和 Numpy/Matplotlib/Pandas 等 Python 库的使用。

案例 2：良/恶性乳腺癌肿瘤预测。通过以往的乳腺癌患者数据找到肿瘤预测模式，引导读者学习如何依据训练数据实现分类任务的方法，详细介绍案例实现、案例详解和支撑知识，涵盖线性、K 近邻、支持向量机、朴素贝叶斯、决策树、集成方法等模型。

案例 3：波士顿房价预测。通过波士顿房价数据找到房价预测模式，引导读者学习如何依据训练数据实现回归任务的方法，详细介绍案例实现、案例详解和支撑知识，涵盖线性、K 近邻、支持向量机、回归树、集成方法等模型。

案例 4：手写体数字聚类。通过手写体数字图像的聚类任务，引导读者学习如何依据数据本身实现聚类任务的方法，详细介绍案例实现、案例详解和支撑知识，涵盖 KMeans 聚类、均值漂移聚类、层次聚类、密度聚类等模型。

案例 5：人脸特征降维。通过人脸图像的特征降维，引导读者学习在实际项目中解决维度灾难问题的方法，详细介绍案例实现、案例详解和支撑知识，涵盖主成分分析、非负矩阵分解等模型。

案例 6：在线旅行社酒店价格异常检测。通过对 Expedia 在线旅行社数据的异常价格检测，引导读者学习在实际项目中解决异常检测任务的方法，详细介绍案例实现、案例详解和支撑知识，涵盖基于聚类、基于孤立森林、基于支持向量机、基于高斯分布的异常检测模型。

附录：内容包括 VirtualBox 虚拟机软件与 Linux 的安装和配置、Linux（Ubuntu 14.4）的基本命令与使用、GitHub 代码托管平台、Docker 技术与应用、人工智能的数学基础与工具、公开数据集介绍与下载、人工智能的网络学习资源、人工智能的技术图谱、人工智能技术应用就业岗位与技能需求、Sklearn 常用模块和函数。

万事开头难，而机器学习又是个公认的“高门槛”课程。为紧扣国家经济社会发展需求，也为初学者打消顾虑，本书紧密结合初学者的学习习惯和认知规律，改进了传统的教学组织模式，在不涉及大量数学模型和复杂编程知识的前提下，引入了 6 个案例配对机器学习的 6 个任务，每个案例都遵循案例描述及实现→案例详解及示例→支撑技术/支撑知识的组织结构。案例实现给出了具体步骤和代码实现，让读者在学习相关理论之前就能够了解到机器学习的实战开发，调动读者学习的积极性；案例详解构建了开发和理论之间的桥梁，通过对一些开发示例的展示，引导读者进一步认识机器学习库的使用；支撑技术/支撑知识介绍了案例开发用到的基础原理和少量深层次知识点，引导读者后续系统地深入学习机器学习理论。

本书由张霞、赵磊担任主编，张玲担任副主编，南京信息职业技术学院人工智能学院院长聂明教授、董志勇高级工程师、倪靖副教授、杨和稳副教授、夏嵬博士共同参与了图书的校对和文稿的审核，学生邓慕隆和孙钰铭参与了图片整理和代码测试任务。编写过程中得到了教材编委会各位专家、学者的指导，在此表示衷心的感谢。同时，本书引用了一些专著、教材、论文、报告和网络上的成果、素材、结论及图文，吸取了许多机器学习前辈和同人的宝贵经验，在此一并向原创作者们表示衷心感谢！

由于编者水平所限，疏漏和不足之处在所难免，恳请广大读者和社会各界朋友批评指正！

编者联系邮箱：260908536@qq.com。

编　者

绪 论

0.1 机器学习综述

机器学习导论_综述视频

机器学习导论_经验视频

机器学习导论_性能视频

0.1.1 机器学习的含义

学习是人类具有的一种重要智能行为，但究竟什么是学习，长期以来众说纷纭，社会学家、逻辑学家和心理学家都有不同的看法。什么是机器学习呢？Langley（1996）将机器学习定义为“机器学习是一门人工智能的科学，该领域的主要研究对象是人工智能，特别是如何在经验学习中改善具体算法的性能”；Tom Mitchell（1997）定义机器学习时提到，“机器学习是对能通过经验自动改进的计算机算法的研究”；Alpaydin（2004）提出机器学习的定义为，“机器学习是用数据或以往的经验，以此优化计算机程序的性能标准”。

机器学习研究计算机怎样模拟或实现人类的学习行为，以获取新的知识或技能，重新组织已有的知识结构，使之不断改善自身的性能。机器学习是人工智能的一个重要分支与核心研究内容，是目前实现人工智能的一条重要途径，这里的“机器”指包含硬件和软件的计算机系统。从技术实现的角度看，机器学习是通过算法与模型设计，使机器从已有数据（训练数据集）中自动分析、习得规律（模型与参数），再利用规律对未知数据进行预测的过程，不同的算法与模型的预测准确率、运算量也不同。机器学习的应用已遍及人工智能的各个分支，如专家系统、自动推理、自然语言理解、模式识别、计算机视觉、智能机器人等领域。“机器”不但具备学习能力，在应用中还能不断地提高能力，过一段时间之后，设计者本人也不知道能力到了何种水平。

机器学习最基本的思路就是使用算法来解析训练数据（模型训练），从中学习到特征并得到模型，然后使用得到的模型对真实世界中的事物、事件做出分类、决策或预测。与传统的为解决特定任务、硬编码的软件程序不同，机器学习用大量的数据来“训练”，通过各种算法从数据中学习如何完成任务。以垃圾邮件检测为例，该任务是根据邮箱中的邮件，识别哪些是垃圾邮件，哪些是正常邮件。垃圾邮件的检测需要指定一些规则，例如，事先指定一些可能为垃圾邮件的链接，若邮箱中再出现该链接，该邮件很有可能是垃圾邮件。随着规则数不断增多，垃圾邮件检测系统也变得更为复杂，所以需要计算机能够自动地从数据的某些特征中学习到更准确的垃圾邮件检测规则。

0.1.2 机器学习的应用场景

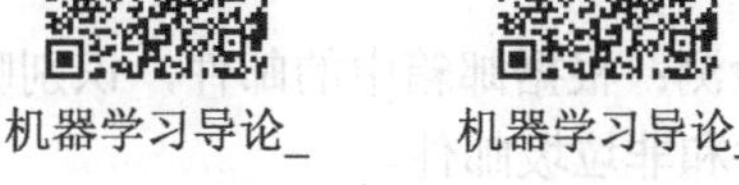

机器学习处理的数据主要有结构化数据和非结构化数据。结构化数据是用二维表结构来

逻辑表达和实现的数据，严格地遵循数据格式与长度规范，主要通过关系型数据库进行存储和管理，例如，企业 ERP、财务系统等使用了结构化数据库。非结构化数据是数据结构不规则或不完整，没有预定义的数据模型，不方便用数据库二维逻辑表来表现的数据，如文本、语音、图像和视频等类型。不同类型的数据有不同的应用场景。

1. 文本数据

文本数据也可称为字符型数据，例如，英文字母、汉字、不作为数值使用的数字（以单引号开头）和其他可输入的字符。超文本是文本数据的另一种形式，包含标题、作者、超链接、摘要和内容等信息。文本数据的应用场景包含垃圾邮件检测、信用卡欺诈检测和电子商务决策等领域。

（1）垃圾邮件检测：根据邮箱中的邮件，识别哪些是垃圾邮件，哪些不是垃圾邮件，可以用来归类垃圾邮件和非垃圾邮件。

（2）信用卡欺诈检测：根据用户一个月内的信用卡交易数据，识别哪些交易是该用户操作的，哪些不是该用户操作的，可以用来找到欺诈交易。

（3）电子商务决策：根据一个用户的购物记录和冗长的收藏清单，识别出哪些是该用户真正感兴趣并且愿意购买的产品，可以为客户提供建议并鼓励该用户进行产品消费。

2. 语音数据

语音数据是指通过语音来记录的数据及通过语音来传输的信息，也可称为声音文件。语音数据的应用场景包含语音识别、语音合成、语音交互、机器翻译、声纹识别等领域。

（1）语音识别：让机器通过识别和理解过程把语音信号转变为相应的文本或命令的技术，例如，从一个用户的话语中确定用户提出的具体要求，可以自动填充用户需求。

（2）语音合成：通过机械的、电子的方法产生人造语音的技术，例如，从外部输入的文字信息转变为可以听得懂的、流利的汉语口语输出。

（3）语音交互：基于语音输入的新一代交互模式，通过说话就可以得到反馈结果，典型的应用场景是语音助手，如苹果公司推出的 Siri。

（4）机器翻译：又称为自动翻译，是利用计算机将一种自然语言（源语言）转换为另一种自然语言（目标语言）的过程，如有道词典等翻译软件。

（5）声纹识别：把声信号转换成电信号，再用计算机进行识别，也称为说话人识别。声纹识别有说话人辨认和说话人确认两类。不同的任务和应用会使用不同的声纹识别技术，如缩小刑侦范围时可能需要辨认技术，而银行交易时则需要确认技术。

3. 图像数据

图像识别是机器学习领域非常核心的一个研究方向。图像识别的应用场景包含文字识别、指纹识别、人脸识别和形状识别等领域。

（1）文字识别：利用计算机自动识别字符的技术，是模式识别应用的一个重要领域，一般包括文字信息的采集、信息的分析与处理、信息的分类判别等几个部分。

（2）指纹识别：通过比较不同指纹的细节特征点来进行鉴别，涉及图像处理、模式识别、计算机视觉、数学形态学、小波分析等众多学科。

（3）人脸识别：基于人的脸部特征信息进行身份识别的一种生物识别技术。人脸识别是用摄像机或摄像头采集含有人脸的图像，并自动在图像中检测和跟踪人脸，进而对检测到的人脸进行脸部识别的一系列相关技术，通常也叫作人像识别、面部识别。例如，根据相册中的众多数码照片，识别出哪些照片包含某一个人。这样的决策模型可以自动地根据人脸管理照片。

（4）形状识别：模式识别的重要方向，广泛应用于图像分析、机器视觉和目标识别等领域。例如，根据用户在触摸屏幕上的手绘和一个已知的形状资料库，判断用户想描绘的形状。这样的决策模型可以显示该形状的理想版本，用以绘制清晰的图像。

4．视频数据

视频可以看作是特定场景下连续的图像（每秒几十帧），视频比图像数据维度更高、信息量更多、处理难度更大。视频应用场景包含智能监控和计算机视觉等领域。

（1）智能监控：将视频转换成图像的处理，首先要提取视频中的运动物体，然后再对提取的运动物体进行跟踪，涉及监控视频的去模糊、去雾、夜视增强、视频浓缩等步骤。

（2）计算机视觉：利用摄像机和计算机模仿人类视觉（眼睛与大脑），实现对目标的分割、分类、识别、跟踪、判别、决策等功能的人工智能技术。它的研究目标是使计算机具有通过二维图像认知三维环境信息的能力，即在基本图像处理的基础上，进一步进行图像识别、图像（视频）理解和场景重构。

0.1.3 机器学习类型

机器学习导论_任务视频

机器学习从不同的视角可以划分为不同的类型。从学习形式的视角，机器学习可以划分为有监督学习（Supervised Learning）、无监督学习（Unsupervised Learning）、半监督学习（Semi-supervised Learning）和强化学习（Reinforcement Learning）等；从学习任务的视角，机器学习可以分为分类（Classification）、回归（Regression）、聚类（Clustering）、降维（Dimensionality Reduction）和异常检测（Anomaly Detection）等。表 0-1 给出了不同视角下的机器学习类型划分方法。

表 0-1　机器学习的类型划分

划分视角	机器学习的类型
学习形式	有监督学习（Supervised Learning）
	无监督学习（Unsupervised Learning）
	半监督学习（Semi-supervised Learning）
	强化学习（Reinforcement Learning）
	……
学习任务	分类（Classification）
	回归（Regression）
	聚类（Clustering）
	降维（Dimensionality Reduction）
	异常检测（Anomaly Detection）
	……

有监督学习是机器学习中一种最常用的学习方法，其训练样本中同时包含特征和标签信息。有监督学习在现实中的主要应用有分类问题和回归问题。分类问题的标签是离散的值，如垃圾邮件检测系统中的标签为{1，0}；回归问题的标签是连续的值，如利用股票的历史价格来预测未来的股票价格。有监督学习模型（Supervised Learning Model）的一般建立流程，如图 0-1 所示。训练环节是从训练样本中提取出训练样本的特征向量和标签，将其用于机器学习算法后得到预测模型；测试环节是将从测试样本提取到的特征向量输入预测模型进行测试，最终得到测试样本离散的标签或连续的值，并且可以根据需要做出对应的评价。

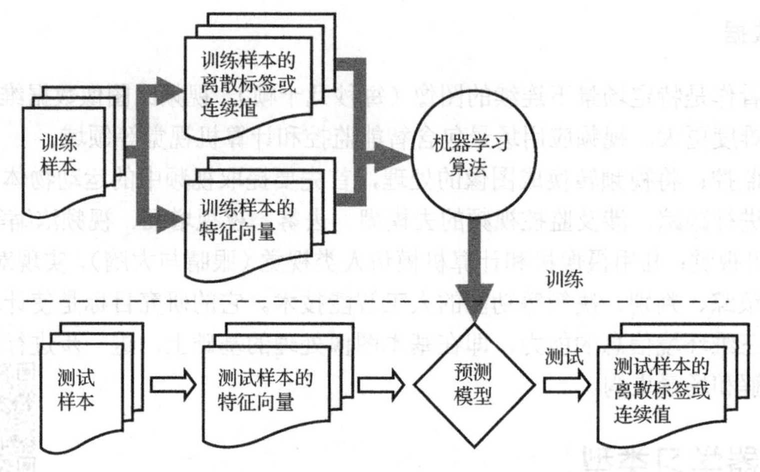

图 0-1　有监督学习模型的一般建立流程

无监督学习中的样本没有对应的标签或目标值，在现实生活中的应用有聚类（Clustering）等问题。例如，某公司需要对客户分群，但是事先不知道总共有几种客户类型，更不知道每个客户是属于哪个类型的。但是，机器学习可以根据客户资料将一些相似的客户分成一群，更好地为公司服务。另外，无监督学习还包括密度估计（Density Estimation）问题，如标注犯罪比较多的地区；还有异常检测（Anomaly Detection）问题，如发现信用卡交易过程中的异常情况。对于有监督学习来说，最后的结果能使预测值越贴近目标标签或目标值越好；但是对于无监督学习模型（Unsupervised Learning Model）来说，训练集事先不知道其类别或者目标值，最后的结果也没有那么明确的判断标准，有一些学者致力于无监督学习模型判断标准的研究。无监督学习模型的一般建立流程，如图 0-2 所示。

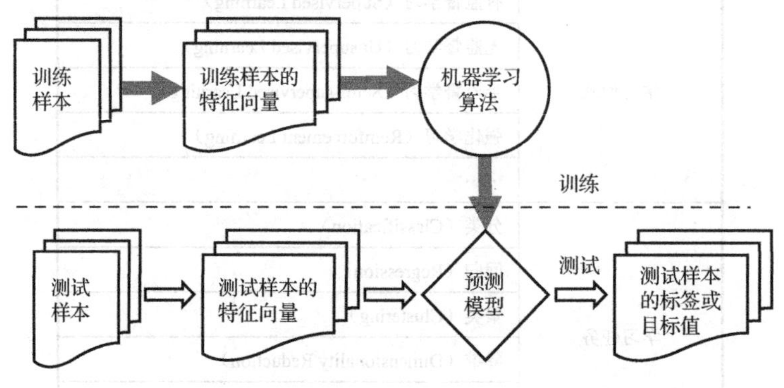

图 0-2　无监督学习模型的一般建立流程

半监督学习是有监督学习和无监督学习的综合，从部分有标签或目标值的训练数据进行训练，主要考虑如何利用少量的标记样本和大量的未标记样本进行训练和测试的问题。如果取得特征比较容易，但取得所有标签或目标值很难或代价很大，那么可以采取半监督学习的方式。半监督学习训练中使用的数据，只有一小部分是标记过的，而大部分是没有标记的。因此，与有监督学习相比，半监督学习的成本较低，但是又能达到较高的准确度，可应用于得到数据标注非常困难的任务。例如，对于医院的检查结果，医生也需要一段时间来判断健康与否，可能只有几组数据知道是健康的还是非健康的，而其他的数据不知道是否健康。半监督学习在无类别标签样本的帮助下训练少量有类标签的样本得到分类器，此分类器比只用有类标签的少量样本训练得到的分类器的性能更优，弥补有类标签样本不足的缺陷。

强化学习的输出标签不是直接的对或者不对，而是一种奖惩机制，通过观察来学习动作的完成，每个动作都会对环境有所影响，学习对象根据观察到的周围环境的反馈来做出判断，可以通过某种方法知道某个结果是离正确答案越来越近还是越来越远（即奖惩函数）。在这种学习模式下，输入数据作为对模型的反馈，不像有监督模型那样，输入数据仅仅是作为一个检查模型对错的方式，在强化学习下，输入数据直接反馈到模型，模型必须对此立刻做出调整。以一个游戏为例，A 玩家事先藏好一个东西，当 B 玩家离这个东西越来越近时 A 就说“近”，越来越远时 A 就说“远”，这里的近或者远就是一个奖惩函数。在有监督学习中，能直接得到每个输入对应的输出；而在强化学习中，训练一段时间后可以得到一个延迟的反馈，并且提示某个结果是离答案越来越远还是越来越近。

线性分类器_术语视频

0.1.4 相关术语

机器学习处理的对象是数据。数据集（Data Set）是一组具有相似结构的数据样本的合集，将经验（数据）转化为最终的“模型”（Model）的算法称为“学习算法”（Learning Algorithm，即从数据中产生模型）；示例（Instance）是对某个对象的描述，也叫样本（Sample）；属性（Attribute）是对象的某方面表现或特征，也叫特征（Feature）；属性值（Attribute Value）是属性上的取值；维数（Dimensionality）是描述样本属性参数的个数。以计算机判断西瓜是好瓜还是坏瓜为例说明数据集、示例（样本）、属性（或特征）和属性值四个术语，如图 0-3 所示。

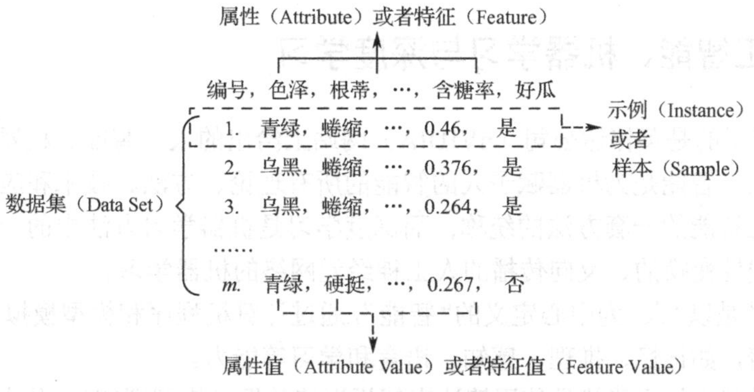

图 0-3　机器学习术语示意图

通过执行某个机器学习算法，从数据中习得模型的过程称为“学习”（Learning）或“训练”（Training），训练过程使用的数据称为“训练数据”（Training Data），其中每个样本称为一个“训练样本”（Training Sample），训练样本组成的集合称为“训练集”（Training Set）。使用训练得到的模型对验证集数据进行预测，为选出效果最佳的模型，常用来调整模型参数的样本称为“验证样本”，验证样本组成的集合称为“验证集”（Validation Set）。得到模型后，使用模型进行预测的过程称为“测试”（Testing），被预测的样本称为“测试样本”（Testing Sample），测试样本组成的集合称为“测试集”（Testing Set），可使用测试集进行模型性能评价。学得的模型适用于新样本的能力，称为“泛化”（Generalization）能力。

分类算法的性能一般用精确度（Precision）、准确率（Accuracy）和召回率（Recall）来评价。假设原始样本中有两类数据，其中，总共有 P 个类别为 1 的样本，有 N 个类别为 0 的样本；经过分类后，有 TP 个类别为 1 的样本被系统正确判定为类别 1，FP 个类别为 0 的样本被系统错误判定为类别 1；有 FN 个类别为 1 的样本被系统错误判定为类别 0，有 TN 个类别为 0 的样本被系统正确判定为类别 0，如表 0-2 所示。

线性分类器性能评价视频

表 0-2　TP、FP、FN、TN 的关系

类　别		实际的类别	
		1	0
预测的类别	1	TP	FP
	0	FN	TN

$$\text{Precision}=\frac{\text{TP}}{\text{TP}+\text{FP}} \tag{0-1}$$

$$\text{Accuracy}=\frac{\text{TP}+\text{TN}}{P+N}=\frac{\text{TP}+\text{TN}}{\text{TP}+\text{FN}+\text{FP}+\text{TN}} \tag{0-2}$$

$$\text{Recall}=\frac{\text{TP}}{\text{TP}+\text{FN}} \tag{0-3}$$

精确度（Precision）[式（0-1）] 反映了被分类器判定的类别 1 中真正的类别 1 样本的比重；准确率（Accuracy）[式（0-2）] 反映了分类器对整个样本的判定能力，能将类别 1 的判定为类别 1，类别 0 的判定为类别 0；召回率（Recall）[式（0-3）] 反映了被正确判定类别 1 占总的类别 1 的比重。

0.1.5 人工智能、机器学习与深度学习

如图 0-4 所示的是英伟达公司（nVIDIA）网站上给出的人工智能、机器学习和深度学习三者的关系。人工智能是为机器赋予人的智能的所有理论、方法、技术和应用的统称；机器学习是实现人工智能的一套方法的统称；而深度学习是机器学习方法中的一类，其内涵是基于多层的、非线性变换的、反向传播的人工神经元网络的机器学习。

“人工智能”是以“人”为中心定义的“智能”，通过计算机程序和模型模拟人类心智（Mind）能做的各种事情，如记忆、推理、感知、语言和学习等能力。

机器学习最基本的思路就是使用算法来解析训练数据（模型训练），从中学习到特征（得到模型），然后使用得到的模型对真实世界中的事物、事件做出分类、决策或预测。与传统的为解决特定任务、硬编码的软件程序不同，机器学习用大量的数据来“训练”，通过各种算法从数据中学习如何完成任务。机器学习的传统算法包括决策树、贝叶斯网络、集成方法等，在数

据处理、商业智能、邮政编码识别（邮件自动分拣）、产品检验（自动化生产线）、标示识别等生产生活领域中得到了广泛应用，提高了自动化程度，一定程度上实现了让机器可以持续学习、持续提高水平的方法。传统的机器学习由于其模型简单、计算量小，具有广泛的工程应用。

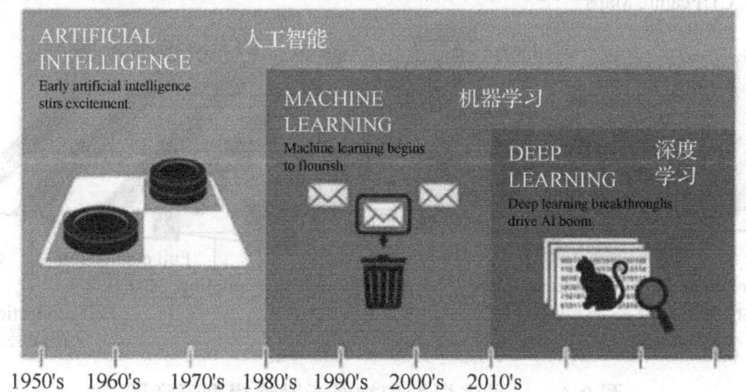

图 0-4　人工智能、机器学习与深度学习三者的关系

但是，传统的机器学习方法受算法、算力和训练数据获取等多方面的约束，“智能”水平非常有限。2006 年，由 Hinton 等人提出的“深度学习”（Deep Learning，DL），突破了传统机器学习的算法瓶颈，在基于现代云计算的强大计算力（CPU/GPU/TPU、云计算）和海量数据操控力（存储、管理、传输）的支撑下，使得人工智能的实现技术取得了一系列突破性进展。这里的“深度”是指人工神经元网络的层数（可多达上千层），旨在通过卷积、池化等非线性变换进行分析、抽象和学习的神经网络，模仿人脑的机制来“分层”抽象和解释数据、提取特征、建立模型。在短短几年内，深度学习颠覆了图像分类、语音识别、文本理解等众多领域的算法设计思路，创造了一种从数据出发，经过一个端到端最后得到结果的新模式。由于深度学习是根据提供给它的大量的实际行为（训练数据集）来自动调整规则中的参数，进而调整规则的，因此在和训练数据集类似的场景下，可以做出一些很准确的判断。如图 0-5 所示为深度学习系统结构。

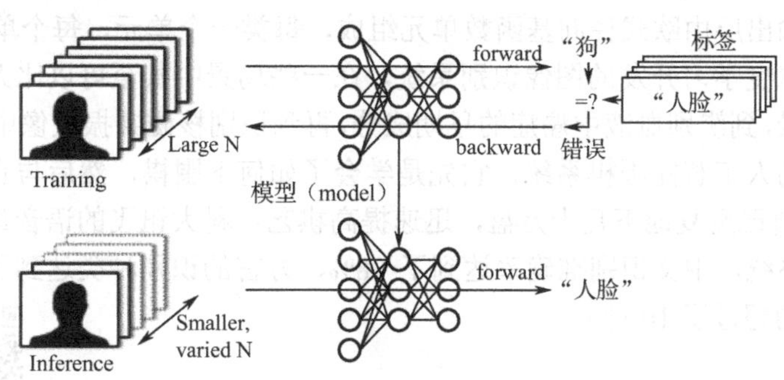

图 0-5　深度学习系统结构

如图 0-6 所示的是多层卷积神经元网络模型 LeNet-5 的示意图，此 LeNet-5 模型共有 7 层，不包含输入，每层都包含可训练参数（连接权重），输入图像大小为 32 像素×32 像素。

每个层有多个 Feature Map（特征图），每个 Feature Map 通过一种卷积滤波器提取输入的一种特征，然后每个 Feature Map 有多个神经元。

（1）C1 层是一个卷积层，由 6 个特征图 Feature Map 构成。特征图中每个神经元与输入中的 5×5 的邻域相连。特征图的大小为 28×28，这样能防止输入的连接掉到边界之外。C1 有 156 个可训练参数[每个滤波器有 5×5=25 个 unit 参数和一个 bias 参数，一共 6 个滤波器，共(5×5+1)×6=156 个参数]，共 156×（28×28）=122304 个连接。

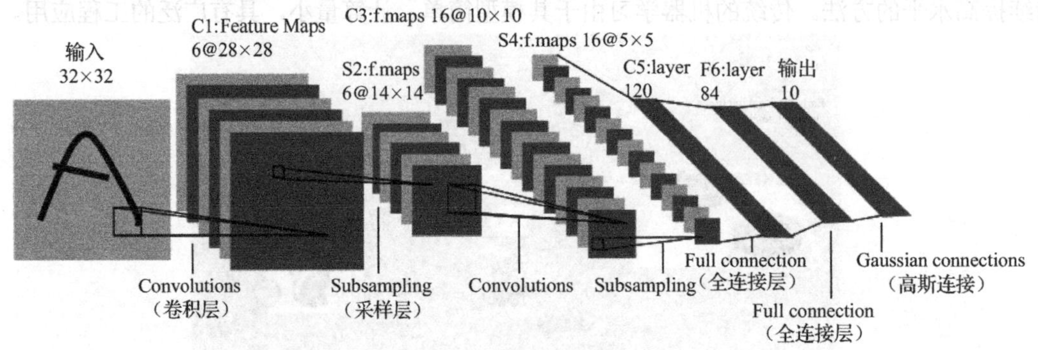

图 0-6　一种多层卷积神经元网络模型示意图

（2）S2 层是一个下采样层，有 6 个 14×14 的特征图。特征图中的每个单元与 C1 中相对应特征图的 2×2 邻域相连接。S2 中每个特征图的大小是 C1 中特征图大小的 1/4（行和列各 1/2）。S2 层有 12 个可训练参数和 5880 个连接。

（3）C3 层也是一个卷积层，它同样通过 5×5 的卷积核去卷积层 S2，然后得到的特征图就只有 10×10 个神经元，但是它有 16 种不同的卷积核，所以就存在 16 个特征图了。

（4）S4 层是一个下采样层，由 16 个 5×5 大小的特征图构成。特征图中的每个单元与 C3 中相应特征图的 2×2 邻域相连接，跟 C1 和 S2 之间的连接一样。S4 层有 32 个可训练参数（每个特征图 1 个因子和一个偏置）和 2000 个连接。

（5）C5 层是一个卷积层，有 120 个特征图。每个单元与 S4 层的全部 16 个单元的 5×5 邻域相连。由于 S4 层特征图的大小也为 5×5（同滤波器一样），C5 层有 48120 个可训练连接。

（6）F6 层有 84 个单元（之所以选这个数字的原因来自输出层的设计），与 C5 全连接，有（120+1）×84 个可训练参数。

（7）最后，输出层由欧式径向基函数单元组成，每类一个单元，每个单元有 84 个输入。

目前，基于深度学习开发的图像识别系统，在一些场景中甚至可以比人做得还好：从识别猫狗、物体、场景，到辨别血液中癌症的早期成分，再到识别核磁共振成像中的肿瘤；AlphaGo 是基于深度学习的人工智能围棋系统，它先是学会了如何下围棋，然后与它自己下棋训练，24 小时就可以与自己反复地下几十万盘，迅速提高棋艺；科大讯飞的语音识别技术也是基于深度学习的智能系统，中文识别准确率达到了 98%、方言的识别种类达到了二十多种（其中准确率超过 90%的超过了 10 种）。

0.2　开发环境搭建

环境安装_Win10_anaconda3 视频

0.2.1　Windows 系统环境

环境安装_Win10_pycharm 视频

1. 直接安装

如果仅限于本书的案例，可以选择在 Windows 系统下直接安装，安装步骤分别为安装

Python、安装 PyCharm、安装编程库（包），如图 0-7 所示。也可以借助 Anaconda 工具来安装。如果需要用到某些 Windows 不支持的专有包，则需采用第二种方案，即“虚拟机下安装 Ubuntu”来搭建开发环境。

（1）安装 Python。

①访问 Python 官网，进入下载页面（https://www.python.org/downloads/）。

②单击“Downloads”菜单里面的“Windows”项，如图 0-8 所示。

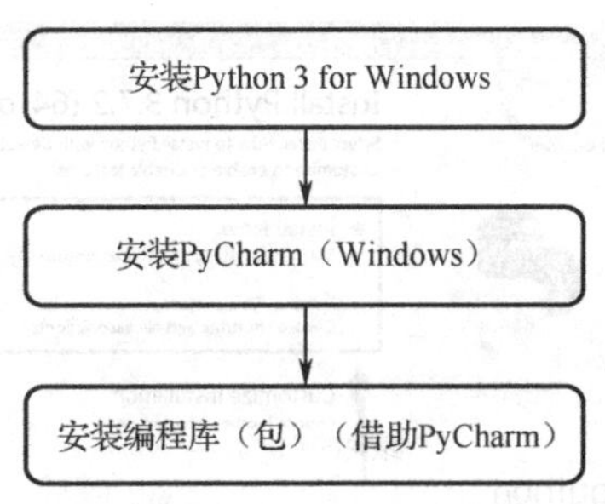

图 0-7　Windows 下开发环境安装步骤

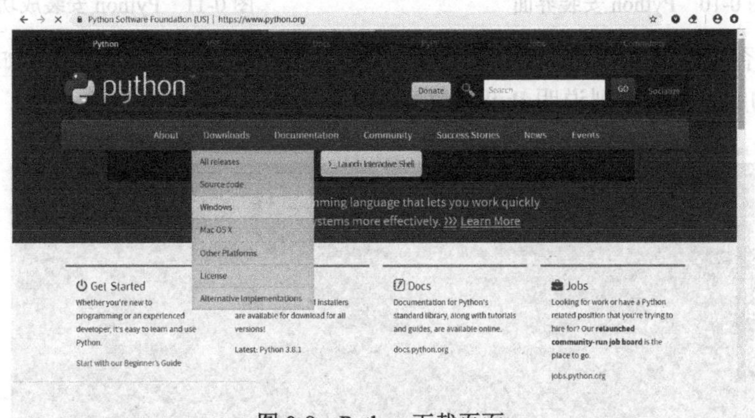

图 0-8　Python 下载页面

③进入适用于 Windows 操作系统的 Python 版本列表，如图 0-9 所示，选择需要的版本进行下载并保存即可。本书以下载 Python 3.7.2（64-bit）为例（注：图 0-9 截取了页面的一部分，可以下拉页面找到 Python 3.7.2）。

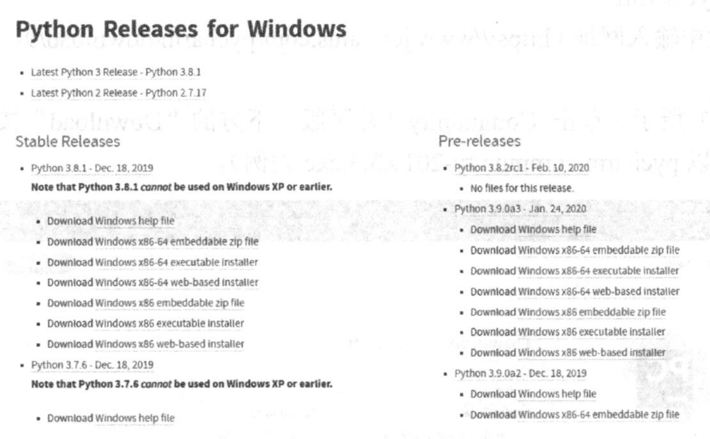

图 0-9　Python 版本列表页面

④运行下载的 Python 安装程序，进入 Python 安装界面，如图 0-10 所示。在单击“Install Now”之前，请先勾选“Add Python 3.7 to PATH”复选框。

⑤Python 安装成功界面如图 0-11 所示。

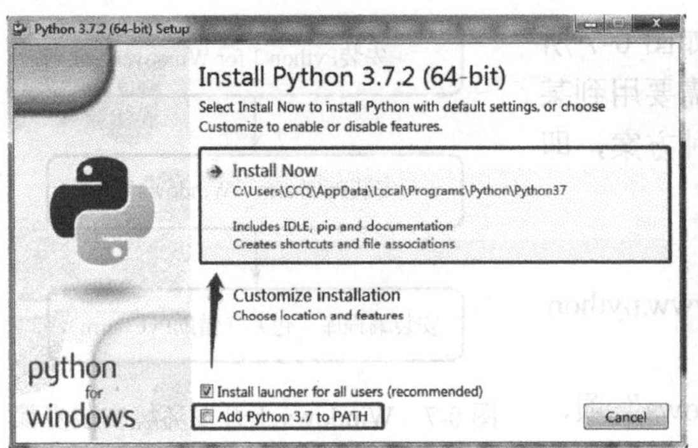

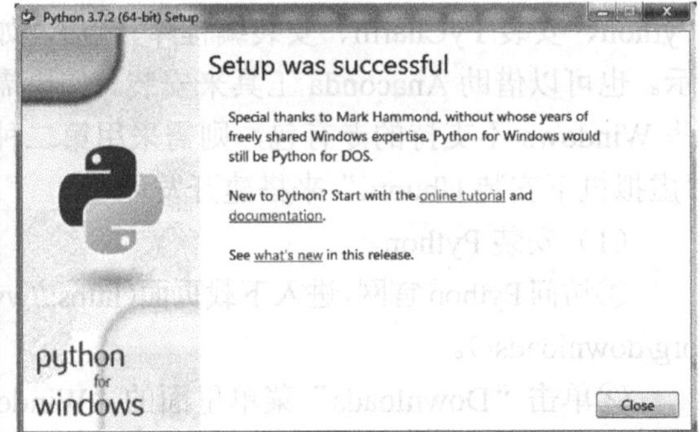

图 0-10　Python 安装界面　　　　图 0-11　Python 安装成功界面

⑥验证是否安装成功。进入命令行界面，输入“python”命令并回车，如果没有报错并显示 Python 的版本信息，则说明 Python 安装成功，如图 0-12 所示。

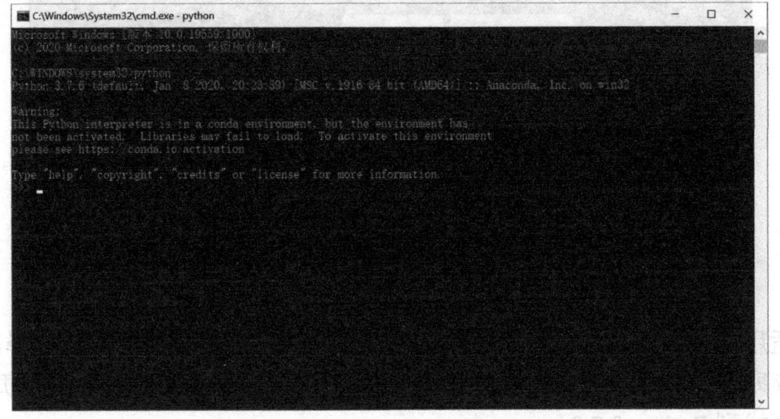

图 0-12　验证是否安装成功

（2）安装 PyCharm。

①在地址栏中输入网址（https://www.jetbrains.com/pycharm/download/），进入 PyCharm 下载页面。

②如图 0-13 所示，单击 Community（社区版）下方的“Download”按钮，下载并保存 PyCharm（此处以 pycharm-community-2019.3.3.exe 为例）。

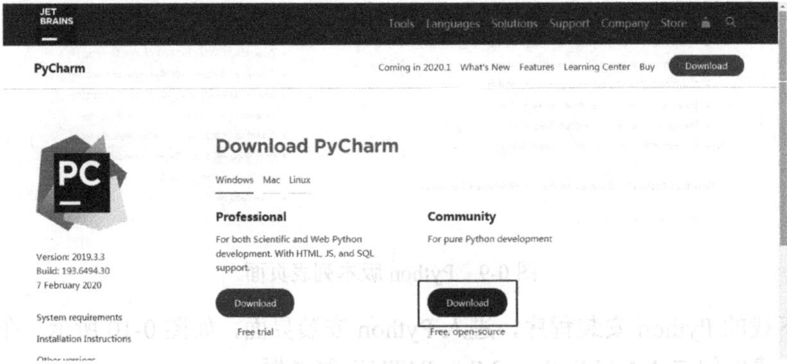

图 0-13　PyCharm 下载页面

③运行下载的 PyCharm 安装程序，安装过程如图 0-14 所示。

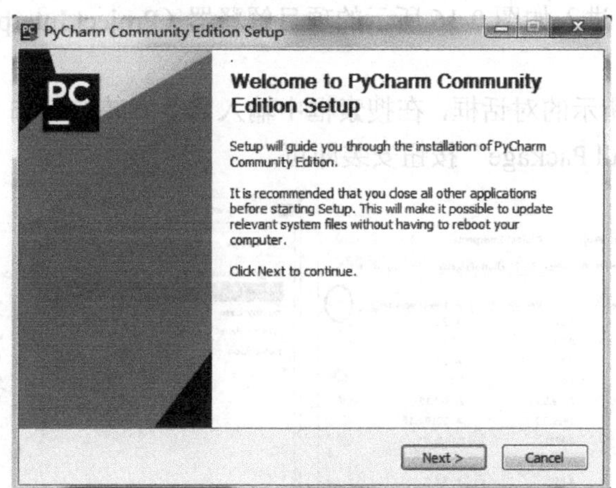

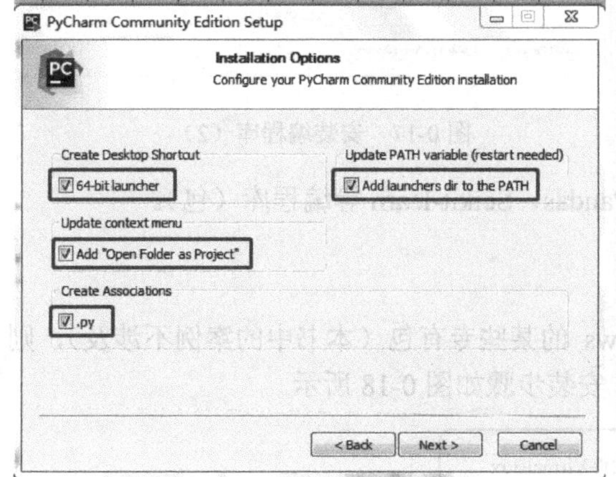

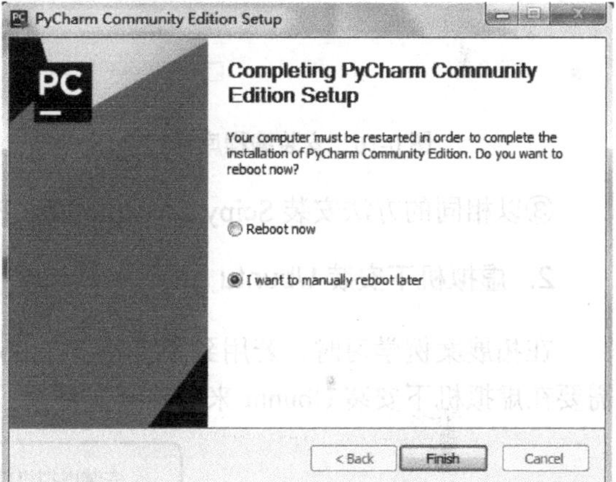

图 0-14　安装过程

④检查项目解释器。运行 PyCharm，单击“File”菜单中的“Settings”命令，进入“Settings”界面，在搜索框中输入“Interpreter”后回车，进入项目解释器设置界面，如图 0-15 所示。

图 0-15　项目解释器设置界面

（3）安装编程库（包）（借助 PyCharm）。

①运行 PyCharm，进入如图 0-16 所示的项目解释器（Project Interpreter）设置界面，单击右侧的“+”号。

②弹出如图 0-17 所示的对话框，在搜索框中输入需要安装的包如“numpy”，等待查询结果，找到后单击“Install Package”按钮安装即可。

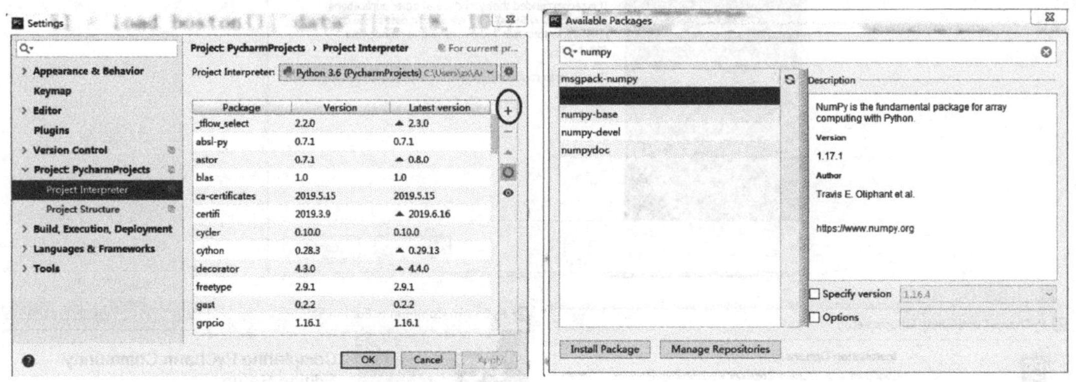

图 0-16　安装编程库（1）　　　　图 0-17　安装编程库（2）

③以相同的方法安装 Scipy、Matplotlib、Pandas、Scikit-learn 等编程库（包）。

2. 虚拟机下安装 Ubuntu

在拓展案例学习时，若用到不支持 Windows 的某些专有包（本书中的案例不涉及），则需要在虚拟机下安装 Ubuntu 来搭建开发环境，安装步骤如图 0-18 所示。

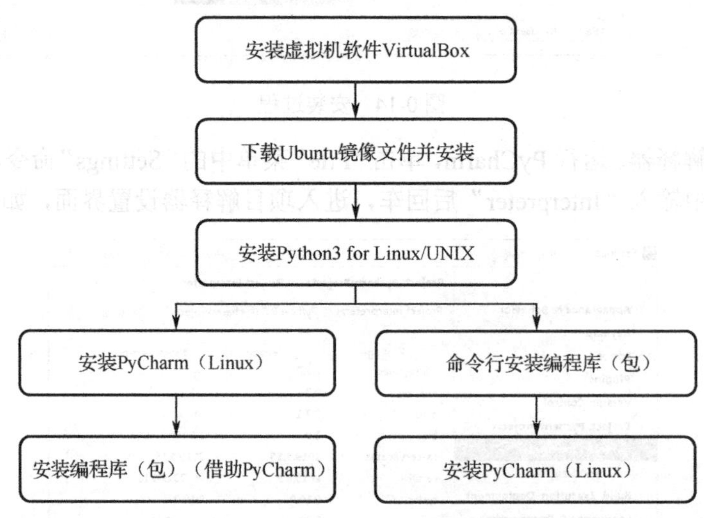

图 0-18　虚拟机下安装 Ubuntu 开发环境安装步骤

虚拟机下安装 Ubuntu 后，有两种方法搭建开发环境：第一种是先安装 PyCharm（Linux），后安装编程库（借助 PyCharm），方法与 Windows 下的安装类似，此处需注意的是安装对应的 Linux 版本；第二种是，如果选择先用命令行安装编程库，编程库全部装完以后，可继续安装 Linux 版的 PyCharm。

（1）安装 Python 3。

①通过按下组合键 Ctrl+Alt+T，启动一个终端窗口，如图 0-19 所示。

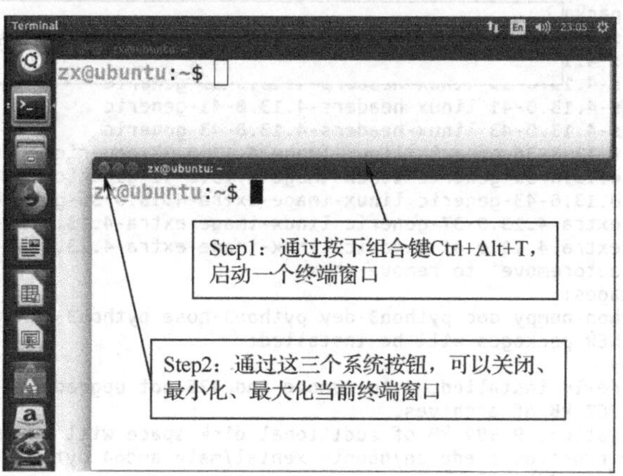

图 0-19　终端窗口的启动与控制

②进入 Ubuntu 系统的终端，安装 Python 3（输入命令“sudo apt-get install python3”），并检查 Python 3 是否安装成功（输入命令“python3”，一般默认 Python 2.7 版本，不需要卸载自带的 Python 2.7），如图 0-20 所示。

```
zx@ubuntu:~$ sudo apt-get install python3
[sudo] password for zx:
Reading package lists... Done
Building dependency tree
Reading state informati
python3 is already the
The following packages
  linux-headers-4.13.0-
  linux-headers-4.13.0-37 linux-headers-4.13.0-37-generic
  li                      headers-4.13.0-39-generic
  li                      headers-4.13.0-41-generic
  li                      headers-4.13.0-43-generic
  li                      linux-image-4.13.0-37-generic
  linux-image-4.13.0-39-generic linux-image-4.13.0-41-generic
  linux-image-4.13.0-43-generic linux-image-extra-4.13.0-36-generic
  linux-image-extra-4.13.0-37-generic linux-image-extra-4.13.0-39-generic
  linux-image-extra-4.13.0-41-generic linux-image-extra-4.13.0-43-generic
Use 'sudo apt autoremove' to remove them.
0 upgraded, 0 newly installed, 0 to remove and 435 not upgraded.
zx@ubuntu:~$ python3
Python 3.5.2 (default, Nov 12 20
[GCC 5.4.0 20160609] on linux
Type "help", "copyright", "credi
>>>
```

Step1：输入命令“sudo apt-get install python3”并回车，安装Python 3

Step2：输入自己设定的密码

Step3：输入命令“python3”并回车，检查是否安装成功

图 0-20　安装 Python 3

（2）安装 Numpy 和 Scipy。安装之前须检查计算机是否联网（不建议使用无线网）。

①在终端窗口中输入命令“sudo apt-get install python3-numpy”并回车，安装 Numpy，如图 0-21 所示。

②检查 Numpy 是否安装成功（输入命令“import numpy”），不报错即为安装成功。输入命令“exit()”并回车，退出 Python 3，如图 0-22 所示。

③在终端窗口中输入命令“sudo apt-get install python3-scipy”并回车，安装 Scipy，如图 0-23 所示。

```
zx@ubuntu:~$ sudo apt-get install python3-numpy
Reading package lists... Done
Building dependency tree
Reading state information... Done
The following packa
  linux-headers-4.1
  linux-headers-4.1
  linux-headers-4.1
  linux-headers-4.13.0-41 linux-headers-4.13.0-41-generic
  linux-headers-4.13.0-43 linux-headers-4.13.0-43-generic
  linux-image-4.13.0-36-generic linux-image-4.13.0-37-generic
  linux-image-4.13.0-39-generic linux-image-4.13.0-41-generic
  linux-image-4.13.0-43-generic linux-image-extra-4.13.0-36-generic
  linux-image-extra-4.13.0-37-generic linux-image-extra-4.13.0-39-generic
  linux-image-extra-4.13.0-41-generic linux-image-extra-4.13.0-43-generic
Use 'sudo apt autoremove' to remove them.
Suggested packages:
  gfortran python-numpy-doc python3-dev python3-nose python3-numpy-dbg
The following NEW packages will be installed:
  python3-numpy
0 upgraded, 1 newly installed, 0 to remove and 435 not upgraded.
Need to get 1,762 kB of archives.
After this operation, 9,589 kB of additional disk space will be used.
Get:1 http://mirrors.ustc.edu.cn/ubuntu xenial/main amd64 python3-numpy amd64 1:
1.11.0-1ubuntu1 [1,762 kB]
Fetched 1,762 kB in 5s (296 kB/s)
Selecting previously unselected package python3-numpy.
(Reading database ... 477171 files and directories currently installed.)
Preparing to unpack .../python3-numpy_1%3a1.11.0-1ubuntu1_amd64.deb ...
Unpacking python3-numpy (1:1.11.0-1ubuntu1) ...
Processing triggers for man-db (2.7.5-1) ...
Setting up python3-numpy (1:1.11.0-1ubuntu1) ...
```

Step1：输入命令“sudo apt-get install python3-numpy”并回车，安装Numpy

图 0-21　安装 Numpy

```
zx@ubuntu:~$ python3
Python 3.5.2 (default, Nov 12 2018, 13:43:14)
[GCC 5.4.0 20160609] on linux
Type "help", "copyright", "credits" or "license" for more information.
>>> import numpy
>>> exit()
```

图 0-22　检查 Numpy 是否安装成功

```
zx@ubuntu:~$ sudo apt-get install python3-scipy
Reading package lists... Done
Building dependency tree
Reading state information... Done
The following packages were automatically installed and are no longer required:
  linux-headers-
  linux-headers-
  linux-headers-
  linux-headers-
  linux-headers-4.13.0-43 linux-headers-4.13.0-43-generic
  linux-image-4.13.0-36-generic linux-image-4.13.0-37-generic
  linux-image-4.13.0-39-generic linux-image-4.13.0-41-generic
  linux-image-4.13.0-43-generic linux-image-extra-4.13.0-36-generic
  linux-image-extra-4.13.0-37-generic linux-image-extra-4.13.0-39-generic
  linux-image-extra-4.13.0-41-generic linux-image-extra-4.13.0-43-generic
Use 'sudo apt autoremove' to remove them.
The following additional packages will be installed:
  python3-decorator
Suggested packages:
  python-scipy-doc
The following NEW packages will be insta
  python3-decorator python3-scipy
0 upgraded, 2 newly installed, 0 to remove and 435 not upgraded.
Need to get 8,336 kB of archives.
After this operation, 33.4 MB of additional disk space will be used.
Do you want to continue? [Y/n] y
Get:1 http://mirrors.ustc.edu.cn/ubuntu xenial/universe amd64 python3-decorator
all 4.0.6-1 [9,388 B]
Get:2 http://mirrors.ustc.edu.cn/ubuntu xenial/universe amd64 python3-scipy amd6
4 0.17.0-1 [8,327 kB]
```

Step1：输入命令“sudo apt-get install python3-scipy”并回车，安装Scipy

Step2：输入“y”并回车

图 0-23　安装 Scipy

④检查 Scipy 是否安装成功（输入命令“import scipy”），不报错即为安装成功。输入命令“exit()”并回车，退出 Python 3，如图 0-24 所示。

```
zx@ubuntu:~$ python3
Python 3.5.2 (default, Nov 12 2018, 13:43:14)
[GCC 5.4.0 20160609] on linux
Type "help", "copyright", "credits" or "license" for more information.
>>> import scipy
>>> exit()
```

图 0-24　检查 Scipy 是否安装成功

（3）安装 Matplotlib。

①在终端窗口中输入命令“sudo apt-get install python3-matplotlib”并回车，安装 Matplotlib，其步骤如图 0-25 所示（部分截图）。

```
zx@ubuntu:~$ sudo apt-get install python3-matplotlib

Reading package lists... Done
Building dependency tree
Reading state information... Done
The following packages were automatically installed and are no longer required:
  linux
  linux
  linux
  linux
  linux-headers-4.13.0-43 linux-headers-4.13.0-43-generic
  linux-image-4.13.0-36-generic linux-image-4.13.0-37-generic
  linux-image-4.13.0-39-generic linux-image-4.13.0-41-generic
  linux-image-4.13.0-43-generic linux-image-extra-4.13.0-36-generic
  linux-image-extra-4.13.0-37-generic linux-image-extra-4.13.0-39-generic
  linux-image-extra-4.13.0-41-generic linux-image-extra-4.13.0-43-generic
Use 'sudo apt autoremove' to remove them.
The following additional packages will be installed:
  python3-cycler python3-dateutil python3-tk python3-tz
Suggested packages:
  inkscape ipython3 python-matplotlib-doc python3-cairocffi python3-gobject
  python3-nose python3-pyqt4 python3-sip python3-tornado ttf-staypuft tix
  python3-tk-dbg
The following NEW packages will be installed:
  python3-cycler python3-dateutil python3-matplotlib python3-tk python3-tz
0 upgraded, 5 newly installed, 0 to remove and 435 not upgraded.
Need to get 3,975 kB of archives.
After this operation, 13.5 MB of additional disk space will be used.
Get:1 http://mirrors.ustc.edu.cn/ubuntu xenial/universe amd64 python3-cycler all
 0.9.0-1 [5,532 B]
Get:2 http://mirrors.ustc.edu.cn/ubuntu xenial/universe amd64 python3-dateutil a
ll 2.4.2-1 [39.1 kB]
Get:3 http://mirrors.ustc.edu.cn/ubuntu xenial/main amd64 python3-tz all 2014.10
```

Step1：输入命令“sudo apt-get install python3-matplotlib”并回车，安装Matplotlib

图 0-25　安装 Matplotlib

②检查 Matplotlib 是否安装成功（输入命令“import matplotlib”），不报错即为安装成功。输入命令“exit()”并回车，退出 Python 3，如图 0-26 所示。

```
zx@ubuntu:~$ python3
Python 3.5.2 (default, Nov 12 2018, 13:43:14)
[GCC 5.4.0 20160609] on linux
Type "help", "copyright", "credits" or "license" for more information.
>>> import matplotlib
>>> exit()
```

图 0-26　检查 Matplotlib 是否安装成功

（4）安装 Pandas。

①在终端窗口中输入命令“sudo apt-get install python3-pandas”并回车，安装 Pandas，其步骤如图 0-27 所示（部分截图）。

```
zx@ubuntu:~$ sudo apt-get install python3-pandas
[sudo] password for zx:
Reading package lists... Done
Building dependency tree
Reading state information... Done
The following packages were automatically installed and are no longer require
  linux-headers-4.13.0-36-generic
  linux-headers-4.13.0-37-generic
  linux-headers-4.13.0-39-generic
  linux-headers-4.13.0-41 linux-headers-4.13.0-41-generic
  linux-headers-4.13.0-43 linux-headers-4.13.0-43-generic
  linux-ima
  linux-ima
  linux-ima
  linux-image-extra-4.13.0-37-generic linux-image-extra-4.13.0-39-generic
  linux-image-extra-4.13.0-41-generic linux-image-extra-4.13.0-43-generic
Use 'sudo apt autoremove' to remove them.
The following additional packages will be installed:
  python3-numexpr python3-pandas-lib python3-tables python3-tables-lib
Suggested packages:
  python-pandas-doc python-tables-doc python-netcdf vitables
The following NEW packages will be installed:
  python3-numexpr python3-pandas python3-pandas
  python3-tables-lib
0 upgraded, 5 newly installed, 0 to remove and
Need to get 4,701 kB of archives.
After this operation, 31.0 MB of additional disk space will be used.
Do you want to continue? [Y/n] y
Get:1 http://mirrors.ustc.edu.cn/ubuntu xenial/universe amd64 python3-numexpr
d64 2.4.3-1ubuntu1 [123 kB]
```

Step2：输入自己设定的密码

Step1：输入命令“sudo apt-get install python3-pandas”并回车，安装Pandas

Step3：输入“y”并回车

图 0-27　安装 Pandas

②检查 Pandas 是否安装成功（输入命令“import pandas”），不报错即为安装成功。输入命令“exit()”并回车，退出 Python 3，如图 0-28 所示。

```
zx@ubuntu:~$ python3
Python 3.5.2 (default, Nov 12 2018, 13:43:14)
[GCC 5.4.0 20160609] on linux
Type "help", "copyright", "credits" or "license" for more information.
>>> import pandas
>>> exit()
```

图 0-28　检查 Pandas 是否安装成功

（5）安装 Scikit-learn。

①在终端窗口中输入命令“sudo apt-get install python3-sklearn”并回车，安装 Scikit-learn，如图 0-29 所示。

```
zx@ubuntu:~$ sudo apt-get install python3-sklearn
Reading package lists... Done
Building dependency tree
Reading state information... Done
The following packages were automatically installed and are no longer required:
  linux-headers-4.13.0-36 linux-headers-4.13.0-36-generic
  linux-head
  linux-head
  linux-head
  linux-head
  linux-image-4.13.0-36-generic linux-image-4.13.0-37-generic
  linux-image-4.13.0-39-generic linux-image-4.13.0-41-generic
  linux-image-4.13.0-43-generic linux-image-extra-4.13.0-36-generic
  linux-image-extra-4.13.0-37-generic linux-image-extra-4.13.0-39-generic
  linux-image-extra-4.13.0-41-generic linux-image-extra-4.13.0-43-generic
Use 'sudo apt autoremove' to remove them.
The following additional packages will be installed:
  python3-joblib python3-nose python3-simplejson python3-sklearn-lib
Suggested packages:
  python-nose-doc python3-dap python-sklearn-doc ipython3
The following NEW packages will be installed:
  python3-joblib python3-nose python3-simplejs
  python3-sklearn-lib
0 upgraded, 5 newly installed, 0 to remove and
Need to get 2,836 kB of archives.
After this operation, 15.9 MB of additional disk space will be used.
Do you want to continue? [Y/n] y
Get:1 http://mirrors.ustc.edu.cn/ubuntu xenial/universe amd64 python3-joblib all
 0.9.4-1 [71.8 kB]
Get:2 http://mirrors.ustc.edu.cn/ubuntu xenial/main amd64 python3-nose all 1.3.7
```

Step1：输入命令“sudo apt-get install python3-sklearn”并回车，安装Scikit-learn

Step2：输入“y”并回车

图 0-29　安装 Scikit-learn

②检查 Scikit-learn 是否安装成功（输入命令“import sklearn”），不报错即为安装成功。输入命令“exit()”并回车，退出 Python 3，如图 0-30 所示。

```
zx@ubuntu:~$ python3
Python 3.5.2 (default, Nov 12 2018, 13:43:14)
[GCC 5.4.0 20160609] on linux
Type "help", "copyright", "credits" or "license" for more information.
>>> import sklearn
>>> exit()
```

图 0-30　检查 Scikit-learn 是否安装成功

以上编程库也可以到各自官网下载相应的安装文件，通过使用命令“pip install 本地的 **.whl 安装文件”来安装。

0.2.2 Ubuntu 系统环境

环境安装_Linux_anaconda3 视频

Ubuntu 系统下的开发环境搭建类似 Windows 虚拟机中 Ubuntu 的环境搭建，其安装步骤如图 0-31 所示。

环境安装_Linux_pip 视频

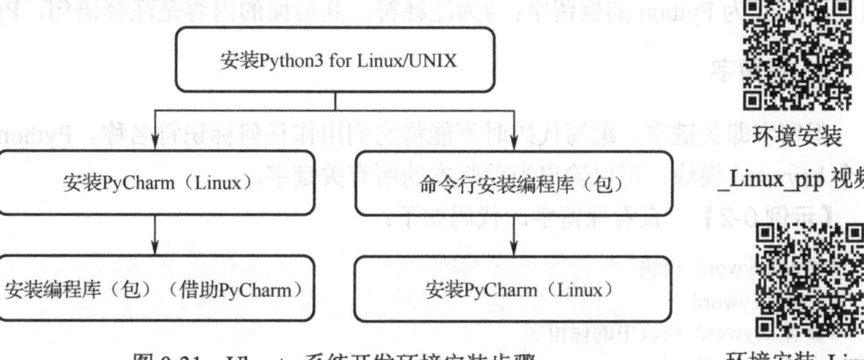

环境安装_Linux_pycharm 视频

图 0-31　Ubuntu 系统开发环境安装步骤

0.3 Python 编程基础

0.3.1 Python 简介

Python 是一种面向对象的解释型计算机程序设计语言，其语法简洁清晰、可阅读性强，特点之一是用缩进来标示代码块。Python 具有丰富和强大的库，能够将用其他语言（例如 C/C++）编写的功能模块很轻松地连接在一起。本书中代码使用的版本是 Python 3.7，使用的 Python 开发工具是 PyCharm，该工具带有一整套可以帮助用户在使用 Python 语言开发时提高效率的工具，如调试、Project 管理、代码跳转、智能提示、自动完成、单元测试、版本控制等。

Python 具有简单易学、免费开源、可移植、可嵌入、可扩展等特点，其标准库很庞大，可以处理各种工作，包括正则表达式、文档生成、线程、数据库、网页浏览器、Tk 及其他与系统有关的操作。除了标准库，还有许多其他功能强大的库，如 wxPython、Twisted 和 Python 图像库等。经过多年的发展，Python 已经成为非常流行的热门程序开发语言之一。

0.3.2 Python 基本语法

1. “Hello World!”

初次接触程序语言的第一个入门编程代码便是“Hello World!”，打开安装好的 PyCharm，在当前路径上单击右键，选择“New”→“Python File”命令，新建一个 Python 文件并命名为 hello，以下代码为使用 Python 输出“Hello World!”。

【示例 0-1】 打开 hello.py 文件，输入代码如下：

```
print("Hello World!")            #输出命令
```

【运行结果】

```
Hello World!
```

其中，“print()”为 Python 输出命令，语句“print("Hello World!")”中的"Hello World!"为输出内容，print 为 Python 的保留字；#为注释符，其后面的内容是注释语句，Python 不执行。

2. 保留字

保留字即关键字，编写代码时不能将它们用作任何标识符名称。Python 的标准库提供了一个 keyword 模块，可以输出当前版本的所有关键字。

【示例 0-2】 查看保留字。代码如下：

```
#导入 keyword 模块
import keyword
#查看 keyword 模块中的保留字
print(keyword.kwlist)
```

【运行结果】

```
['False', 'None', 'True', 'and', 'as', 'assert', 'async', 'await', 'break', 'class', 'continue', 'def', 'del', 'elif', 'else', 'except',
 'finally', 'for', 'from', 'global', 'if', 'import', 'in', 'is', 'lambda', 'nonlocal', 'not', 'or', 'pass', 'raise', 'return', 'try',
 'while', 'with', 'yield']
```

3. 标识符

标识符用来标识变量名、符号常量名、函数名、数组名、文件名、类名、对象名等。Python 标识符规定：

（1）Python 中的标识符是区分大小写的；

（2）标识符可包括字母、下画线和数字，但必须以字母或下画线开头；

（3）下画线开头的标识符是有特殊意义的。

4. 行与缩进

Python 使用缩进来表示代码块，不需要使用大括号{}。

缩进的空格数是可变的，但是同一个代码块的语句必须包含相同的缩进空格数。例如：

```
if True:
```

```
    print ("True")
else:
    print ("False")
```

若同一层次语句缩进的空格数不一致，则会导致运行错误。

5. 多行语句

Python 通常是一行写完一条语句，但如果语句很长，可以使用反斜杠（\）来实现多行语句。例如：

```
total = item_one + \
        item_two + \
        item_three
```

在括号[]、{}或()中的多行语句，不需要使用反斜杠（\）。例如：

```
total = ['item_one', 'item_two', 'item_three',
         'item_four', 'item_five']
```

0.3.3 Python 数据类型

Python 常见的数据类型有数值、列表、元组、字典、字符串及集合。

1. 数值

（1）整数类型（int）：用于表示整数，如 22 和 3456。
（2）浮点类型（float）：用于表示实数，如 3.12 和-4.1。
（3）布尔类型（bool）：用于表示布尔逻辑值，如 True 和 False。
（4）复数类型（complex）：用于表示复数，如 1+2j 和 3.1-1.4j。

2. 列表

列表是最常用的 Python 数据类型之一，列表的数据项不一定具有相同的类型。
（1）创建一个列表。用逗号分隔的不同数据项使用方括号括起来即可。例如：

```
list1 = [2000,'a', 2018,'b', ]
list2 = [1, 3, 5, 7, 9 ]
list3 = ['a', 'b', 'c']
```

（2）访问列表中的值。可使用下标索引（从 0 开始）来访问列表中的值，也可以使用方括号来截取字符。

【示例 0-3】　列表访问。代码如下：

```
list1 = [1997, 2000, 'a', 2017, 2021, 'b', ]
list2 = [1, 2, 3, 4, 5, 6, 7]
print("list1[0]: ", list1[0])
print("list1[5]: ", list1[5])
print("list2[1:5]: ", list2[1:5])
```

【运行结果】

```
list1[0]:   1997
list1[5]:   b
list2[1:5]:   [2, 3, 4, 5]
```

（3）更新列表。可以对列表中的数据项进行修改或更新，也可以使用 append()方法来添加列表项。

【示例 0-4】　更新列表。代码如下：

```
list = ['a', 'b', 2000, 2021]
print ("列表中索引 2 的原值: ")
print(list[2])
list[2] = 2020
print( "列表中索引 2 的新值: ")
print(list[2])
list.append(2022)
print(list)
```

【运行结果】

```
列表中索引 2 的原值:
2000
列表中索引 2 的新值:
2020
['a', 'b', 2020, 2021, 2022]
```

（4）合并列表。可以使用 append()、extend()、+、*、+=等方法对列表进行合并：append()是在原有列表尾部追加一个新元素；extend()是在原有列表尾部追加一个列表；+号与 extend()可以得到类似的追加效果，但是生成了一个新的列表来存放这两个列表的和，它只能用在两个列表相加操作上；+=与 extend()效果一样，在原列表的尾部追加一个新元素；*号用于重复列表。

【示例 0-5】　合并列表。代码如下：

```
list = ['a', 'b', 2000, 2021]
list.append(2022)
print(list)
list.extend([2023])
print(list)
list2 = list + ['c']
print(list2)
list2 += [2024]
print(list2)
```

【运行结果】

```
['a', 'b', 2000, 2021, 2022]
['a', 'b', 2000, 2021, 2022, 2023]
['a', 'b', 2000, 2021, 2022, 2023, 'c']
['a', 'b', 2000, 2021, 2022, 2023, 'c', 2024]
```

（5）删除列表元素。可以使用“del”语句删除列表中的元素，remove()函数用于移除列表中某个值的第一个匹配项。

【示例 0-6】 删除列表元素。代码如下：

```
list = ['a', 'b', 1997, 2000,2018]
del(list[2])
print(list)
list.remove(2000)
print(list)
```

【运行结果】

```
['a', 'b', 2000, 2018]
['a', 'b', 2018]
```

（6）in：用于判断元素是否存在于列表中。例如：

```
print(3 in [1,2,3])
```

【运行结果】

```
True
```

（7）列表截取。

【示例 0-7】 列表截取。代码如下：

```
L = ['a', 'b', 'c']
print(L[2])          #读取 L 列表中的第 3 个元素
print(L[-2])         #读取 L 列表中倒数第 2 个元素
print(L[1:])         #从第 2 个元素开始截取列表
```

【运行结果】

```
c
b
['b', 'c']
```

（8）Python 列表操作的函数和方法。

列表操作包含以下函数。

①len(list)：返回列表元素的个数。

②max(list)：返回列表元素中的最大值。

③min(list)：返回列表元素中的最小值。

④list(seq)：将元组转换为列表。

列表操作包含以下方法。

①list.append(obj)：在列表末尾添加新的对象。

②list.count(obj)：统计某个元素在列表中出现的次数。

③list.extend(seq)：在列表末尾一次性追加另一个序列。

④list.index(obj)：从列表中找出某个值的第一个匹配项的索引位置。

⑤list.insert(index,obj)：将对象插入列表。

⑥list.pop([index=-1])：移除列表中的一个元素（默认为最后一个元素），并返回该元素的值。

⑦list.remove(obj)：移除列表中某个值的第一个匹配项。

⑧list.reverse()：将列表中的元素反向排序。

⑨list.sort(key=None,reverse=False)：对原列表进行排序。

⑩list.clear()：删除列表中的所有元素。

⑪list.copy()：返回列表的一个浅拷贝。

3．元组

Python 的元组类型使用小括号表示，在括号中添加元素，并使用逗号隔开，元组类型不能修改。

（1）创建元组。例如：

```
tup1 = (1, 2, 3, 4)
tup2 = "a", "b", "c"              #小括号可省去
tup3 = ()                         #创建空元组
tup4 = (100,)                     #元组中只包含一个元素时，需要在元素后面添加逗号来消除
print(tup1)
print(tup2)
print(tup3)
print(tup4)
```

【运行结果】

```
(1, 2, 3, 4)
('a', 'b', 'c')
()
(100,)
```

元组下标索引从 0 开始，可以进行截取、组合等操作。

（2）访问元组。可以使用下标索引来访问元组中的值。

【示例 0-8】 访问元组元素。代码如下：

```
tup = (1, 2, 3, 4, 5, 6, 7 )
print(tup[4])
print(tup[2:4])
```

【运行结果】

```
5
(3, 4)
```

（3）修改元组。元组中的元素值是不允许修改的，但可以对元组通过“+”进行连接组合。

【示例 0-9】 不允许修改元组。代码如下：

```
tup1 = (1, 2, 3, 4)
tup1[0]=100
```

【运行结果】

```
TypeError: 'tuple' object does not support item assignment
# 提示修改元组元素操作是非法的
```

【示例 0-10】 元组连接组合。代码如下：

```
tup1 = (12,34,56,78)
tup2=("abc","xyz")
print(tup1+tup2)
```

【运行结果】

```
(12, 34, 56, 78, 'abc', 'xyz')
```

（4）删除元组。元组对象不支持删除元素，但可以使用“del”语句来删除整个元组。

（5）元组运算符。与列表类似，元组之间可以使用“+”号和“*”号进行运算，即可进行组合和复制。

（6）元组索引、截取。与列表类似，元组也是一个序列，可以访问元组中指定位置的元素，也可以截取索引中的一段元素。

（7）元组内置函数。Python 元组包含了以下内置函数。

①len(tuple)：计算元组元素的个数。

②max(tuple)：返回元组中元素的最大值。

③min(tuple)：返回元组中元素的最小值。

④tuple(seq)：将列表转换为元组。

（8）元组与列表的异同。元组获取元素的方法与列表是类似的，但是元组一旦初始化就不能修改，因而没有 append()和 insert()等方法。

4．字典

字典是 Python 的另一种可变数据类型，可存储任意类型对象。

（1）字典定义。字典的每个键值对（key/value）用冒号（:）分割，每个键值对之间用逗号（,）分割，整个字典包括在花括号（{}）中。格式如下：

```
d = {key1 : value1, key2 : value2 }
```

键必须是唯一的，但值不必唯一。值可以取任何数据类型，但键必须是不可变的数据类型，如字符串或者数字。例如：

```
dict = {'a': '123', 'b': '456'}
```

可通过键来访问字典里的值，此时将相应的键放入方括号（[]）。

【示例 0-11】　访问字典。代码如下：

```
dict = {'a': '1', 'b': '4'}
print(dict['a'])
print(dict['b'])
```

【运行结果】

```
1
4
```

（2）修改字典。向字典添加新内容的方法是增加新的键/值对，修改或删除已有键/值对。

【示例 0-12】　修改字典。代码如下：

```
dict = {'a': '1', 'b': '4'}
dict['a']=111                                #将键'a'对应的值'1'改变为'111'
dict['abc']='123'                            # 增加键'abc'，其对应的值为'789'
print(dict)
```

【运行结果】

```
{'a': 111, 'b': '4', 'abc': '123'}
```

（3）删除字典元素。可删除字典里某一个元素，也可用“del”命令删除字典。

（4）字典键的特性。不允许同一个键出现两次，创建时如果同一个键被赋值两次，后一个值会被记住（覆盖前值）。

【示例 0-13】 字典键的特性。代码如下：

```
dict = {'a': '123', 'b': '456'}
print(dict)
dict = {'a': '123', 'b': '456','a':'789'}              #键'abc'被赋值两次
print(dict)
```

【运行结果】

```
{'a': '123', 'b': '456'}
{'a': '789', 'b': '456'}
```

（5）字典内置函数及方法。

Python 字典包含了以下内置函数。

- len(dict)：计算字典元素个数，即键的总数。
- str(dict)：输出字典可打印的字符串表示。
- type(variable)：返回输入的变量类型，如果变量是字典就返回字典类型。

Python 字典包含了以下内置方法。

①dict.clear()：删除字典内所有的元素。

②dict.copy()：返回一个字典的浅拷贝。

③dict.fromkeys(seq[,val])：创建一个新字典，以序列 seq 中的元素作为字典的键，以“val”为字典所有键对应的初始值。

④dict.get(key,default=None)：返回指定键的值，如果值不在字典中则返回 default 值。

⑤dict.items()：以列表形式返回可遍历的(键,值)元组数组。

⑥dict.keys()：以列表形式返回一个字典所有的键。

⑦dict.setdefault(key,default=None)：与 get()类似，但如果键不在字典中，将会添加键并将值设为 default。

⑧dict.update(dict2)：把字典 dict2 的键/值对更新到 dict 里。

⑨dict.values()：以列表形式返回字典中的所有值。

⑩pop(key[,default])：删除字典给定键 key 所对应的值，返回值为被删除的值，key 值必须给出，否则返回 default 值。

⑪popitem()：随机返回并删除字典中的最后一对键和值。

Python 中字典的每一项都是由 key 和 value 键值对构成的，当访问字典时，根据关键字就能找到对应的值。

另外，字典和列表、元组在构建方法上有所不同：列表用的是方括号[]，元组用的是圆括号()，字典用的是花括号{}。

5. 字符串

字符串是 Python 中常用的数据类型。

（1）字符串的创建。创建字符串只要为变量分配一个值即可，使用引号（'或"）创建字符串。例如：

```
var1 = 'Hello World!'
var2 = "Python Runoob"
```

（2）访问字符串中的值。Python 访问子字符串，可以使用方括号来截取字符串。

（3）Python 转义字符。当需要在字符中使用特殊字符时，Python 用反斜杠（\）转义字符，如表 0-3 所示。

表 0-3　Python 转义字符

转 义 字 符	描　述	转 义 字 符	描　述
\	续行符（在行尾时）	\v	纵向制表符
\\	反斜杠符号	\t	横向制表符
\'	单引号	\r	回车
\"	双引号	\f	换页
\a	响铃	\yyy	八进制数，y 代表 0~7 字符
\b	退格	\xyy	十六进制数，以\x 开头，y 代表字符
\000	空	\other	其他字符以普通格式输出
\n	换行		

（4）Python 字符串运算符。如表 0-4 所示，实例字符串变量 a 的值为字符串“Hello”，字符串变量 b 的值为“world”。

表 0-4　Python 字符串常用运算符

操 作 符	描　述	实　例	操 作 符	描　述	实　例
+	字符串连接	>>>a="Hello" >>>b="world" >>>a+b 'Helloworld'	[:]	截取字符串中的部分字符	>>>a[1:4] 'ell'
*	重复输出字符串	>>>a * 2 'HelloHello'	in	成员运算符	>>>"H" in a True
[]	通过索引（从 0 开始）获取字符串中的字符	>>>a[1] 'e'	not in	成员运算符	>>>"M" not in a True

（5）Python 的字符串部分内置函数。

①string.capitalize()：把字符串的第一个字符改成大写。

【示例 0-14】　第一个字符大写。代码如下：

```
string="abcdefabccbaAbcCba123"
print(string.capitalize())
```

【运行结果】

```
Abcdefabccbaabccba123
```

②string.count(str,beg=0,end=len(string))：返回 str 在 string 里面出现的次数，如果有 beg 或者 end 参数，则为指定范围内 str 出现的次数。

【示例 0-15】 查找子串在串中出现的次数。代码如下：

```
string="abcdefabccbaAbcCba123"
print(string.count("abc",0,len(string)))
```

【运行结果】

```
2
```

③string.find(str,beg=0,end=len(string))：检测 str 是否包含在 string 中，如果有 beg 和 end 参数，在指定范围内检查是否包含，如果是则返回开始的索引值，否则返回-1。

【示例 0-16】 检测子串在串中的位置。代码如下：

```
string="abcdefabccbaAbcCba123"
print(string.find("cba"))
```

【运行结果】

```
9
```

④string.isalpha()：如果 string 至少有一个字符并且所有字符都是字母则返回 True，否则返回 False。

【示例 0-17】 判定字符串是否均为字符。代码如下：

```
string="abcdefabccbaAbcCba123"
print(string.isalpha())
```

【运行结果】

```
False
```

⑤string.isdecimal()：如果 string 只包含十进制数字则返回 True，否则返回 False。

⑥string.isdigit()：如果 string 只包含数字则返回 True，否则返回 False。

⑦string.islower()：如果 string 中包含至少一个区分大小写的字符，并且所有这些（区分大小写的）字符都是小写的，则返回 True，否则返回 False。

⑧max(string)：返回字符串 string 中 ASCII 码最大的字母。

【示例 0-18】 返回字符串中最大的字母。代码如下：

```
string="abcdefabccbaAbcCba123"
print(max(string))
```

【运行结果】

```
f
```

⑨min(string)：返回字符串 string 中 ASCII 码最小的字母。

⑩string.rfind(str,beg=0,end=len(string))：从右边开始查找符合条件的字符串。

⑪string.rstrip()：删除 string 字符串末尾的空格。

⑫string.split(str="",num=string.count(str))：以 str 为分隔符切片 string，如果 num 有指定值，则仅分隔 num 个子字符串。

【示例 0-19】 字符串切片。代码如下：

```
string="abcdef abc cbavAbc Cba 123"
print(string.split(""))
```

【运行结果】

```
['abcdef', 'abc', 'cbavAbc', 'Cba', '123']
```

⑬string.swapcase()：翻转 string 中的大小写。

【示例 0-20】 翻转 string 中的大小写。代码如下：

```
string="abcdef abc cbavAbc Cba 123"
print(string.swapcase())
```

【运行结果】

```
ABCDEF ABC CBAVaBC cBA 123
```

⑭string.upper()：转换 string 中的小写字母为大写。

【示例 0-21】 转换串中的小写字母为大写。代码如下：

```
string="abcdef abc cbavAbc Cba 123"
print(string.upper())
```

【运行结果】

```
ABCDEF ABC CBAVABC CBA 123
```

6．集合

集合是一个无序的不重复元素序列。

（1）创建集合。示例代码如下：

```
seta = set([3,1,1,2,3])
setb = {'c','a','a','b','c'}
print(seta)
print(setb)
```

【运行结果】

```
{1, 2, 3}
{'b', 'c', 'a'}
```

（2）集合部分操作。示例代码如下：

```
setc = {'a', 'b', 'c'}
setc.add("d")                #添加元素
print(setc)
setc.update("a")
print(setc)
setc.remove("b")             #移除元素
print(setc)
setc.pop()                   #随机删除集合元素
print(setc)
print(len(setc))             #计算集合元素的个数
```

```
setc.clear()                    #清空集合
print("a" in setc)              #判断元素是否在集合中
```

【运行结果】

```
{'c', 'b', 'd', 'a'}
{'c', 'b', 'd', 'a'}
{'c', 'd', 'a'}
{'d', 'a'}
2
False
```

（3）集合运算。示例代码如下：

```
setd = {'a', 'b', 'c'}
sete = {'a','b','d'}
print(setd - sete)
print(setd | sete)
print(setd & sete)
print(setd ^ sete)
```

【运行结果】

```
{'c'}
{'b', 'd', 'c', 'a'}
{'b', 'a'}
{'d', 'c'}
```

0.3.4 Python 常用语句

Python 语言的常用语句包括赋值语句、控制语句和异常处理语句，使用这些语句就可编写简单的 Python 程序。

1．赋值语句

赋值语句是 Python 语言中最简单、最常用的语句。通过赋值语句可以定义变量并为其赋初值。

（1）Python 赋值运算符。

①=：简单的赋值运算符，如 c=a+b 将 a+b 的运算结果赋值给 c；

②+=：加法赋值运算符，如 c+=a 等效于 c=c+a；

③-=：减法赋值运算符，如 c-=a 等效于 c=c–a；

④*=：乘法赋值运算符，如 c*=a 等效于 c=c*a；

⑤/=：除法赋值运算符，如 c/=a 等效于 c=c/a；

⑥%=：取模赋值运算符，如 c%=a 等效于 c=c%a；

⑦**=：幂赋值运算符，如 c**=a 等效于 c=c**a；

⑧//=：取整除赋值运算符，c//=a 等效于 c=c//a。

【示例 0-22】 赋值运算符的使用。代码如下：

```
a=10
```

```
a+=2                    #a=a+2
print(a)
a*=10                   #a=a*10
print(a)
print(a/5)              #a=a/5
```

【运行结果】

```
12
120
24.0
```

（2）序列解包赋值。将字符串、列表、元组序列中存储的值依次赋给各个变量。方法如下：

```
x,y,z=序列
```

注意：被解包的序列里的元素个数必须等于左侧的变量个数，否则会报异常。

【示例 0-23】 解包赋值。代码如下：

```
x,y,z={10,20,30}
a,b,c="data","yang","base"
print(x)
print(y)
print(z)
print(a)
print(b)
print(c)
```

【运行结果】

```
10
20
30
data
yang
base
```

（3）链式赋值。一次性将一个值赋给多个变量，格式为：

```
变量 1=变量 2=变量 3=值
```

【示例 0-24】 连续赋值。代码如下：

```
x=y=z=100
print(x)
print(y)
print(z)
```

【运行结果】

```
100
100
100
```

2．Python 条件语句

Python 条件语句是通过一条或多条语句的执行结果（True 或者 False）来决定执行的代码块。

（1）if语句用于控制程序的执行。if语句基本形式为：

```
if 条件表达式:                    # “:” 不能少
    语句块                        #需要缩进
```

只有当条件表达式为真时，才执行语句块。

【示例 0-25】 简单 if 语句。代码如下：

```
x=100
if x>99:
    x+=20
print(x)
```

【运行结果】

```
120
```

（2）if…else 语句。当条件表达式为真时，执行语句块 1，否则执行语句块 2。基本形式为：

```
if 判断条件:
    语句块 1
else:
    语句块 2
```

其中，“判断条件”成立（非零）时，执行后面的语句块 1，而且执行内容可以有多行，以缩进来区分表示同一范围。

else 为可选语句，在条件不成立时执行相关语句块。

【示例 0-26】 双分支语句。

if 语句的判断条件可以用>（大于）、<（小于）、==（等于）、>=（大于等于）、<=（小于等于）来表示其关系。代码如下：

```
flag = False
name = 'luren'
if name == 'Python':              # 判断变量是否为'Python'
    flag = True                   # 条件成立时设置标志为真
    print('welcome boss')         # 输出欢迎信息
else:
    print(name)                   # 条件不成立时输出变量名称
```

【运行结果】

```
luren
```

（3）判断条件为多个值。当判断条件为多个值时，逻辑关系如图 0-32 所示。

可以使用以下形式：

```
if 判断条件 1:
    语句块 1
elif 判断条件 2:
    语句块 2
elif 判断条件 3:
    语句块 3
...
else:
    语句块 n
```

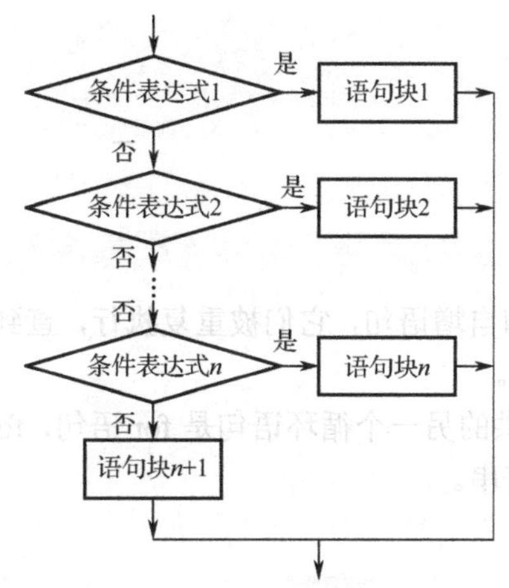

图 0-32　if 多分支判定流程图

【示例 0-27】 多分支条件语句。代码如下：

```
score=85
if score<60:
    print("不及格")
elif score<=70:
    print("中等")
elif score<85:
    print("良好")
else:
    print("优秀")
```

【运行结果】

```
优秀
```

注意： 由于 Python 不支持 switch-case 语句，所以多个条件判断时可用 elif 来实现。如果需要多个条件同时判断，可以使用 or（或），表示两个条件有一个成立时判断条件成功；使用 and（与），表示只有两个条件同时成立的情况下判断条件才成功。

3. 循环语句

Python 提供了 for 和 while 两种循环语句。

（1）while 语句。其流程图如图 0-33 所示，while 是一个条件循环语句。与 if 声明相比，如果 if 后的条件为真，就会执行一次相应的代码块；而 while 中的代码块会一直循环执行，直到循环条件不再为真。

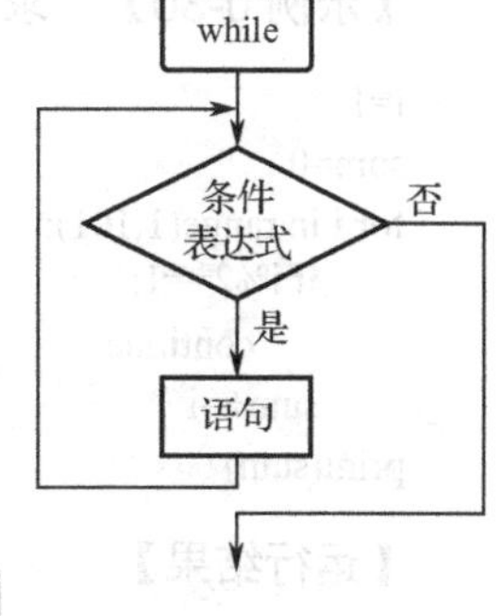

图 0-33　while 流程图

语法为：

```
while 判断条件:
    执行语句
```

【示例 0-28】 while 循环。代码如下：

```
sum=0
i=1
while i<=100:
```

```
    sum+=i
    i+=1
print(sum)
```

【运行结果】

```
5050
```

代码块包含了求和语句和自增语句，它们被重复执行，直到 i 不再小于 100。此循环实现了 1+2+3+…+100 的求和运算。

（2）for 语句。Python 提供的另一个循环语句是 for 语句，for 循环可以遍历任何序列的项目，如一个列表或者一个字符串。

格式如下：

```
for i in range(start,end):
    循环体
```

程序在执行 for 语句时，循环计数器 i 被设置为 start，然后执行循环体语句。i 依次取从 start 到 end 的所有值，每设置一个新值都执行一次循环体语句，当 i 等于 end 时退出循环。

【示例 0-29】 for 循环。代码如下：

```
for i in range(1,5):                    #输出[1,5）内所有整数
    print(i)
```

【运行结果】

```
1
2
3
4
```

4．continue 和 break 语句

（1）continue 语句。在循环体中使用 continue 语句可以跳过本次循环后面的语句，直接进入下一次循环。

【示例 0-30】 求 1～100 中的偶数之和。代码如下：

```
i=1
sum=0
for i in range(1,101):
    if i%2==1:              #i 为奇数，退出本次循环
        continue
    sum+=i
print(sum)
```

【运行结果】

```
2550
```

如果 i%2==1，表示 i 是奇数，此时遇到 continue 语句开始下一次循环，并不将其计入 sum 之中。

（2）break 语句。break 语句可以结束当前循环，然后跳转到下一条语句。

【示例 0-31】 break 语句。代码如下：

```
x=1
while True:
    x+=1                    #x 增加 1
    print(x)
    if x>=5:                #x 大于或等于 5 时退出循环
        break
```

【运行结果】

```
2
3
4
5
```

当 x>=5 时，退出整个循环。如果没有这个条件，则会无限循环下去。

0.3.5 Python 函数（模块）设计

函数是组织好的、可重复使用的、用来实现单一或相关联功能的代码段。函数能提高应用的模块性及代码的重复利用率。Python 提供了许多内置函数，如 print()，同时也可以自己创建函数，称为用户自定义函数。

1. 用户自定义函数

（1）语法：

```
def  函数名(参数列表):
    函数体
    return[表达式]                          #无返回值时 return 语句可省略
```

默认情况下，参数值和参数名称是按函数声明中定义的顺序匹配的。自定义的规则如下。

①函数代码块以 def 关键词开头，后接函数标识符名称和圆括号()。

②任何传入参数和自变量必须放在圆括号内，圆括号之间可以用于定义参数。

③函数的第一行语句可以选择性地使用文档字符串——用于存放函数说明。

④函数体需要缩进。

⑤return [表达式]结束函数，选择性地返回一个值给调用方，不带 return 语句相当于返回 None。

（2）实例。以下为一个简单的 Python 函数，它将一个字符串作为传入参数，再打印到标准显示设备上。

【示例 0-32】 函数定义。代码如下：

```
def printme(str):
    print(str)
    return
printme("abc")
```

【运行结果】

```
abc
```

（3）函数调用。定义一个函数只是给了函数一个名称，并指定了函数里包含的参数及代码块结构。这个函数的基本结构完成以后，可以通过另一个函数调用执行，也可以直接从 Python 提示符执行。

（4）在函数中传递参数。在函数中可以定义参数，通过参数向函数内部传递数据。

①普通参数。Python 实行按值传递参数。值传递调用函数时将常量或变量的值（实参）传递给函数的参数（形参）。值传递的特点是实参与形参分别存储在各自的内存空间中，是两个不相关的独立变量。因此，在函数内部改变形参的值时，实参的值一般是不会改变的。

【示例 0-33】　按值传递参数调用函数。代码如下：

```
def func(num):
    num+=5
a=30
func(a)
print(a)                    #a 的值没有变
```

【运行结果】

```
30
```

②列表和字典参数。除了使用普通变量作为参数，还可以使用列表、字典变量向函数内部批量传递数据。

【示例 0-34】　列表作为参数调用函数。代码如下：

```
def sum(list):
    total=0
    for x in range(len(list)):
        total+=list[x]
    print(total)
list=[10,20,30,40,50]
sum(list)
```

【运行结果】

```
150
```

【示例 0-35】　字典变量作为参数调用函数。代码如下：

```
def print_dict(dict):
    for (k,v) in dict.items():
        print("dict[%s]=" %k,v)
dict={"1":"abc","2":"def","3":"xyz"}
print_dict(dict)
```

【运行结果】

```
dict[1]= abc
dict[2]= def
dict[3]= xyz
```

当使用列表或字典作为函数参数时，在函数内部对列表或字典的元素所进行的操作将影响到调用函数的实参。

【示例 0-36】　字典变量作为参数调用函数时，将影响字典变量的值。代码如下：

```
def swap(d):
    d[1],d[2]=d[2],d[1]
    print("swap 函数里 key-1 的值是",d[1],";key-2 的值是",d[2])
dw={1:'a',2: 'b'}
swap(dw)
print("swap 函数外 key-1 的值是",dw[1],";key-2 的值是",dw[2])
```

【运行结果】

```
swap 函数里 key-1 的值是 b;key-2 的值是 a
swap 函数外 key-1 的值是 b;key-2 的值是 a
```

③参数的默认值。在 Python 中，可以为函数的参数设置默认值。可以在定义函数时，直接在参数后使用“=”为其设置默认值。在调用函数时，可以不指定拥有默认值的参数的值，此时在函数体内以默认值作为该参数的值。

【示例 0-37】　为函数的参数设置默认值。代码如下：

```
def say(message,times=1):
    print(message*times)
say("Python")                    #此处用到了参数的默认值 times=1
say("China",3)
```

【运行结果】

```
Python
ChinaChinaChina
```

【示例 0-38】　为函数的参数调用默认值。代码如下：

```
def sum(a,b=20,c=30):            #定义了 b、c 的默认值分别为 20、30
    total=a+b+c
    return total
print(sum(10))                   #调用了 b、c 的默认值
print(sum(10,50))                #调用了 c 的默认值
print(sum(10,50,60))
```

【运行结果】

```
60
90
120
```

④可变长参数。Python 还支持可变长度的参数列表。可变长参数可以是元组或字典。当参数以*开头时，可变长参数被视为一个元组，格式如下：

```
def func(*t):
```

在 func()函数中，t 被视为一个元组，使用 t[index]获取一个可变长参数。这样可以使用任意多个实参调用 func()函数。

【示例 0-39】　函数的可变长参数。代码如下：

```
def func1(*t):               #定义一个以元组为可变长参数的函数
    total=0
    for x in range(len(t)):
        total+=t[x]
```

```
    return total
print(func1(10,20,30,40))
```

【运行结果】

```
100
```

【示例 0-40】 参数以**开头时，可变长参数将被视为一个字典。代码如下：

```
def func3(**t):
    print(t)
func3(a=1,b=2,c=3)
```

【运行结果】

```
{'a': 1, 'b': 2, 'c': 3}
```

2. Python 常用内置函数

（1）数学运算类。常用数学运算类函数如表 0-5 所示。

表 0-5 常用数学运算类函数

函 数 名	功 能
abs(x)	求绝对值： （1）参数可以是整型，也可以是复数； （2）若参数是复数，则返回复数的模
complex([real[, imag]])	创建一个复数
divmod(a, b)	分别取商和余数 注意：整型、浮点型都可以
float([x])	将一个字符串或数转换为浮点数。如果无参数将返回 0.0
int([x,[base]])	将一个字符转换为 int 类型，base 表示进制
pow(x, y[, z])	返回 x 的 y 次幂
range([start], stop[, step])	产生一个序列，默认从 0 开始
round(x[, n])	四舍五入
sum(iterable[, start])	对集合求和
oct(x)	将一个数字转化为八进制数
hex(x)	将整数 x 转换为十六进制字符串
chr(i)	返回整数 i 对应的 ASCII 字符
bin(x)	将整数 x 转换为二进制字符串
bool([x])	将 x 转换为 Boolean 类型

（2）逻辑判断类。常用逻辑判断类函数如表 0-6 所示。

表 0-6 常用逻辑判断类函数

函 数 名	功 能
all(iterable)	（1）集合中的元素都为真时为真； （2）特别地，若为空串则返回 True
any(iterable)	（1）集合中的元素有一个为真时为真； （2）特别地，若为空串则返回 False

（3）集合操作类。常用集合操作类函数如表 0-7 所示。

表 0-7　常用集合操作类函数

函　数　名	功　　能
format(value [, format_spec])	格式化输出字符串 格式化的参数顺序从 0 开始，如“I am {0},I like {1}”
enumerate(sequence [, start = 0])	返回一个可枚举的对象，该对象的 next()方法将返回一个元组
iter(o[, sentinel])	生成一个对象的迭代器，第二个参数表示分隔符
max(iterable[, args...][key])	返回集合中的最大值
min(iterable[, args...][key])	返回集合中的最小值
dict([arg])	创建数据字典
list([iterable])	将一个集合类转换为另外一个集合类
set()	set 对象实例化
frozenset([iterable])	产生一个不可变的 set
str([object])	转换为 string 类型
sorted(iterable[, cmp[, key[, reverse]]])	对集合排序
tuple([iterable])	生成一个元组类型

（4）I/O 操作类。常用 I/O 操作类函数如表 0-8 所示。

表 0-8　常用 I/O 操作类函数

函　数　名	功　　能
input([prompt])	获取用户输入，必须是表达式 推荐使用 raw_input，因为该函数将不会捕获用户的错误输入
open(name[, mode[, buffering]])	打开文件
print()	打印函数

（5）反射类。常用反射类函数如表 0-9 所示。

表 0-9　常用反射类函数

函　数　名	功　　能
compile(source,filename,mode[,flags[,dont_inherit]])	将 source 编译为代码或者 AST（Abstract Syntax Trees）对象。代码对象能够通过 exec 语句来执行或通过 eval()进行求值。 （1）参数 source：字符串或者 AST 对象； （2）参数 filename：代码文件名称，如果不是从文件读取代码则传递一些可辨认的值； （3）参数 model：指定编译代码的种类。可以指定为“exec”eval“single”； （4）参数 flag 和 dont_inherit：用来控制编译源码时的标志
dir([object])	（1）不带参数时，返回当前范围内的变量、方法和定义的类型列表； （2）带参数时，返回参数的属性、方法列表
delattr(object, name)	删除 object 对象名为 name 的属性
eval(expression [, globals [, locals]])	计算表达式 expression 的值

续表

函 数 名	功 能
filter(function, iterable)	构造一个序列，等价于[item for item in iterable if function(item)] （1）参数 function：返回值为 True 或 False 的函数，可以为 None； （2）参数 iterable：序列或可迭代对象
getattr(object, name [, defalut])	获取一个类的属性
globals()	返回一个描述当前全局符号表的字典
hasattr(object, name)	判断对象 object 是否包含名为 name 的特性
hash(object)	如果对象 object 为哈希表类型，返回对象 object 的哈希值
id(object)	返回对象的唯一标志
isinstance(object, classinfo)	判断 object 是否为 class 的实例
issubclass(class, classinfo)	判断是不是子类
len(s)	返回集合长度
locals()	返回当前的变量列表
map(function, iterable, ...)	遍历每个元素，执行 function 操作
next(iterator[, default])	类似于 iterator.next()
object()	基类
property([fget[, fset[, fdel[, doc]]]])	属性访问的包装类，设置后可以通过 c.x=value 等来访问 setter 和 getter
setattr(object, name, value)	设置属性值
repr(object)	将一个对象变换为可打印的格式
staticmethod()	声明静态方法，是个注解
super(type[, object-or-type])	引用父类
type(object)	返回该 object 的类型
vars([object])	返回对象的变量，若无参数与 dict()方法类似
bytearray([source [, encoding [, errors]]])	返回一个 byte 数组： （1）如果 source 为整数，则返回一个长度为 source 的初始化数组； （2）如果 source 为字符串，则按照指定的 encoding 将字符串转换为字节序列； （3）如果 source 为可迭代类型，则元素必须为[0,255]中的整数； （4）如果 source 为与 buffer 接口一致的对象，则此对象也可以被用于初始化 bytearray

0.3.6 Python 编程库（包）的导入

本书中的案例主要用到了 Numpy、Scipy、Matplotlib、Pandas 和 Scikit-learn 编程库，其官网分别为：

- Numpy：http://www.numpy.org；
- Scipy：http://www.scipy.org；
- Matplotlib：http://matplotlib.org；
- Pandas：http://pandas.pydata.org；
- Scikit-learn：http://scikit-learn.org。

案例 1
泰坦尼克号数据分析与预处理

1.1 案例描述及实现

1. 案例简介

Kaggle（https://www.kaggle.com）是一个机器学习领域的线上竞赛平台，平台上发布了“泰坦尼克号罹难乘客”的预测任务（Titanic: Machine Learning from Disaster），截至 2020 年 2 月 29 日，已经有 16564 支队伍参与了此项竞赛。本案例侧重对 Kaggle 平台提供的泰坦尼克号训练数据进行分析和可视化，在案例的最后对数据进行了少量预处理以备读者实现预测任务。

2. 数据介绍

Kaggle 平台提供了拆分好的训练集（train.csv）和测试集（test.csv），数据下载地址为 https://www.kaggle.com/c/titanic/data。训练集中的每一位乘客都有乘客的性别、船票信息等特征，也有是否生还的结果，可以用来训练机器学习模型；测试集用来测试训练好的模型性能，因此，测试集没有提供每位乘客是否在泰坦尼克号沉没中幸存下来的结果。平台还提供了一个文件 gender_submission.csv，这是一组假设所有且只有女性乘客存活的预测结果，作为提交 Kaggle 竞赛平台的文件示例。

Kaggle 平台提供的泰坦尼克号训练数据（train.csv）共有 891 个样本（PassengerId 为 1～891），每个样本有 12 列不同的信息，包含乘客 ID、是否获救、乘客等级、乘客姓名、性别、年龄、配偶兄弟姐妹个数、父母孩子数、船票信息、票价、是否住在独立的房间以及登船港口，如表 1-1 所示，数据存在缺失值。测试集（test.csv）有 418 个样本（PassengerId 为 892～1309），每个样本有 11 列不同的信息，包含乘客 ID、乘客等级、乘客姓名、性别、年龄、配偶兄弟姐妹个数、父母孩子数、船票信息、票价、是否住在独立的房间及登船港口。

表 1-1　泰坦尼克号训练数据

列　　名	含　　义
PassengerId	乘客 ID
Survived	是否获救，1/Rescued 表示获救，0/not saved 表示没有获救
Pclass	乘客等级，“1”表示 Upper，“2”表示 Middle，“3”表示 Lower
Name	乘客姓名

续表

列　名	含　义
Sex	性别
Age	年龄
SibSp	配偶兄弟姐妹个数，即乘客在船上的配偶或兄弟姐妹数量
Parch	父母孩子数，即乘客在船上的父母或子女数量
Ticket	船票信息
Fare	票价
Cabin	是否住在独立的房间
Embarked	登船港口

3. 案例实现

打开安装好的 PyCharm，在当前路径（此处为 ABookMachineLearning）上单击鼠标右键，选择“New”→“Python File”命令，新建一个 Python 文件并将其命名为 ch1_1_Titanic_Analysis，如图 1-1 和图 1-2 所示。

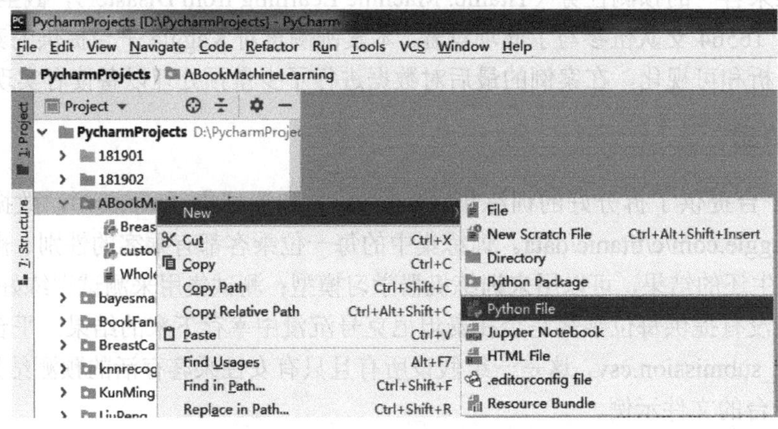

图 1-1 “New”→“Python File”命令

图 1-2 新建一个 Python 文件

在文件 ch1_1_Titanic_Analysis.py 中输入如下完整代码。此处数据分析部分实现了查看训练集的信息和对训练数据的可视化，数据预处理部分实现了对训练数据的部分属性做预处理，以备机器学习的预测任务使用。

代码 1-1（ch1_1_Titanic_Analysis.py）：

```
#读入本地数据并查看数据信息
#以训练数据为例
```

```
import pandas as pd
train = pd.read_csv('train.csv')

#数据分析
print(train.info())
print(train.describe())
traindescribe = train.describe()
traindescribe.to_csv('traindescribe.txt')

# 数据可视化：客舱等级获救情况
from matplotlib import pyplot as plt,font_manager
# 设置中文字体
font_set = font_manager.FontProperties(fname=r"C:\Windows\Fonts\simsun.ttc")
survived_pclass = train.Pclass[train.Survived == 1].value_counts()
unsurvived_pclass = train.Pclass[train.Survived == 0].value_counts()
pclass_df = pd.DataFrame({'获救人数': survived_pclass,'未获救人数': unsurvived_pclass})
pclass_df.plot(kind='bar', stacked=True,rot=-1)
# 设置图例
plt.legend(prop= font_set,fontsize=12)
plt.title('客舱等级获救情况',fontproperties= font_set,fontsize=12)
plt.xlabel('客舱等级',fontproperties= font_set,fontsize=12)
plt.ylabel('人数',fontproperties= font_set,fontsize=12)
plt.show()

#数据补全
train['Embarked'].fillna('S', inplace=True)
train['Age'].fillna(train['Age'].mean(), inplace=True)
train.loc[train.Cabin.notnull(), 'Cabin' ] = 'Yes'
train.loc[train.Cabin.isnull(), 'Cabin' ] = 'No'
print(train.info())

#数据预处理
train_Pclass = pd.get_dummies(train['Pclass'], prefix='Pclass')
train_Sex = pd.get_dummies(train['Sex'], prefix='Sex')
train_df = pd.concat([train, train_Pclass, train_Sex],axis=1)
train_df.drop(['Pclass', 'Sex'], axis=1, inplace=True)
print(train.head(1))
print(train_df.head(1))
```

【运行结果】　客舱等级获救情况如图 1-3 所示。

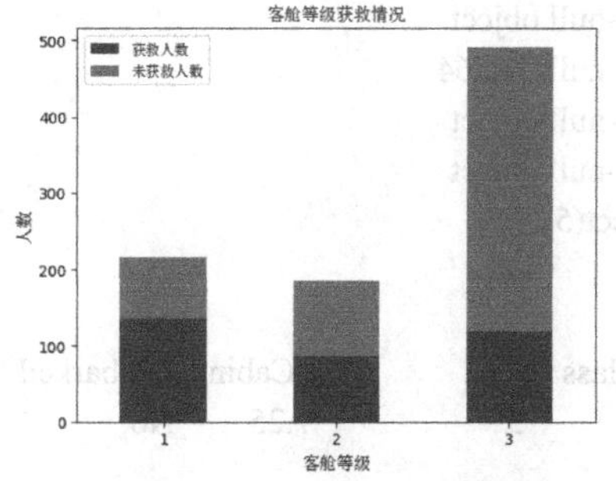

扫二维码观看彩图

图 1-3　客舱等级获救情况

```
<class 'pandas.core.frame.DataFrame'>
RangeIndex: 891 entries, 0 to 890
Data columns (total 12 columns):
PassengerId     891 non-null int64
Survived        891 non-null int64
Pclass          891 non-null int64
Name            891 non-null object
Sex             891 non-null object
Age             714 non-null float64
SibSp           891 non-null int64
Parch           891 non-null int64
Ticket          891 non-null object
Fare            891 non-null float64
Cabin           204 non-null object
Embarked        889 non-null object
dtypes: float64(2), int64(5), object(5)
memory usage: 83.6+ KB
None
       PassengerId    Survived    ...    Parch       Fare
count  891.000000     891.000000  ...    891.000000  891.000000
mean   446.000000     0.383838    ...    0.381594    32.204208
std    257.353842     0.486592    ...    0.806057    49.693429
min    1.000000       0.000000    ...    0.000000    0.000000
25%    223.500000     0.000000    ...    0.000000    7.910400
50%    446.000000     0.000000    ...    0.000000    14.454200
75%    668.500000     1.000000    ...    0.000000    31.000000
max    891.000000     1.000000    ...    6.000000    512.329200

[8 rows x 7 columns]
<class 'pandas.core.frame.DataFrame'>
RangeIndex: 891 entries, 0 to 890
Data columns (total 12 columns):
PassengerId     891 non-null int64
Survived        891 non-null int64
Pclass          891 non-null int64
Name            891 non-null object
Sex             891 non-null object
Age             891 non-null float64
SibSp           891 non-null int64
Parch           891 non-null int64
Ticket          891 non-null object
Fare            891 non-null float64
Cabin           891 non-null object
Embarked        891 non-null object
dtypes: float64(2), int64(5), object(5)
memory usage: 83.6+ KB
None
   PassengerId  Survived  Pclass    ...    Fare Cabin  Embarked
0            1         0       3    ...    7.25    No         S

[1 rows x 12 columns]
```

```
   PassengerId  Survived  ...  Sex_female  Sex_male
0            1         0  ...           0         1

[1 rows x 15 columns]
```

1.2　案例详解及示例

1．数据读取

代码第 3～4 行是从本地读入泰坦尼克号的训练数据和测试数据，用到了常用的函数 pandas.read_csv（即 pd.read_csv），该函数用于读取 CSV（逗号分隔）文件到 DataFrame，CSV 文件可以来自本地文件、网络等。pandas.read_csv()的参数比较多，详细用法可参见本书 1.3.3 节或者官网的 API 说明。

2．数据分析

代码第 7 行的 print(train.info())函数显示了训练数据的基本信息，包括数据条数、各个特征的数据类型，如下输出显示了总共 12 个特征，多数特征有 891 个值，其中，特征列 Age、Cabin 和 Embarked 分别有 714、204 和 889 个值，说明这 3 个特征有缺失值，在实现预测任务之前需要对其补全数据。

```
<class 'pandas.core.frame.DataFrame'>
RangeIndex: 891 entries, 0 to 890
Data columns (total 12 columns):
PassengerId    891 non-null int64
Survived       891 non-null int64
Pclass         891 non-null int64
Name           891 non-null object
Sex            891 non-null object
Age            714 non-null float64
SibSp          891 non-null int64
Parch          891 non-null int64
Ticket         891 non-null object
Fare           891 non-null float64
Cabin          204 non-null object
Embarked       889 non-null object
dtypes: float64(2), int64(5), object(5)
memory usage: 83.6+ KB
None
```

代码第 8 行 print(train.describe())通过 pandas 中的 describe()得到数值型特征的分布特点，包括个数、平均值、标准差、最小值、最大值、较小四分位数、中位数、较大四分位数、最大值。通过特征的统计信息，可以了解训练集特征的大致情况。

代码第 9～10 行是将训练数据的描述信息写入相同路径的 traindescribe.txt 文件中，以备方便查看。to_csv()是 DataFrame 类的方法，将数据写入指定路径的文件中，其参数比较多，详细用法可参见本书 1.3.3 节或者官网的 API 说明。

3. 数据可视化

代码第 13～25 行是用 matplotlib.pyplot 可视化乘客获救人数/未获救人数与客舱等级之间的关系。从表 1-2 可以看出，1 等舱获救率明显较高，3 等舱获救率较低。

表 1-2　获救率对比

客舱等级	获救人数	未获救人数	总人数	获救率
1	136	80	216	62.96%
2	87	97	184	47.28%
3	119	372	491	24.24%

代码第 13～15 行导入可视化 matplotlib 库的绘图模块和字体管理模块，matplotlib 默认不支持中文字符。font_manager.FontProperties()的参数 fname 设置为系统的字体路径。代码第 16～17 行从训练数据集读入 Survived 分别为 1（获救）和 0（未获救）的 1、2、3 等级客舱的人数。代码第 18～19 行生成客舱等级-获救/未获救人数的 DataFrame，并用 pandas.DataFrame.plot()画出了堆叠柱状图。代码第 21～25 行设置图例、图的名字、横坐标标签、纵坐标标签等信息并显示。

4. 数据补全

从数据分析可知，特征列 Age、Cabin 和 Embarked 分别有 714、204 和 889 个数据，没有达到训练集的 891 条总量，可以采取舍弃该特征或者将特征值补全的方法对训练数据进行预处理，以备训练预测模型使用。

代码第 28～32 行是对训练数据集的特征值进行补全，尽管有可能会引入少量的误差，但为了机器学习任务也是需要采取一些方法补全的。其中，Embarked 特征缺少 2 个值，可以补为出现次数最多的值“S”；Age 特征是数值型的特征，可以采用平均值或者中位数来补全；Cabin 特征值缺失得比较多，可以采取舍弃该特征，或者用“yes”代替非空数据、用“no”代替缺失数据，本例中采用后一种方法。全部补全后，从案例的运行结果中可以看出，相比于原始数据已经没有缺失数据。

5. 数据预处理

在机器学习任务中，数据集的特征有时候是文字类别值，如本例中的 Sex 特征有 male 和 female 两个值，无法用于建立机器学习的模型。对于这样的特征，可以对其进行数值化，如用 1 代表 male、用 2 表示 female；也可以通过增加特征的方法来解决，将一个特征 Sex 改为加前缀的“Sex_male”和“Sex_female”两个特征，特征值由原来的“male/female”改为特征“Sex_male”和“Sex_female”对应的特征值“0/1”，如图 1-4 所示。类似地，本案例中特征“乘客等级（Pclass）”也可改为加前缀的三个特征“Pclass_1”“Pclass_2”“Pclass_3”。特征“SibSp”“Parch”“Cabin”“Embarked”也可以做类似的处理。也有些特征因为值的变化范围太大，需要对数据进行标准化处理，如用 sklearn.preprocessing.StandardScaler()。

代码第 35～40 行是对数据进行预处理，并显示了第一个样本预处理前后的对比。其中，代码第 35 行是在取得的 Pclass 特征值（1、2 和 3）的前面都加上“Pclass”，即得到“Pclass_1”“Pclass_2”“Pclass_3”这三个新的特征，放入对象 train_Pclass 中。代码第 36 行在取得的 Sex

特征值（male 和 female）的前面都加上“Sex”，即得到“Sex_male”“Sex_female”两个新的特征，放入 train_Sex 中。代码第 37 行在纵向将 train_Pclass、train_Sex 融合到训练数据 train_df 中。代码第 38 行在纵向舍弃原来的“Pclass”和“Sex”特征。代码第 39～40 行显示了预处理前后第一条数据的对比，数据由原来的“[1 rows x 12 columns]”变为“[1 rows x 15 columns]”。

PassengerId	Sex
1	male
2	female
3	male
……	……

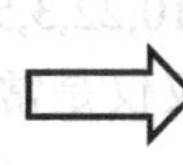

PassengerId_1	PassengerId_2	PassengerId_3	Sex_male	Sex_female
1	0	0	1	0
0	1	0	0	1
0	0	1	1	0
……	……	……	……	……

图 1-4　特征预处理后示意图

1.3　支撑技术

Numpy 视频

1.3.1　Numpy

Numpy 编程库是一种基于 Python 的科学计算库，提供了数学计算、逻辑、数组形状变换、排序、选择、基本统计运算等多种用于快速操作数组的函数。Numpy 编程库的核心是 ndarray 对象，封装了 Python 原生同数据类型的 *n* 维数组。为了高效地使用基于 Python 的科学（数学）Numpy 编程库，需要经常查阅官网帮助文档（http://www.numpy.org/）。

Numpy 编程库的运算速度非常快，可以在 Python 中进行向量和矩阵计算，由于许多底层函数是用 C 语言编写的，因此，用 Numpy 实现的运算速度有时快于 Python 实现。如果想要进入 Python 数据科学或机器学习领域，Numpy 编程库是个不错的选择。此处只介绍 Numpy 少量用法，作为 Numpy 的简单入门。

1. 创建数组

（1）一般数组。示例如下：

```
import numpy as np
a = np.array([5, 10, 22, 3, 56])
print(a)
b = np.array([[1, 2, 3, 4, 5],
              [6, 7, 8, 9, 10],
              [11, 12, 13, 14, 15],
              [16, 17, 18 ,19, 20]])
print(b)
c = np.arange(0,10,3)
print(c)
d = np.linspace(0,10, 3)
print(d)
```

【运行结果】

```
[ 5 10 22   3 56]
```

```
[[ 1  2  3  4  5]
 [ 6  7  8  9 10]
 [11 12 13 14 15]
 [16 17 18 19 20]]
[0 3 6 9]
[ 0.  5. 10.]
```

上述代码显示了创建数组的 4 种不同方法。numpy.array([5,10,22,3,56])是直接将序列传递给 Numpy 的 array()函数，可以传递任何序列（类数组），而不仅仅是常见的列表（list）数据类型。但此处需注意，不可写成 numpy.array(5,10,22,3,56)。numpy.array()也可用于创建二维数组。numpy.arange(0,10,3)可用于创建等差序列，取值范围为[0,10)，步长为 3，此处需注意的是取不到 10，初值和步长可以省略，如果只有一个参数则表示取不到的结束值。numpy.linspace(0,10,3)可用于创建等差序列，与 numpy.arange()不同的是，“3”表示个数，取值范围为[0,10]。

（2）特殊数组。

①空、零、1 数组。示例如下：

```
import numpy as np
a = np.empty((2,3))
print(a)
b = np.zeros((2,3))
print(b)
c = np.ones((2,3))
print(c)
```

【运行结果】

```
[[1.68815329e+195 1.96680888e+243 2.31415130e-152]
 [1.09918048e+155 7.50046776e+247 1.06507801e-258]]
[[0. 0. 0.]
 [0. 0. 0.]]
[[1. 1. 1.]
 [1. 1. 1.]]
```

numpy.empty()方法用来创建一个指定形状（shape）、数据类型（dtype）且未初始化的随机值数组；numpy.zeros()用来创建指定大小的全 0 数组；numpy.ones()用来创建指定大小的全 1 数组。

②对角矩阵。示例如下：

```
from numpy import *
data = mat(eye(2,2,dtype=int))
a1 = [1,2,3]
a2 = mat(diag(a1))
print(data)
print(a2)
```

【运行结果】

```
[[1 0]
 [0 1]]
[[1 0 0]
```

```
  [0 2 0]
  [0 0 3]]
```

mat(eye(2,2,dtype=int))产生一个 2×2 的对角矩阵；mat(diag(a1))生成一个对角线为 1、2、3 的对角矩阵。

③10 以内随机整型矩阵。示例如下：

```
from numpy import *
a = mat(random.randint(10,size=(3,3)))
b = mat(random.randint(2,8,size=(2,5)))
print(a)
print(b)
```

【运行结果】

```
[[1 3 7]
 [7 9 6]
 [7 9 2]]
[[7 3 4 5 7]
 [4 2 4 7 3]]
```

mat(random.randint(10,size=(3,3)))生成一个 3×3 的 0～10 之间的随机整数矩阵，print(a)显示 10 以内的整数矩阵；mat(random.randint(2,8,size=(2,5)))产生一个 2～8 之间的随机整数矩阵，print(b)显示该 2～8 之间的随机整数矩阵。

2．切片与索引

（1）切片。索引数组是一个非常强大的工具，可以避免在数组中循环各个元素，从而大大提高性能。与 Python 中 list 的切片操作一样，Numpy 中 ndarray 对象的内容可以通过索引或切片来访问和修改，数组切片和索引使用方括号（[]）来实现。ndarray 数组可以基于 0～n 的下标进行索引，设置 start、stop 及 step 参数，从原数组中切割出一个新数组。示例如下：

```
import numpy as np
a = np.arange(0,10)
b = np.array([[1, 2, 3, 4, 5],
              [6, 7, 8, 9, 10],
              [11, 12, 13, 14, 15],
              [16, 17, 18 ,19, 20]])
print(a[1:5:2])
print(b[1:,:])
print(b[0, 1:4])
print(b[1:4, 0])
print(b[::2,::2])
```

【运行结果】

```
[1 3]
[[ 6  7  8  9 10]
 [11 12 13 14 15]
 [16 17 18 19 20]]
[2 3 4]
[ 6 11 16]
```

```
[[ 1   3   5]
 [11 13 15]]
```

如上面所述，a[1:5:2]中的 1 表示索引的初值，5 表示索引取不到的索引结束值，2 表示索引的步长。切片和跨步的工作方式与对列表和元组的操作类似，不同的是它可以应用于多个维度。如果索引数量少于维度，则会得到一个子维数组。二维的切片与索引以逗号分割维度执行单独的切片。因此，对于二维数组，第一个索引（以逗号区分）定义了行的切片，第二个索引（以逗号区分）定义了列的切片。只需输入数字就可以指定行或列，例如，“print (b[1:4,0])”示例从数组中选择行索引号 1～3（第 2～4 行），列索引号 0（第 1 列）。如图 1-5 所示显示了 print(b[1:4,0])是如何切片的。

```
[[1, 2, 3, 4, 5],
[6, 7, 8, 9, 10],
[11, 12, 13, 14, 15],
[16, 17, 18 ,19, 20]]
```

图 1-5　二维数组切片示意图

（2）索引数组。示例如下：

```
import numpy as np
x = np.arange(10,1,-1)
print(x)
print(x[np.array([3, 3, 1, 8])])
print(x[np.array([3,3,-3,8])])
print(x[np.array([[1,1],[2,3]])])
```

【运行结果】

```
[10  9  8  7  6  5  4  3  2]
[7 7 9 2]
[7 7 4 2]
[[9 9]
 [8 7]]
```

索引数组必须是整数类型的，数组中的每个值表示数组中要使用哪个值；由索引 3、3、1 和 8 组成的索引数组相应地创建了一个长度为 4 的数组（与索引数组相同），其中每个索引被索引数组值替换；负值是允许的，并且与单个索引或切片一样；一般来说，使用索引数组时返回的是与索引数组具有相同形状的数组。如果索引值超出范围则是错误的，例如，print(x[np.array([3,3,20,8])])，会出现输出错误“IndexError: index 20 is out of bounds for axis 0 with size 9”。

（3）布尔值或掩码索引数组。示例如下：

```
import numpy as np
y = np.arange(10).reshape(2,5)
b = y>2
print(y[b])
print(b[:,1:4])
```

【运行结果】

```
[3 4 5 6 7 8 9]
[[False False  True]
 [ True  True  True]]
```

掩码索引数组通过将 bool 索引作为参数传给数组（bool 索引和数组同型），返回一个所有 bool 索引为 True 的子数组（一维）。y[b]选出了元素大于 2 的 y，b[:,1:4]计算出了 y 中元素是否大于 2 的 bool 子数组。

（4）给被索引的数组赋值。示例如下：

```
import numpy as np
x = np.arange(10)
print(x)
x[2:7] = 1
print(x)
x[1] = 1.2
print(x)
x = np.arange(0, 50, 10)
print(x)
x[np.array([1, 3])] += 1
print(x)
```

【运行结果】

```
[0 1 2 3 4 5 6 7 8 9]
[0 1 1 1 1 1 1 7 8 9]
[0 1 1 1 1 1 1 7 8 9]
[ 0 10 20 30 40]
[ 0 11 20 31 40]
```

给被索引数组赋值时，形状与索引产生的形状相同。允许为切片分配一个常量或者正确大小的数组，但要注意类型匹配问题。例如，无法将 float 类型的值赋值给 int 类型的变量，将复数赋值给 int/float 类型 x[1] = 1.2j 会导致异常“TypeError: can't convert complex to int”。与一些引用不同，赋值通常是对数组中的原始数据进行赋值的。上面的例子中，“x[np.array([1, 1, 3, 1])] += 1”使数组值 x[1]、x[3]加了 1。

3. 数组属性

Numpy 包含了数组的某些信息。

```
import numpy as np
a = np.array([[1, 2, 3, 4, 5],
              [6, 7, 8, 9, 10],
               [11, 12, 13, 14, 15],
               [16, 17, 18 ,19, 20]])
print(type(a))   #a 的类型
print(a.dtype)   #a 元素的类型
print(a.size)   #a 的个数
print(a.shape)    #a 的形状，此处 4 行 5 列
print(a.itemsize)   #a 的项数，此处 4 项
print(a.ndim)   #a 的维度
```

【运行结果】

```
<class 'numpy.ndarray'>
int32
20
(4, 5)
4
2
```

4. 数组操作

（1）数学运算。Numpy 可以使用四则运算符 +、−、/、**等来完成数学运算操作。示例如下：

```
import numpy as np
a = np.arange(3)
b = np.ones((1,3))
c = [3,2,1]
print(a-b)
print(a*b)
print(a**2)
print(c>b)
print(a.dot(c))
```

【运行结果】

```
[[-1.  0.  1.]]
[[0. 1. 2.]]
[0 1 4]
[[ True  True False]]
4
```

除了 a.dot(c)，以上代码中的数学操作符都对数组进行逐个元素运算，即将元素按位置配对以后再对它们进行运算，返回的结果是一个数组。例如 (a, b, c) + (d, e, f) 的返回结果就是 (a+d, b+e, c+f)。如果使用逻辑运算符比如“<”和“>”的时候，返回的将是一个布尔型数组。dot()函数用于计算两个数组的内积，本例中 0*3+1*2+2*1=4。

（2）特殊运算。Numpy 还提供了一些用于处理数组的特殊运算符。sum()、min()和 max()函数的作用分别为将所有元素相加、找出最小和最大元素。其中，a.max(axis=0)表示在列方向上取最大值，如果是 a.max(axis=1)则表示在行方向上取最大值。示例如下：

```
import numpy as np
a = np.array([[1,2,3,4,5],
              [6,7,8,9,10]])
print(a.sum())
print(a.min())
print(a.max())
print(a.max(axis=0))
```

【运行结果】

```
55
1
10
[6  7  8  9 10]
```

（3）形状操作。示例如下：

```
import numpy as np
a = np.arange(10)
print(a)
print(a.reshape(2,5))
```

```
print(a)
a.resize((2,5))
print(a)

b = np.array([[1,2,3,4,5],[6,7,8,9,10]])
print(b.ravel())
```

【运行结果】

```
[0 1 2 3 4 5 6 7 8 9]
[[0 1 2 3 4]
 [5 6 7 8 9]]
[0 1 2 3 4 5 6 7 8 9]
[[0 1 2 3 4]
 [5 6 7 8 9]]
[ 1  2  3  4  5  6  7  8  9 10]
```

a.reshape(2,5)将原始数组 a 改变成 2 行 5 列的形状，但 a 本身没有修改；a.resize((2,5))将原始数组 a 本身改成了 2 行 5 列；b.ravel()将二维数组改成了一维数组。

（4）数组堆叠。示例如下：

```
import numpy as np
a = np.array([[1,2],
              [3,4]])
b = np.array([[5,6],
              [7,8]])
print(np.vstack((a,b)))
print(np.hstack((a,b)))
```

【运行结果】

```
[[1 2]
 [3 4]
 [5 6]
 [7 8]]
[[1 2 5 6]
[3 4 7 8]]
```

np.vstack((a,b))将 a 和 b 数组在纵向堆叠，np.hstack((a,b))将 a 和 b 数组在横向堆叠。

（5）数组拆分。示例如下：

```
import numpy as np
a = np.array([[1,2,3,4,5,6],
              [7,8,9,10,11,12]])
print(np.vsplit(a,2))
print(np.hsplit(a,2))
```

【运行结果】

```
[array([[1, 2, 3, 4, 5, 6]]), array([[ 7,  8,  9, 10, 11, 12]])]
[array([[1, 2, 3],
       [7, 8, 9]]), array([[ 4,  5,  6],
       [10, 11, 12]])]
```

np.vsplit(a,2)将数组 a 依纵向拆成 2 个数组，np.hsplit(a,2)将数组 a 依横向拆成 2 个数组。

1.3.2 Matplotlib

Matplotlib 视频

Matplotlib 编程库是一种基于 Python 的绘图库，可以绘制出点线图、直方图、柱状图、散点图、雷达图等。其中，matplotlib.pyplot 是一个命令风格函数的集合，每个绘图函数可对图形进行一些更改，例如，创建图形、在图形中创建绘图区域、在绘图区域绘制一些线条、使用标签装饰绘图等。

1. 图的构成

如图 1-6 所示为绘图的构成示意图，如图 1-7、图 1-8 和图 1-9 所示分别为 Figure、Axis 和 Axes 对象的示意图。

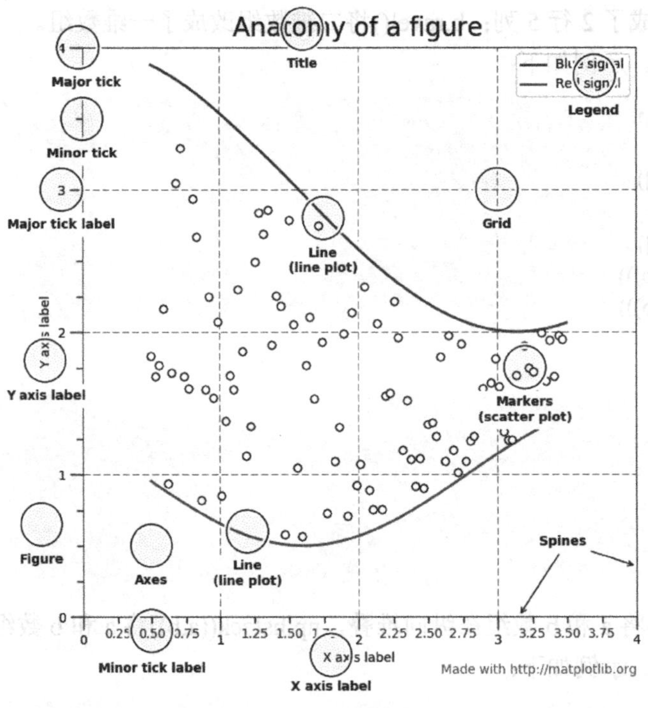

图 1-6　绘图的构成示意图

（1）Figure。Figure 对象是最大一层对象，相当于一张画布，绘制出来的就是一张图像。以下示例的代码运行后得到两张空图：

```
import matplotlib.pyplot as plt
fig1 = plt.figure(1)
fig2 = plt.figure(2)
plt.show()
```

【运行结果】　Figure 示例图如图 1-7 所示。

图 1-7　Figure 示例图

（2）Axis 对象。Axis 对象是类似数字的对象，设置图形限制并生成刻度线（如轴上的标记）和 ticklabels（如标记刻度线的字符串）。以下示例的代码运行后生成轴上的标记：

```
import matplotlib.pyplot as plt
plt.plot([1,2,3,4],[1,4,9,16],'ro')
plt.axis([0,6,0,20])
plt.show()
```

【运行结果】　Axis 示例图如图 1-8 所示。

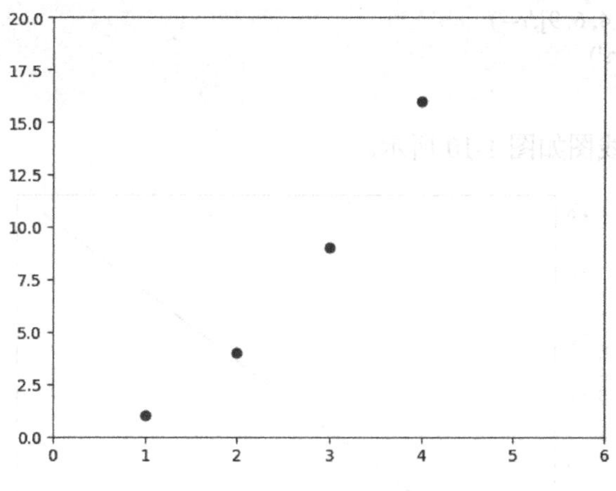

图 1-8　Axis 示例图

（3）Axes 对象。Axes 对象在某张 Figure 中用两种常用方式 figure.add_axes()和 figure.add_subplot()添加子图。以下示例用了 figure.add_axes()函数，该函数有左边距、下边距、宽度和高度四个参数，设定为小于 1 的数字。

```
import matplotlib.pyplot as plt
fig = plt.figure(2)
ax3 = fig.add_axes([0.2, 0.2, 0.6, 0.4])
ax4 = fig.add_axes([0.2, 0.7, 0.6, 0.2])
plt.show()
```

【运行结果】　Axes 示例图如图 1-9 所示。

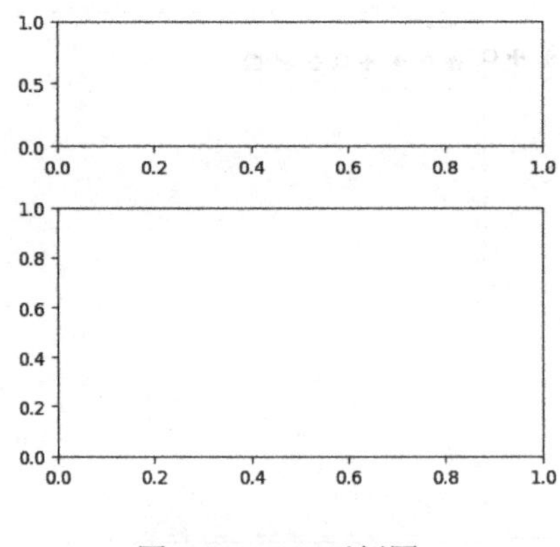

图 1-9　Axes 示例图

2. 线或标记图

matplotlib.pyplot 是命令样式函数的集合，每个 pyplot 函数对图形进行一些更改，例如，在图形中创建绘图区域，在绘图区域中绘制一些线条，用标签装饰图形等。matplotlib.pyplot.plot(*args, **kwargs)中的*args 是一个可变长度参数，允许多个 *x*，*y* 对和一个可选的格式字符串。

```
import matplotlib.pyplot as plt
plt.plot([1,2,3,4])
#plt.plot([1, 2, 3, 4], [1, 4, 6, 9],'r--')
plt.ylabel('some numbers')
plt.show()
```

【运行结果】　直线图如图 1-10 所示。

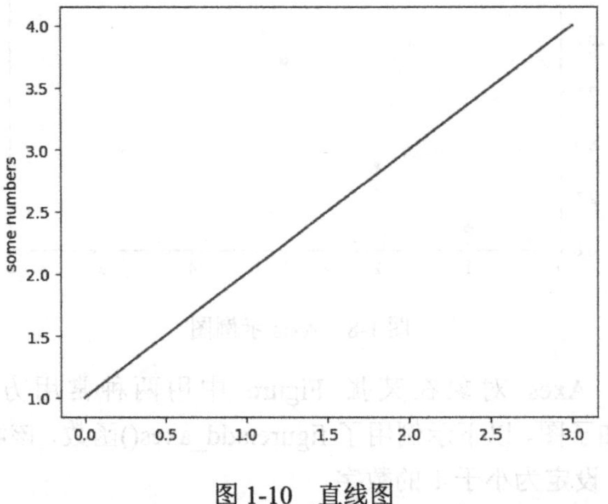

图 1-10　直线图

从图 1-10 中可以注意到，为什么 *x* 轴的范围是 0～3？如果为 plot()命令提供单个列表或数组，则 matplotlib 假定它是 *y* 系列值，并自动生成从 0 开始，默认与 *y* 有相同长度的 *x* 系列值，因此生成的 *x* 为[0,1,2,3]。plot()可采用任意数量的参数，例如，plt.plot([1, 2, 3, 4], [1, 4, 6, 9], 'r--')绘制 *x* 与 *y* 的关系，第三个参数可选，指出绘图的颜色和线型，默认格式“b-”，即为蓝色实线，本例中“r--”表示红色虚线。表 1-3 为颜色对照表，表 1-4 为线型或标记对照表。

表 1-3　颜色对照表

字符	'b'	'g'	'r'	'c'	'm'	'y'	'k'	'w'
颜色	蓝色	绿色	红色	青色	洋红色	黄色	黑色	白色

表 1-4　线型或标记对照表

字符	'-'	'--'	'-.'	':'
描述	实线样式	虚线样式	点画线样式	点虚线样式
字符	'.'	','	'o'	'v'
描述	点标记	像素标记	圆标记	向下三角标记
字符	'^'	'<'	'>'	'1'
描述	向上三角标记	向左三角标记	向右三角标记	Y 形向下三角标记
字符	'2'	'3'	'4'	's'
描述	Y 形向上三角标记	Y 形向左三角标记	Y 形向右三角标记	方形标记
字符	'p'	'*'	'h'	'H'
描述	五边形标记	星标记	1 号六边形标记	2 号六边形标记
字符	'+'	'x'	'D'	'd'
描述	+号标记	x 型标记	钻石型标记	小版钻石型标记
字符	'|'	'_'		
描述	垂直线型标记	水平线型标记		

Matplotlib 也可以使用 Numpy 数组，下面的示例说明了使用数组绘制具有不同格式样式的多行图。

```
import numpy as np
import matplotlib.pyplot as plt
# evenly sampled time at 200ms intervals
t = np.arange(0., 5., 0.2)
# red dashes, blue squares and green triangles
plt.plot(t, t, 'r--', t, t**2, 'bs', t, t**3, 'g^')
plt.show()
```

【运行结果】　三种点线图如图 1-11 所示。

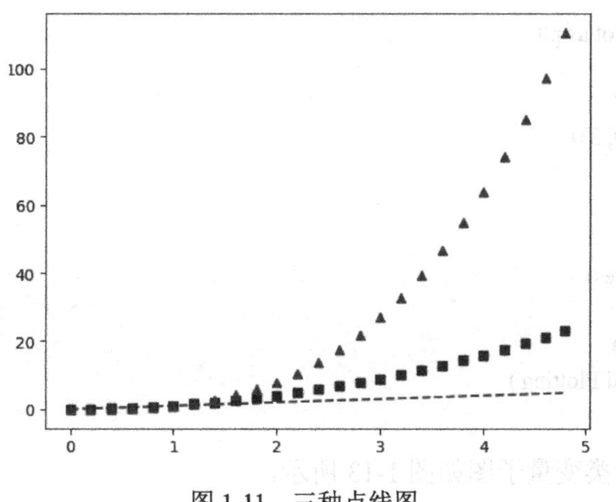

扫二维码观看彩图

图 1-11　三种点线图

3．散点图

示例如下：

```
# coding=utf-8
import matplotlib.pyplot as plt
# 散点图
x = [1,2,3,4,5,6,7,8,9]
y = [0,2,3,4,2,3,4,5,4]
plt.scatter(x,y)
plt.show()
```

【运行结果】 散点图如图 1-12 所示。

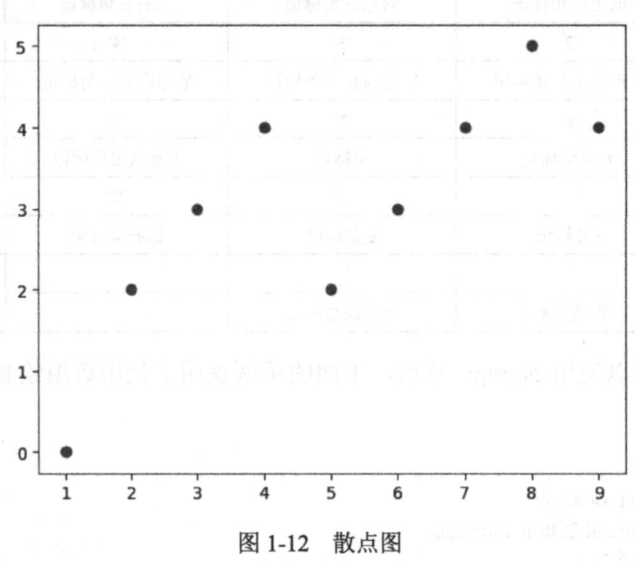

图 1-12 散点图

4．分类变量子图

Matplotlib 允许将分类变量直接传递给各种绘图函数。图 1-13 用子图分别绘制了柱状图、散点图和线图。

```
import matplotlib.pyplot as plt
names = ['1', '2', '3']
values = [1, 10, 20]
plt.figure(1, figsize=(9, 3))
plt.subplot(131)
plt.bar(names, values)
plt.subplot(132)
plt.scatter(names, values)
plt.subplot(133)
plt.plot(names, values)
plt.suptitle('Categorical Plotting')
plt.show()
```

【运行结果】 分类变量子图如图 1-13 所示。

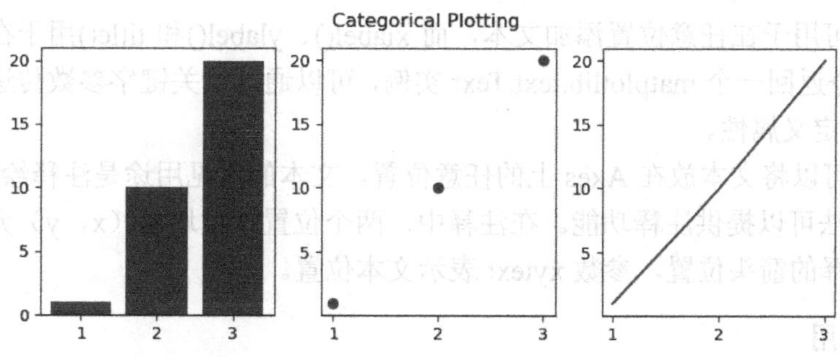

图 1-13　分类变量子图

plt.subplot(131)指出了绘制 1 行 3 列区域的第 1 个子图，plt.subplot(132)指出了绘制 1 行 3 列区域的第 2 个子图，plt.subplot(133)指出了绘制 1 行 3 列区域的第 3 个子图。subplot()命令指定了 numrows、numcols、plot_number，其中 plot_number 的取值范围为 1~numrows*numcols。如果 numrows * numcols <10，则 subplot()命令中的逗号是可选的，即 subplot(211)与 subplot(2, 1, 1)相同。plt.figure(1, figsize=(9, 3))命令是可选的，因为默认情况下将创建 figure(1)，此处 figsize 指定 figure 的宽和高。

5．使用文本

Matplotlib 允许在指定位置添加注释。示例如下：

```
import numpy as np
import matplotlib.pyplot as plt
ax = plt.subplot(111)
t = np.arange(0.0, 3.0, 0.01)
s = np.cos(2*np.pi*t)
line, = plt.plot(t, s, lw=2)
plt.text(1.5,-1.2,'bottom')
plt.annotate('local max', xy=(1, 1), xytext=(1.5, 1.5),
             arrowprops=dict(facecolor='black', shrink=0.05),)
plt.ylim(-1.8, 1.8)
plt.show()
```

【运行结果】　注释文本图如图 1-14 所示。

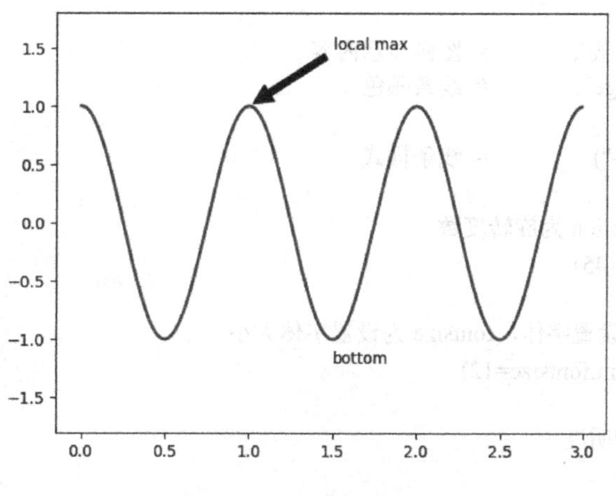

图 1-14　注释文本图

text()命令可用于在任意位置添加文本，而 xlabel()、ylabel()和 title()用于在指定位置添加文本。text()命令返回一个 matplotlib.text.Text 实例，可以通过将关键字参数传递给文本函数或使用 setp()来自定义属性。

text()命令可以将文本放在 Axes 上的任意位置。文本的常见用途是注释绘图的某些功能，而 annotate()方法可以提供注释功能。在注释中，两个位置参数均由（x，y）元组表示，参数 xy 表示需要注释的箭头位置，参数 xytext 表示文本位置。

6. 绘图应用

（1）直接将数据写在列表中。2020 庚子鼠年的开头注定是不平凡的一年，因为出现了新冠肺炎，全国人民万众一心抗击疫情。图 1-15 所示为对少量疫情数据做了可视化处理，数据是直接写在参数列表里面的。

```
# coding:utf8
from matplotlib import pyplot as plt
from matplotlib import font_manager

# matplotlib 默认不支持中文字符，设置中文字体，参数的值为系统字体路径
my_font = font_manager.FontProperties(fname=r"C:\Windows\Fonts\simsun.ttc")

# 需要绘制的数据
x = ['1.30','1.31','2.1','2.2','2.3','2.4',
      '2.5','2.6','2.7','2.8',]
y_confirm = [9720, 11821, 14411, 17238, 20471, 24363,
      28060,31211,34598,37251]
y_doubt = [15238, 17988, 19544, 21558, 23214, 23260,
     24702,26359,27657,28942]

# 绘制第一条折线
plt.plot(x,y_confirm,
          label="确诊数",
          color="red",
          marker='o')

# 绘制第二条折线
plt.plot(x,y_doubt,
          label="疑似数",          # 图例显示内容
          color="orange",          # 线条颜色
          marker='o',
          linestyle="--")          # 线条样式

# 设置 x 轴刻度，rotation 为旋转度数
plt.xticks(x[::],rotation=45)

# 设置图例，prop 为设置字体，fontsize 为设置字体大小
plt.legend(prop=my_font,fontsize=12)

# 绘制网格，alpha 为明度
plt.grid(alpha=0.5)
```

```
# 添加描述信息，fontproperties 为设置字体，fontsize 为设置字体大小
plt.xlabel("日期",fontproperties=my_font,fontsize=12)
plt.ylabel("人数（人）",fontproperties=my_font,fontsize=12)
plt.title("全国累计确诊/疑似数",fontproperties=my_font,fontsize=18)

# 显示图形
plt.show()
```

【运行结果】　确诊-疑似趋势图如图 1-15 所示。

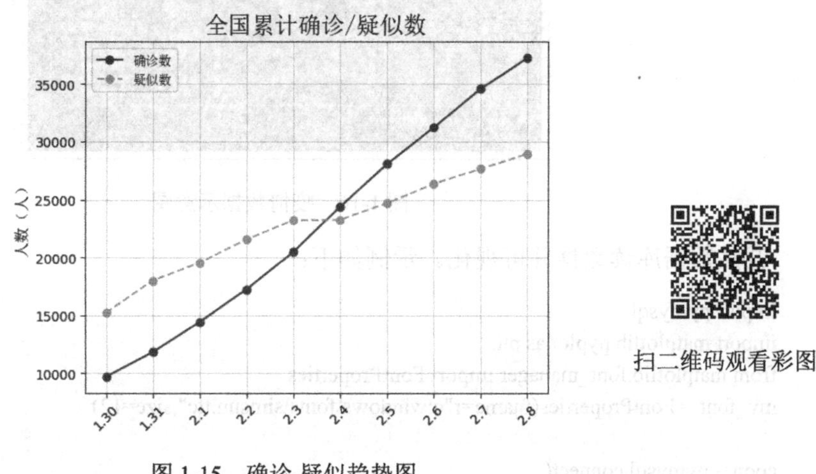

图 1-15　确诊-疑似趋势图

（2）从数据库中读数据。图 1-15 中新冠肺炎数据的 Matplotlib 可视化应用是将数据直接写在代码的列表中的，此处用 Pandas 从 MySQL 数据库中读数据，然后再对疫情数据做可视化处理。实现步骤介绍如下。

①创建本地数据库。示例如下：

```
create talbe yiqing(
city varchar(10) not null,
new_confirm varchar(10) not null,
confirm varchar(10) not null,
dead varchar(10) not null,
heal varchar(10) not null,
data varchar(15) not null
);
```

②导入数据文件。配套资源提供从网站爬取到的数据文件 yiqing.csv，可以使用以下命令将数据文件导入到本地的 MySQL 数据库中，此处要注意的是，命令中的“e:/yiqing.csv”“yiqing”等参数值需修改成读者本机的参数值，也可以通过数据库管理工具导入数据。数据导入成功后，查询数据库中的 yiqing 表，显示图 1-16 所示的全国新冠肺炎疫情情况。

```
load data infile 'e:/yiqing.csv'
Into talbe yiqing
fields terminated by ',' optionally enclosed by '"' escaped by '"'
lines terminated by '\n';
```

数据库的数据如图 1-16 所示。

```
use yi;
select * from yiqing;
```

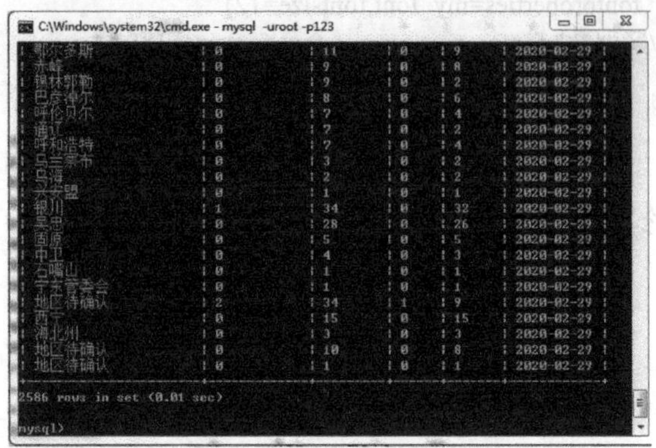

图 1-16　疫情数据示意图

③从数据库读数据并可视化。示例如下：

```
import pymysql
import matplotlib.pyplot as plt
from matplotlib.font_manager import FontProperties
my_font = FontProperties(fname=r"c:windows\fonts\simsun.ttc",size=12)

coon = pymysql.connect(
    host='127.0.0.1', user='root', passwd='123',
    port=3306, db='yi', charset='utf8')
list1=[]
for x in range(3,7):
    cur = coon.cursor()
    cur.execute("SELECT SUM(new_confirm) FROM yiqing    WHERE data='2020-02-2{0}';".format(x))
    res = cur.fetchall()
    list1.append(res[0][0])

list2=[]
for x in range(3,7):
    cur = coon.cursor()
    cur.execute("SELECT SUM(confirm) FROM yiqing    WHERE data='2020-02-2{0}';".format(x))
    res1 = cur.fetchall()
    list2.append(res1[0][0])

list3=[]
for x in range(3,7):
    cur = coon.cursor()
    cur.execute("SELECT SUM(dead) FROM yiqing    WHERE data='2020-02-2{0}';".format(x))
    res2 = cur.fetchall()
    list3.append(res2[0][0])

list4=[]
for x in range(3,7):
    cur = coon.cursor()
    cur.execute("SELECT SUM(heal) FROM yiqing    WHERE data='2020-02-2{0}';".format(x))
```

```
        res3 = cur.fetchall()
        list4.append(res3[0][0])

    x = ['2.23','2.24','2.25','2.26']
    plt.plot(x,list1,label="新增确诊",color="orange",marker='o')
    plt.plot(x,list2,label="确诊",color="red",marker='o',linestyle='--')
    plt.plot(x,list3,label="死亡",color="black",marker='o',linestyle='--')
    plt.plot(x,list4,label="治愈",color="blue",marker='o')
    plt.legend(prop=my_font,fontsize=12)
    plt.xticks(x[::],rotation=45)
    plt.grid(alpha=0.5)
    plt.title("全国 2.23-2.26 疫情情况",FontProperties=my_font)
    plt.xlabel("日期",FontProperties=my_font)
    plt.ylabel("人数（人）",FontProperties=my_font)
    plt.show()
```

【运行结果】　全国 2.23—2.26 疫情情况折线图如图 1-17 所示。

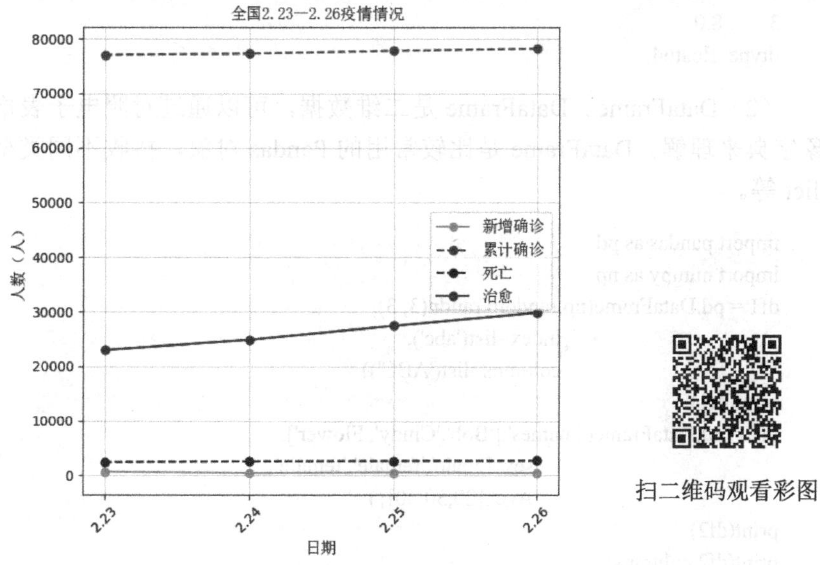

扫二维码观看彩图

图 1-17　全国 2.23—2.26 疫情情况折线图

图 1-17 可视化了全国 2.23—2.26 期间的疫情情况，可以看出，由于累计确诊人数较多导致纵坐标的数值区间较大，在全国疫情得到了控制的情况下，新增确诊和死亡人数较小，所以这个折线图可以进一步优化设计，这也是在做数据可视化时需要关注的地方。

1.3.3 Pandas

Pandas 视频

Pandas 编程库是一种基于 Python 的结构化数据操作和控制库，广泛用于数据加工和数据准备。

1. 部分数据类型

（1）Series。Series 是一维数组，能够保存整数、字符串、浮点数、Python 对象等数据类型，轴标签统称为索引。创建 Series 的基本方法是调用 s = pd.Series(data, index=index)，其中，data 为数据列表，index 为可选参数，若不填写则默认 index 从 0 开始。

```
import pandas as pd
import numpy as np
s = pd.Series([1,np.nan,8])
print(s)
s = pd.Series([1,np.nan,8],index=[1,2,3])
print(s)
```

【运行结果】

```
0     1.0
1     NaN
2     8.0
dtype: float64
1     1.0
2     NaN
3     8.0
dtype: float64
```

（2）DataFrame。DataFrame 是二维数据，可以通过对照电子表格、SQL 表或 Series 对象字典来理解。DataFrame 是比较常用的 Pandas 对象，接收不同类型的输入，例如，list、dict 等。

```
import pandas as pd
import numpy as np
df1 = pd.DataFrame(np.random.randn(3, 3),
                   index=list('abc'),
                   columns=list('ABC'))
print(df1)
df2 = pd.DataFrame({'names':['Bob','Cindy','Flower'],
                    'sex':['male','female','female'],
                    'Age':[20,30,40]})
print(df2)
print(df2.columns)
print(df2.index)
print(df2.describe())
print(df2[0:2])
print(df2['names'])
```

【运行结果】

```
          A         B         C
a -0.136368 -0.709131  0.388777
b -0.587349  0.574428 -0.186798
c  0.998111  0.724783  1.581508
    names     sex  Age
0     Bob    male   20
1   Cindy  female   30
2  Flower  female   40
Index(['names', 'sex', 'Age'], dtype='object')
RangeIndex(start=0, stop=3, step=1)
```

```
         Age
count    3.0
mean    30.0
std     10.0
min     20.0
25%     25.0
50%     30.0
75%     35.0
max     40.0
   names    sex  Age
0    Bob   male   20
1  Cindy  femal   30
0       Bob
1     Cindy
2    Flower
```

name: names, dtype: object 创建 df1 的时候，要注意的是，行和列的长度需要与 DataFrame 的形状匹配，如果不同会出现类似“ValueError: Shape of passed values is (3, 3), indices imply (2, 3)”错误。df2 是通过字典的形式来创建 DataFrame 的，也可以通过 dtype 参数设置类型。df2.columns 用于查看 df2 的列索引，df2.index 用于查看 df2 的行索引，df2.describe()用于查看 df2 的最小、最大等描述信息，df2[0:2]用于取得 df2 的前 2 行。

2. read_csv 函数

read_csv()函数功能为从文件、URL、文件新对象中加载带有分割符的数据，默认分割符是逗号。该函数的参数比较多，可在官网文档中查询。下面的例子数据文件 data.txt 放在与代码相同路径的文件夹中，其内容为：

```
names,sex,Age
Bob,male,20
Cindy,female,30
Flower,female,40
```

```
import pandas as pd
data = pd.read_csv('data.txt')
print(data)
```

【运行结果】

```
    names     sex  Age
0     Bob    male   20
1   Cindy  female   30
2  Flower  female   40
```

从上述读取的结果可以看出，data.txt 文件的第一行默认的是数据的列标题。如果数据文件中没有列标题，可以给 pd.read_csv()加入参数 header=None 或 names=['names', 'sex', 'age']。pd.read_csv()默认分割符为 sep='，'，可以用参数 skiprows 跳着取某些行。下面的代码示例从网络（提供网址）中读数据，并通过 data.head()输出前 5 条数据。

```
# 导入 Pandas 与 Numpy 工具包
import pandas as pd
```

```
# 创建特征列表
column_names = ['Sample code number', 'Clump Thickness',
                'Uniformity of Cell Size', 'Uniformity of Cell Shape',
                'Marginal Adhesion', 'Single Epithelial Cell Size',
                'Bare Nuclei', 'Bland Chromatin',
                'Normal Nucleoli', 'Mitoses', 'Class']
# 使用 pandas.read_csv 函数从互联网读取指定数据
data = pd.read_csv('https://archive.ics.uci.edu/ml/machine-learning-databases/'
                   'breast-cancer-wisconsin/breast-cancer-wisconsin.data',
                   names = column_names )
print(data.head())
```

【运行结果】

```
Sample code number    Clump Thickness    ...    Mitoses    Class
0          1000025                  5    ...          1        2
1          1002945                  5    ...          1        2
2          1015425                  3    ...          1        2
3          1016277                  6    ...          1        2
4          1017023                  4    ...          1        2

[5 rows x 11 columns]
```

3．to_csv 函数

to_csv()函数的功能为将对象写到逗号分割的文件中（csv）。该函数的参数也比较多，可在官网文档中查询。下面的例子将数据写到与代码相同路径的文件夹中。

```
import pandas as pd
df = pd.DataFrame({'name': ['Raphael', 'Donatello'],
                   'mask': ['red', 'purple'],
                   'weapon': ['sai', 'bo staff']})
df.to_csv('weapon.csv',index=False)
```

【运行结果】

运行上述代码以后，在代码文件相同路径下产生一个新的文件“weapon.csv”。

1.3.4 Scikit-learn

Scikit-learn 视频

Scikit-learn 是面向机器学习应用发展起来的一款 Python 开源平台，需要 Numpy、Scipy 和 Matplotlib 等其他编程库的支持。Scikit-learn 内部实现了各种成熟的机器学习算法，样例丰富，提供了完整的使用教程与 API 注释，可以为机器学习应用开发者提供帮助。图 1-18 基本概括了 Scikit-learn 中传统机器学习领域 Classification（分类）、Custering（聚类）、Regression（回归）、Dimensionality Reduction（降维）的相关理论与算法的选择方法，原版图片来源于 http://Scikit-learn.org/stable/tutorial/MacOShine_learning_map/index.html。安装 Numpy、Scipy、Matplotlib（可选）成功以后，Scikit-learn 的安装方法可参考 http://scikit-learn.org/stable/install. html。案例 2～案例 6 主要运用 Scikit-learn 编程库来实现机器学习任务。

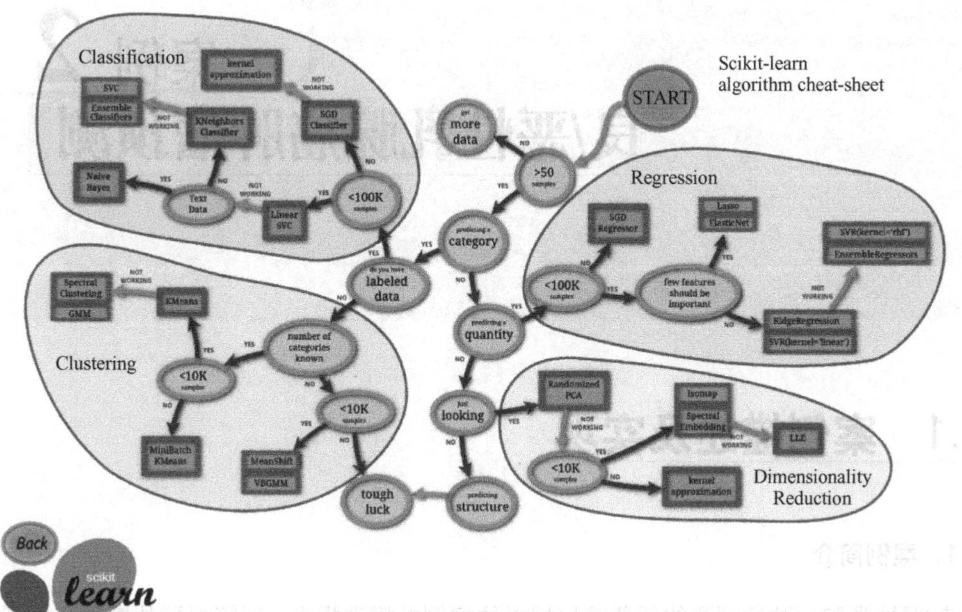

图 1-18　Scikit-learn 算法选择图

扫二维码观看彩图

案例 2 良/恶性乳腺癌肿瘤预测

2.1 案例描述及实现

1．案例简介

良/恶性乳腺癌肿瘤预测的任务是根据以往病例的病理报告，训练得到肿瘤预测模型，提取新病例中与训练集相同的特征，将特征输入预测模型判定新病例是否为恶性肿瘤，即从“良性乳腺癌肿瘤”和“恶性乳腺癌肿瘤”两个类别中选择一个作为预测结果，所以此为二分类问题。

2．数据介绍

良/恶性乳腺癌肿瘤数据集来自威斯康星大学医院（University of Wisconsin Hospitals），数据集共有 699 例样本，每例样本有 11 列（包含样本 ID、9 个特征和肿瘤类型），每列的含义如表 2-1 所示。其中，第 1 列是样本的编号，第 2～10 列是与肿瘤相关的医学特征，均被量化为 1～10 之间的数字，第 11 列是表示肿瘤类型的数值，数字 2 代表良性，数字 4 代表恶性）。良性肿瘤样本有 458 例，占总样本的 65.5%，恶性肿瘤样本有 241 例，占总样本的 34.5%。依据网站提示的数据描述可知，数据集中有 16 例样本存在丢失的属性值，缺失值用‘?’表示。

表 2-1　良/恶性乳腺癌肿瘤数据

列　名	含　义
Sample code number	样本 ID
Clump Thickness	肿块厚度 1～10
Uniformity of Cell Size	细胞大小的均匀性 1～10
Uniformity of Cell Shape	细胞形状的均匀性 1～10
Marginal Adhesion	边缘黏性 1～10
Single Epithelial Cell Size	单上皮细胞的大小 1～10
Bare Nuclei	裸核 1～10
Bland Chromatin	乏味染色体 1～10
Normal Nucleoli	正常核 1～10
Mitoses	有丝分裂 1～10
Class	肿瘤性质：2-良性,4-恶性

数据下载地址为：http://archive.ics.uci.edu/ml/machine-learning-databases/breast-cancer-wisconsin/breast-cancer-wisconsin.data，数据已经从主页下载到本地文件 breast-cancer-wisconsin.data。

3．案例实现

类似如图 1-1 和图 1-2 所示的方法，打开安装好的 PyCharm，在当前路径（此处为 ABookMachineLearning）上单击右键，选择“New”→“Python File”命令，新建一个 Python 文件并命名为 ch2_1_Breast_Cancer。

在文件 ch2_1_Breast_Cancer.py 中输入完整代码如下。

代码 2-1（ch2_1_Breast_Cancer.py）：

```
# 导入 Pandas 编程库
import pandas as pd
# 创建特征列表
columns = ['样本编号', '肿块厚度','细胞大小均匀性',
           '细胞形状均匀性','边缘黏性','单上皮细胞大小',
           '裸核', '染色体','正常核','有丝分裂', '肿瘤性质']
# 使用 pandas.read_csv 函数从本地文件读取指定数据
brdata = pd.read_csv(r'.\breast-cancer-wisconsin.data',
                     names=columns)
print(brdata.shape)

import numpy as np
# 将缺失数据替换为标准缺失值表示
data = brdata.replace(to_replace='?', value=np.nan)
# 丢弃带有缺失值的数据
data = data.dropna(how='any')
# 输出 data 的数据量和维度
print(data.shape)

# 使用 sklearn.model_selection 里的 train_test_split 模块用于分割数据
from sklearn.model_selection import train_test_split
# 随机采样 20%的数据用于测试，剩下的 80%用于构建训练集合
X_train, X_test, y_train, y_test = train_test_split(
    data[columns[1:10]], data[columns[10]],test_size=0.2)
# 查验训练、测试样本的数量和类别分布
print(y_train.value_counts())
print(y_test .value_counts())

# 从 sklearn.preprocessing 里导入 StandardScaler
from sklearn.preprocessing import StandardScaler
# 标准化数据，保证每个维度的特征数据方差为 1，均值为 0
#
ss = StandardScaler()
X_train_ss = ss.fit_transform(X_train)
X_test_ss = ss.transform(X_test)

# 从 sklearn.linear_model 中导入 LogisticRegression
from sklearn.linear_model import LogisticRegression
# 初始化 LogisticRegression
```

```
lr = LogisticRegression(solver='liblinear')
# 调用 LogisticRegression 中的 fit 函数/模块用来训练模型
lr.fit(X_train_ss, y_train)
# 使用 LogisticRegression 自带的评分函数 score 获得模型在测试集上的准确性
print('LogisticRegression 平均准确性:', lr.score(X_test_ss, y_test))

from sklearn.linear_model import SGDClassifier
sgdc = SGDClassifier(max_iter=1000)
# 调用 SGDClassifier 中的 fit 函数/模块用来训练模型
sgdc.fit(X_train_ss, y_train)
print('SGDClassifier 平均准确性:', sgdc.score(X_test_ss, y_test))

from sklearn.neighbors import KNeighborsClassifier
knnc = KNeighborsClassifier()
# 调用 KNeighborsClassifier 中的 fit 函数/模块用来训练模型
knnc.fit(X_train_ss, y_train)
print('KNeighborsClassifier 平均准确性:', knnc.score(X_test_ss, y_test))

from sklearn.svm import SVC
svmc = SVC()
# 调用 SVC 中的 fit 函数/模块用来训练模型
svmc.fit(X_train_ss, y_train)
print('SVC 平均准确性:', svmc.score(X_test_ss, y_test))

from sklearn.naive_bayes import GaussianNB
gsnc= GaussianNB()
# 调用 GaussianNB 中的 fit 函数/模块用来训练模型
gsnc.fit(X_train_ss, y_train)
print('GaussianNB 平均准确性:', gsnc.score(X_test_ss, y_test))

from sklearn.tree import DecisionTreeClassifier
dstc= DecisionTreeClassifier()
# 调用 DecisionTreeClassifier 中的 fit 函数/模块用来训练模型
dstc.fit(X_train_ss, y_train)
print('DecisionTreeClassifier 平均准确性:', dstc.score(X_test_ss, y_test))

from sklearn.ensemble import RandomForestClassifier
rfcf= RandomForestClassifier(n_estimators=10)
# 调用 BaggingClassifier 中的 fit 函数/模块用来训练模型
rfcf.fit(X_train_ss, y_train)
print('RandomForestClassifier 平均准确性:',
          rfcf.score(X_test_ss, y_test))

rfcf_y = rfcf.predict(X_test_ss)
# 从 sklearn.metrics 里导入 classification_report 模块
from sklearn.metrics import classification_report
# 利用 classification_report 模块获得其他指标的结果
print(classification_report(y_test, rfcf_y,
                                        target_names=['Benign', 'Malignant']))
```

【运行结果】

```
(683, 11)
2    350
4    196
Name: 肿瘤性质, dtype: int64
2    94
4    43
Name: 肿瘤性质, dtype: int64
LogisticRegression 平均准确性: 0.9781021897810219
SGDClassifier 平均准确性: 0.9708029197080292
KNeighborsClassifier 平均准确性: 0.9854014598540146
SVC 平均准确性: 0.9635036496350365
GaussianNB 平均准确性: 0.9562043795620438
DecisionTreeClassifier 平均准确性: 0.9343065693430657
RandomForestClassifier 平均准确性: 0.9635036496350365
              precision    recall  f1-score   support

      Benign       0.97      0.98      0.97        94
   Malignant       0.95      0.93      0.94        43

    accuracy                           0.96       137
   macro avg       0.96      0.95      0.96       137
weighted avg       0.96      0.96      0.96       137
```

2.2 案例详解及示例

2.2.1 数据预处理

1．读取数据

代码 2-1（ch2_1_Breast_Cancer.py）的 1～18 行是对数据进行预处理，第 8 行用到了关键的函数 pandas.read_csv（即 pd.read_csv），数据是从本地文件 breast-cancer-wisconsin.data 中读取的，给数据加入了列名 columns。pandas.read_csv 是读取数据的常用 API，使用频率非常高，其详细用法可参见 API 说明，网址为：http://pandas.pydata.org/pandas-docs/stable/reference/api/pandas.read_csv.html。读到数据以后用 brdata.shape 显示数据的行数和列数为(699, 11)，方便与数据文件核对。

依据网站对数据的介绍，数据集中有 16 例样本存在缺失值“？”，代码 12～18 行先将“？”替换为 Numpy 的标准空值 np.nan，然后舍弃了 16 例有缺失值的样本，并显示数据的行数和列数为(683, 11)，数据符合计算结果 699−16=683。

2．拆分数据

代码 20～27 行将数据拆分为训练数据和测试数据两部分，第 23～24 行用到了关键模块 sklearn.model_selection.train_test_split，80%的数据为训练数据，其中，列索引号为 1~9 的列数据为 X_train，对应的列索引号 10 的列数据为 y_train；20%的数据为测试数据，其中，列索引号为 1～9 的列数据为 X_test，对应的列索引号 10 的列数据为 y_test。代码 26～27 行输出了训练集中良性样本 355 例、恶性样本 191 例，测试集中良性样本 89 例，恶性样本 48 例，数据符合总样本个数 355+191+89+48=683。

sklearn.model_selection.train_test_split(*arrays,**options)是从样本中随机地按比例划分样本集为训练集和测试集的，参数详解可参见官网，网址为 https://scikit-learn.org/stable/modules/generated/sklearn.model_selection.train_test_split.html#sklearn.model_selection.train_test_split。在实现预测任务时，也可以人为地切片划分。

代码 2-2（ch2_2_Train_Test_Split.py）例子：

```
import numpy as np
from sklearn.model_selection import train_test_split
X, y = np.arange(10).reshape((5, 2)), range(5)
X_train, X_test, y_train, y_test = train_test_split(
                X, y, test_size=0.33, random_state=42)
print(X_train)
print(y_train)
print(X_test)
print(y_test)
```

【运行结果】

```
[[4 5]
 [0 1]
 [6 7]]
[2, 0, 3]
[[2 3]
 [8 9]]
[1, 4]
```

3．数据标准化

代码 29～35 行对数据进行标准化处理，保证每个维度的特征数据均值为 0，方差为 1，使得预测结果不会因某些取值过大的特征值占主导而影响了预测结果。如果个别特征不能满足标准正态分布，其结果可能会不理想。例如，许多学习算法中目标函数的基础是假设特征是满足标准正态分布的，如果某个特征的方差比其他特征大几个数量级，那么这个特征会在学习算法中占据主导位置，导致学习器并不能像期望的那样从所有特征中学习。

Sklearn 预处理模块 preprocessing 提供了一个实用类 StandardScaler，用于计算训练集上的平均值和标准偏差，实现了数据的标准化转化，测试集也可做相同的变换。StandardScaler 方法如表 2-2 所示。

```
class sklearn.preprocessing.StandardScaler(copy=True, with_mean=True, with_std=True)
```

表 2-2　StandardScaler 方法

方 法 名	含 义
fit(self, X[, y])	计算平均值和标准差，用于后续转换
fit_transform(self,X[,y])	拟合并转换数据

续表

方 法 名	含 义
get_params(self[,deep])	获取估计器的参数
inverse_transform(self,X[,copy])	将数据转换为原始表示形式
partial_fit(self,X[,y])	在线计算 X 上的平均值和标准差，以便后续转换
set_params(self,**params)	设置此估计器的参数
transform(self,X[,copy])	通过设定中心和缩放执行标准化.

代码 2-3（ch2_3_StandardScaler.py）例子：

```
from sklearn.preprocessing import StandardScaler
data = [[0, 0], [0, 0], [1, 1], [1, 1]]
scaler = StandardScaler()
print(scaler.fit(data))
print(scaler.mean_)
print(scaler.transform([[2, 2]]))
print(scaler.transform(data))
```

【运行结果】

```
StandardScaler(copy=True, with_mean=True, with_std=True)
[0.5 0.5]
[[3. 3.]]
[[-1. -1.]
 [-1. -1.]
 [ 1.  1.]
 [ 1.  1.]]
```

2.2.2 linear_model

1. LogisticRegression

LogisticRegression 视频

代码 37～44 行使用 LogisticRegression 类来预测数据。代码 38 行从 Sklearn 的 linear_model 模块导入 LogisticRegression 类。代码 40 行实例化一个 LogisticRegression 类的对象 lr。代码 42 行使用标准化后的训练数据（X_train_ss,y_train）拟合数据，得到模型。代码 44 行用训练得到的模型对测试集进行预测，得到 lr_y。LogisticRegression 虽然名字里有“回归”两字，但实际上是解决分类问题的一类线性模型。

```
class sklearn.linear_model.LogisticRegression(penalty='l2', dual=False, tol=0.0001, C=1.0, fit_intercept=True, intercept_scaling=1, class_weight=None, random_state=None, solver='warn', max_iter=100, multi_class='auto', verbose=0, warm_start=False, n_jobs=None, l1_ratio=None)
```

LogisticRegression 类的部分参数简介如下。

- penalty 参数：{"l1","l2","elasticnet","none"}，默认值为“l2”，指明使用的惩罚规则。
- dual 参数：bool 类型，默认值为 False，选择对偶公式（dual）或原始公式（primal），默认的是原始公式，当样本数大于特征数时，更倾向于原始公式。
- tol 参数：float 类型，默认值为 1e-4，停止标准的认定。

- C 参数：float 类型，默认值为 1.0，设置正则化强度的逆，值越小，则正则化越强。
- fit_intercept 参数：bool 类型，默认值为 True，选择是否将偏差（截距）添加到决策函数中。
- intercept_scaling 参数：float 类型，默认值为 1，只在 solver 选择 liblinear 并且 self.fit_intercept 设置为 True 的时候才有用。
- class_weight 参数：dict 或“balanced”，默认值为 None，类型权重参数，用于标示分类模型中各种类型的权重。可以用字典模式输入也可选择“balanced”模式，默认所有类型的权重都一样。可以通过直接输入{class_label：weight}来对每个类别权重进行赋值，如{0:0.3,1:0.7}就是指类型 0 的权重为 30%，类型 1 的权重为 70%。在出现误分类代价很高或类别不平衡的情况下，可以通过这个参数来调整权重，也可以通过选择“balanced”自动计算类型权重。
- random_state 参数：int 类型，默认值为 None，随机数种子，在 solver 为“sag”或者“liblinear”时使用。
- solver 参数：{"newton-cg","lbfgs","liblinear","sag","saga"}，逻辑回归损失函数优化方法，默认使用“liblinear”算法。对于小型数据集来说，可以选择“liblinear”；对于大型数据集来说，可以选择“saga”或者“sag”；对于多类问题来说，可以选择“newton-cg”“sag”“saga”“lbfgs”。
- max_iter 参数：int 类型，默认值为 100，算法收敛的最大迭代次数，在 solver 为“newton-cg”、“sag”和“lbfgs”时有用。
- multi_class 参数：{"auto","ovr","multinomial"}，默认值为 auto，选择分类方式的参数。“ovr”即 one-vs-rest(OvR)，“multinomial”为 many-vs-many(MvM)。OvR 每次将一个类的样例作为正例，除了正例以外的其他类样例作为反例来训练，MvM 则是每次将若干类作为正例，其他若干类作为反例。
- verbose 参数：int 类型，默认值为 0（不输出），当大于等于 1 时，输出训练的详细过程，仅当 solver 参数设为“liblinear”和“lbfgs”时有效。
- warm_start 参数：bool 类型，默认值为 False，热启动参数。当设置为 True 时，重用上一次调用的解决方案初始化，否则，删除前面的解决方案。
- n_jobs 参数：int 类型，默认值为 None，并行数。
- l1_ratio 参数：float 类型，默认值为 None，弹性网络混合参数。

LogisticRegression 方法如表 2-3 所示，其中，fit()、predict()、score()是常用的方法，fit()用于拟合数据得到模型，predict()用于输入测试样本得到预测值，score()用于评价模型。

表 2-3　LogisticRegression 方法

方 法 名	含 义
decision_function(self,X)	预测样本的置信度得分
densify(self)	将系数矩阵转换为密集数组格式
fit(self,X,y[,sample_weight])	根据给定的训练数据对模型进行拟合
get_params(self[,deep])	获取此估计器的参数
predict(self,X)	预测 X 中样本的类标签
predict_log_proba(self,X)	概率估计日志

续表

方　法　名	含　义
predict_proba(self,X)	概率估计
score(self,X,y[,sample_weight])	返回给定测试数据和标签的平均精度
set_params(self,**params)	设置此估计器的参数
sparsify(self)	将系数矩阵转换为稀疏格式

代码 2-4（ch2_4_LogisticRegression.py）例子：

```
from sklearn.datasets import load_iris
from sklearn.linear_model import LogisticRegression
X, y = load_iris(return_X_y=True)
clf = LogisticRegression(random_state=0, solver='lbfgs',
                         max_iter=3000,
                         multi_class='multinomial').fit(X, y)
print(clf.predict(X[:2, :]))
print(clf.predict_proba(X[:2, :]))
print(clf.score(X, y))
```

【运行结果】

```
[0 0]
[[9.81588489e-01 1.84114969e-02 1.45146963e-08]
 [9.71361183e-01 2.86387869e-02 3.02111899e-08]]
0.9733333333333334
```

2. SGDClassifier

SGDClassifier 视频

代码 46～50 行使用 SGDClassifier 类来预测数据。代码 46 行从 Sklearn 的 linear_model 模块导入 SGDClassifier 类，代码 47 行实例化一个 SGDClassifier 类的对象 sgdc，代码 49 行使用标准化后的训练数据（X_train_ss,y_train）训练（拟合）数据得到模型，代码 50 行直接用 SGDClassifier 自带的函数对测试集评估模型的平均准确性。

SGDClassifier 是用随机梯度下降算法训练的线性分类器。

```
class sklearn.linear_model.SGDClassifier(loss='hinge', penalty='l2', alpha=0.0001, l1_ratio=0.15, fit_intercept=True, max_iter=1000, tol=0.001, shuffle=True, verbose=0, epsilon=0.1, n_jobs=None, random_state=None, learning_rate='optimal', eta0=0.0, power_t=0.5, early_stopping=False, validation_fraction=0.1, n_iter_no_change=5, class_weight=None, warm_start=False, average=False)
```

SGDClassifier 类的部分参数简介如下。

- loss 参数：str 类型，损失函数项，可取值“hinge”“log”“modified_huber”“squared_hinge”“perceptron”，或者回归损失“squared_loss”“huber”“epsilon_insensitive”“squared_epsilon_insensitive”，默认值为“hinge”（线性 SVM）。
- penalty 参数：惩罚项，可取值“l2”“l1”“elasticnet”，默认值为“l2”。
- alpha 参数：float 类型，默认值为 0.0001，惩罚参数。
- n_iter_no_change 参数：int 型，默认值为 5，即迭代次数，为 0.20 版新参数。
- learning_rate 参数：str 类型，默认值为“optimal”，表示学习速率。

SGDClassifier 类的方法如表 2-4 所示。

表 2-4　SGDClassifier 类的方法

方 法 名	含 义
decision_function(self,X)	预测样本的置信度得分
densify(self)	将系数矩阵转换为密集数组格式
fit(self,X,y[,coef_init,intercept_init,…])	用随机梯度下降法拟合线性模型
get_params(self[,deep])	获取此估计器的参数
partial_fit(self,X,y[,classes,sample_weight])	对给定样本执行随机梯度下降
predict(self,X)	预测 X 中样本的类标签
score(self,X,y[,sample_weight])	返回给定测试数据和标签的平均精度
set_params(self,*args,**kwargs)	设置并验证估计器的参数
sparsify(self)	将系数矩阵转换为稀疏格式

代码 2-5（ch2_5_SGDClassifier.py）例子：

```
import numpy as np
from sklearn import linear_model
X = np.array([[-1, -1], [-2, -1], [1, 1], [2, 1]])
Y = np.array([1, 1, 2, 2])
clf = linear_model.SGDClassifier(max_iter=1000, tol=1e-3)
clf.fit(X, Y)
print(clf.predict([[-0.8, -1]]))
```

【运行结果】

```
[1]
```

2.2.3 KNeighborsClassifier

KNeighborsClassifier 视频

手写体数字识别（K 近邻）视频

代码 52～56 行使用 KNeighborsClassifier 类来预测数据。代码 52 行从 Sklearn 的 neighbors 模块导入 KNeighborsClassifier 类，代码 53 行实例化一个 KNeighborsClassifier 类的对象 knnc，代码 55 行使用标准化后的训练数据（X_train_ss,y_train）训练（拟合）数据得到模型，代码 56 行直接用 KNeighborsClassifier 自带的函数对测试集评估模型的平均准确性。

在 sklearn.neighbors 模块中，KNeighborsClassifier 的使用主要有以下三步：①创建 KNeighborsClassifier 对象；②调用 fit 函数；③调用 predict 函数进行预测。

```
Class sklearn.neighbors.KNeighborsClassifier(n_neighbors=5, weights='uniform', algorithm='auto', leaf_size=30, p=2, metric='minkowski', metric_params=None, n_jobs=None,**kwargs)
```

KNeighborsClassifier 类的部分参数简介如下。

- n_neighbors：int 类型，默认值为 5，表示近邻数量。
- weights 参数：{"uniform","distance"}或 callable，默认值为"uniform"，"uniform"表示统一权重，"distance"表示权重点距离的倒数，[callable]表示自定义方法。
- algorithm 参数：{"auto","ball_tree","kd_tree","brute"}，默认值为"auto"，表示计算最近邻的算法。

KNeighborsClassifier 方法如表 2-5 所示。

表 2-5　KNeighborsClassifier 方法

方 法 名	含 义
fit(self,X,y)	使用 X 作为训练数据，y 作为目标值来拟合模型
get_params(self[,deep])	获取此估计器的参数
kneighbors(self[,X,n_neighbors,…])	找到点的 K 邻域
kneighbors_graph(self[,X,n_neighbors,mode])	计算 X 上点的 K 邻域（加权）图
predict(self,X)	预测所提供数据的类标签
predict_proba(self,X)	测试数据 X 的返回概率估计
score(self,X,y[,sample_weight])	返回给定测试数据和标签的平均精度
set_params(self,**params)	设置此估计器的参数

代码 2-6（ch2_6_KNeighborsClassifier.py）：使用 Scikit-learn 中的 KNeighborsClassifier 函数进行预测。

```
# -*- coding: UTF-8 -*-
from sklearn.neighbors import KNeighborsClassifier
X = [[0], [1], [2], [3],[4], [5], [6], [7], [8]]   #9 个 1 维的数据
y = [0, 0, 0, 1, 1, 1, 2, 2, 2]   #9 个数据对应的类标号
neigh = KNeighborsClassifier(n_neighbors=3)   #3 近邻
neigh.fit(X, y)   #X 为训练数据，y 为目标值训练模型
print(neigh.predict([[1.1]]))   #预测提供数据的类别
print(neigh.predict([[1.6]]))
print(neigh.predict([[5.2]]))
print(neigh.predict([[5.8]]))
print(neigh.predict([[6.2]]))
```

【运行结果】

```
[0]
[0]
[1]
[2]
[2]
```

代码 2-7（ch2_7_KNeighborsClassifier.py）：使用 Scikit-learn 中的 neighbors 模块对 Scikit-learn 中 iris 数据集进行分类，运行结果如图 2-1 所示。Scikit-learn 提供了一些标准数据集（见附录 F 公开数据集介绍与下载），例如，用于分类的 iris、digits 数据集，用于回归的波士顿房价数据集，此处用到了 iris 数据集。

```
#-*- coding: UTF-8 -*-
import numpy as np
import matplotlib.pyplot as plt
from matplotlib.colors import ListedColormap
from sklearn import neighbors, datasets
n_neighbors = 15
iris = datasets.load_iris()   # 导入数据
X = iris.data[:, :2]   # 使用前 2 个属性
y = iris.target
```

```
h = .02    # 步长
cmap_light = ListedColormap(['#FFAAAA', '#AAFFAA', '#AAAAFF'])    # 创建彩图
cmap_bold = ListedColormap(['#FF0000', '#00FF00', '#0000FF'])
for weights in ['uniform', 'distance']:
    clf = neighbors.KNeighborsClassifier(n_neighbors, weights=weights)#得 K 近邻
    clf.fit(X, y)
    x_min, x_max = X[:, 0].min() - 1, X[:, 0].max() + 1   # 绘制边界,每块颜色不同
    y_min, y_max = X[:, 1].min() - 1, X[:, 1].max() + 1
    xx, yy = np.meshgrid(np.arange(x_min, x_max, h),np.arange(y_min, y_max, h))
    Z = clf.predict(np.c_[xx.ravel(), yy.ravel()])
    Z = Z.reshape(xx.shape)   # 把结果放入一块颜色区
    plt.figure()
    plt.pcolormesh(xx, yy, Z, cmap=cmap_light)
    plt.scatter(X[:, 0], X[:, 1], c=y, cmap=cmap_bold,edgecolor='k', s=20)#绘训练点
    plt.xlim(xx.min(), xx.max())
    plt.ylim(yy.min(), yy.max())
    plt.title("3-Class classification (k = %i, weights = '%s')" % (n_neighbors, weights))
plt.show()
```

【运行结果】 Scikit-learn 中 K 近邻分类示例如图 2-1 所示。

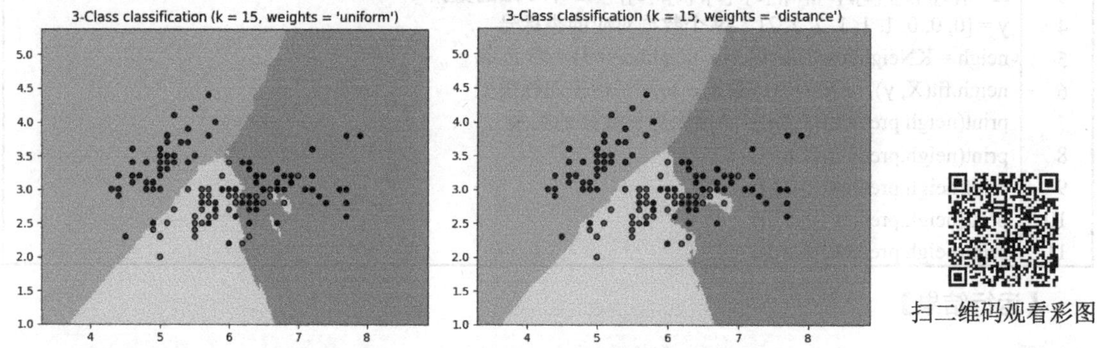

图 2-1　Scikit-learn 中 K 近邻分类示例

图 2-1 显示将鸢尾花数据分为了 3 个类别，两幅图的近邻个数都是 15，采用了不同的权重计算方法。左图最近邻分类使用统一的权重 weights=“uniform”，在某些环境下，可以通过 weights 关键字来实现对邻居进行加权，使得近邻更有利于拟合模型，例如，weights=“distance” 分配的权重与查询点的距离成反比。

2.2.4 SVM

代码 58～62 行使用 SVC 类来预测数据。代码 58 行从 Sklearn 的 svm 模块导入 SVC 类，代码 59 行实例化一个 SVC 类的对象 svmc，代码 61 行使用标准化后的训练数据（X_train_ss,y_train）训练（拟合）数据得到模型，代码 62 行直接用 SVC 自带的函数对测试集评估模型的平均准确性。

支持向量机（SVM）可用于分类、回归和异常检测等应用，其优势包括：在高维空间中非常高效；在数据维度比样本数量大的情况下有效等。其缺点包括：如果特征数量比样本数

量大得多，在选择核函数时要避免过拟合；解决多分类问题存在困难等。

手写体数字识别（支持向量机）视频

1．SVC

```
Class sklearn.svm.SVC(C=1.0, kernel='rbf', degree=3, gamma='scale', coef0=0.0, shrinking=True, probability=False, tol=0.001, cache_size=200, class_weight=None, verbose=False, max_iter=-1, decision_function_shape='ovr', break_ties=False, random_state=None)
```

SVC类的部分参数简介如下。

- C参数：float类型，默认值为1.0，正则化参数，C值越大，对误分类的惩罚越大，对训练集测试时准确率越高，但泛化能力越弱；C值越小，对误分类的惩罚越小，允许容错，泛化能力越强。
- kernel：默认值为“rbf”，表示算法中的核函数类型，可以是“linear”“poly”“rbf”“sigmoid”“precomputed”或者定义。
- degree：int类型，默认值为3，表示多项式poly核函数的维度，采用其他核函数时此参数会被忽略。
- gamma：{"scale","auto"}或者float类型，默认值为“scale”，表示“rbf”“poly”“sigmoid”的核函数参数。0.22版gamma的默认值由“auto”变成了“scale”。
- coef0参数：float类型，默认值为0.0，表示核函数的常数项，“poly”和“sigmoid”时有用。
- shrinking参数：bool类型，默认值为True，表示是否采用启发式收缩方法。
- probability参数：bool类型，默认值为False，表示是否采用概率估计。
- tol参数：float类型，默认值为1e-3，表示停止训练的误差值。
- cache_size参数：float类型，表示核函数cache缓存大小，默认值为200。
- max_iter：int类型，默认值为-1，表示最大迭代次数，值为-1表示无限制。

SVC方法如表2-6所示。

表2-6　SVC方法

方　法　名	含　义
decision_function(self,X)	计算X中样本的决策函数
fit(self,X,y[,sample_weight])	根据给定的训练数据拟合SVM模型
get_params(self[,deep])	获取此估计器的参数
predict(self,X)	对X中的样本进行分类
score(self,X,y[,sample_weight])	返回给定测试数据和标签的平均精度
set_params(self,**params)	设置此估计器的参数

代码2-8（ch2_8_SVC.py）：使用Scikit-learn中的SVC进行预测。

```
import numpy as np
X = np.array([[-1, -1], [-2, -1], [1, 1], [2, 1]])
y = np.array([1, 1, 2, 2])
from sklearn.svm import SVC
clf = SVC(gamma='auto')
clf.fit(X, y)
print(clf.predict([[-0.8, -1]]))
```

【运行结果】

```
[1]
```

2. LinearSVC

```
class sklearn.svm.LinearSVC(penalty='l2', loss='squared_hinge', dual=True, tol=0.0001, C=1.0, multi_class='ovr', fit_intercept=True, intercept_scaling=1, class_weight=None, verbose=0, random_state=None, max_iter=1000)
```

LinearSVC 类的部分参数简介如下。

- penalty 参数：{"l1","l2"}，默认值为“l2”，表示指定惩罚中使用的范数。
- loss 参数：{"hinge","squared_hinge"}，默认值为“squared_hinge”，表示指定损失函数。值为“hinge”表示标准的 SVM 损失（例如 SVC 类使用），而值为“squared_hinge”表示 hinge 损失的平方。
- dual 参数：bool 类型，默认值为 True，表示对偶或原始优化问题选择的算法，当 n_samples> n_features 时，首选 dual = False。
- multi_class 参数：{"ovr","crammer_singer"}，默认值为“ovr”，如果 y 包含两个以上的类，确定多类策略。如果选择“crammer_singer”，则忽略参数 loss、penalty 和 dual。
- fit_intercept 参数：bool 类型，默认值为 True，表示是否计算此模型的截距。
- intercept_scaling 参数：float 类型，默认值为 1，当 self.fit_intercept 为 True 时，实例向量 x 变为[x，self.intercept_scaling]。
- class_weight 参数：dict 或“balanced”，设置类 i 的参数 C 为 class_weight[i]*C。
- random_state 参数：int 类型，RandomState 实例或者 None，默认值为 None，表示伪随机数生成器的种子。如果是 int，则 random_state 是随机数生成器使用的种子；如果是 RandomState 实例，则 random_state 是随机数生成器；如果为 None，则随机数生成器是被 np.random 使用的 RandomState 实例。
- max_iter：int 类型，默认值为 1000，运行最大迭代次数。

LinearSVC 方法如表 2-7 所示。

表 2-7 LinearSVC 方法

方 法 名	含 义
decision_function(self,X)	预测样本的置信度得分
densify(self)	将系数矩阵转换为密集数组格式
fit(self,X,y[,sample_weight])	根据给定的训练数据对模型进行拟合
get_params(self[,deep])	获取此估计器的参数
predict(self,X)	预测 X 中样本的类标签
score(self,X,y[,sample_weight])	返回给定测试数据和标签的平均精度
set_params(self,**params)	设置此估计器的参数
sparsify(self)	将系数矩阵转换为稀疏格式

代码 2-9（ch2_9_LinearSVC.py）：使用 Scikit-learn 中的 LinearSVC 进行预测。

```
from sklearn.svm import LinearSVC
from sklearn.datasets import make_classification
X, y = make_classification(n_features=4, random_state=0)
clf = LinearSVC(random_state=0, tol=1e-5)
clf.fit(X, y)
print(clf.coef_)
print(clf.intercept_)
print(clf.predict([[0, 0, 0, 0]]))
```

【运行结果】

```
[[0.0855181   0.39414765 0.49848052 0.37514311]]
[0.28417574]
[1]
```

3. NuSVC

```
Class sklearn.svm.NuSVC(nu=0.5, kernel='rbf', degree=3, gamma='scale', coef0=0.0, shrinking=True, probability=False, tol=0.001, cache_size=200, class_weight=None, verbose=False, max_iter=-1, decision_function_shape='ovr', break_ties=False, random_state=None)
```

NuSVC 类的部分参数简介如下。

- nu 参数：float 类型，默认值为 0.5，表示训练误差分数的上限和支持向量分数的下限，其值应该在区间（0,1]。
- kernel 参数：默认值为“rbf”，表示指定算法中使用的核函数类型，可以取值“linear”“poly”“rbf”“sigmoid”“precomputed”或者可调用矩阵。
- degree 参数：int 类型，默认值为 3，表示多项式核函数的次数。
- decision_function_shape 参数：“ovo”或“ovr”，默认值为“ovr”，表示是否将（n_samples，n_classes）的 one-vs-rest（“ovr”）决策函数作为其他分类器返回，或者返回 libsvm 原始的 one-vs-one（“ovr”）决策函数（n_samples），n_classes *（n_classes-1）/2）。

NuSVC 方法如表 2-8 所示。

表 2-8　NuSVC 方法

方　法　名	含　义
decision_function(self,X)	计算 X 中样本的决策函数
fit(self,X,y[,sample_weight])	根据给定的训练数据拟合 SVM 模型
get_params(self[,deep])	获取此估计器的参数
predict(self,X)	对 X 中的样本进行分类
score(self,X,y[,sample_weight])	返回给定测试数据和标签的平均精度
set_params(self,**params)	设置此估计器的参数

代码 2-10（ch2_10_NuSVC.py）：使用 Scikit-learn 中的 NuSVC 进行预测。

```
import numpy as np
X = np.array([[-1, -1], [-2, -1], [1, 1], [2, 1]])
y = np.array([1, 1, 2, 2])
from sklearn.svm import NuSVC
```

```
clf = NuSVC(gamma='scale')
clf.fit(X, y)
print(clf.predict([[-0.8, -1]]))
```

【运行结果】

```
[1]
```

2.2.5 naive_bayes

sklearn.bayes 视频

代码 64～68 行使用 GaussianNB 类来预测数据。代码 64 行从 Sklearn 的 naive_bayes 模块导入 GaussianNB 类，代码 65 行实例化一个 GaussianNB 类的对象 gsnc，代码 67 行使用标准化后的训练数据（X_train_ss,y_train）训练（拟合）数据得到模型，代码 68 行直接用 GaussianNB 自带的函数对测试集评估模型的平均准确性。

朴素贝叶斯在文档分类和垃圾邮件过滤等应用中效果不错。

1．GaussianNB（高斯朴素贝叶斯）

```
Class sklearn.naive_bayes.GaussianNB(priors=None, var_smoothing=1e-09)
```

GaussianNB 类的参数简介如下。

- priors 参数：表示可输入数组类结构，数组中的元素依次指定了每个类别的先验概率大小，如果没有给定，模型则自动根据样本数据计算。
- var_smoothing 参数：float 类型，默认值为 le-9，表示将所有特征的方差中最大的方差以某个比例添加到估计方差中。

GaussianNB 方法如表 2-9 所示。

表 2-9 GaussianNB 方法

方 法 名	含 义
fit(self,X,y[,sample_weight])	根据 X，y 拟合高斯朴素贝叶斯
get_params(self[,deep])	获取此估计器的参数
partial_fit(self,X,y[,classes,sample_weight])	对样本进行增量拟合
predict(self,X)	对测试向量 X 的数组执行分类
predict_log_proba(self,X)	返回测试向量 X 的对数概率估计
predict_proba(self,X)	返回测试向量 X 的概率估计
score(self,X,y[,sample_weight])	返回给定测试数据和标签的平均精度
set_params(self,**params)	设置此估计器的参数

代码 2-11（ch2_11_GaussianNB.py）：使用 Scikit-learn 中的 GaussianNB 进行预测。

```
import numpy as np
X = np.array([[-1, -1], [-2, -1], [-3, -2], [1, 1], [2, 1], [3, 2]])
Y = np.array([1, 1, 1, 2, 2, 2])
from sklearn.naive_bayes import GaussianNB
clf = GaussianNB()
clf.fit(X, Y)
```

```
print(clf.predict([[-0.8, -1]]))

clf_pf = GaussianNB()
clf_pf.partial_fit(X, Y, np.unique(Y))
print(clf_pf.predict([[-0.8, -1]]))
```

【运行结果】

```
[1]
[1]
```

2. MultinomialNB（多项式朴素贝叶斯）

```
Class sklearn.naive_bayes.MultinomialNB(alpha=1.0, fit_prior=True, class_prior=None)
```

MultinomialNB 类的部分参数简介如下。

- alpha 参数：float 类型，默认值为 1.0，表示平滑因子，当等于 0 时表示不添加平滑。
- fit_prior 参数：bool 类型，默认值为 True，表示是否学习先验概率，如果是 False，则使用统一的先验概率。
- class_prior 参数：数组类型结构，大小为(n_classes)，默认值为 None，表示类别的先验概率，如果指定，先验概率不再根据数据调整。

MultinomialNB 方法如表 2-10 所示。

表 2-10　MultinomialNB 方法

方 法 名	含 义
fit(self,X,y[,sample_weight])	根据 X，y 拟合朴素贝叶斯分类器
get_params(self[,deep])	获取此估计器的参数
partial_fit(self,X,y[,classes,sample_weight])	对样本进行增量拟合
predict(self,X)	对测试向量 X 的数组执行分类
predict_log_proba(self,X)	返回测试向量 X 的对数概率估计
predict_proba(self,X)	返回测试向量 X 的概率估计
score(self,X,y[,sample_weight])	返回给定测试数据和标签的平均精度
set_params(self,**params)	设置此估计器的参数

代码 2-12（ch2_12_MultinomialNB.py）：使用 Scikit-learn 中的 MultinomialNB 进行预测。

```
import numpy as np
X = np.random.randint(5, size=(6, 100))
y = np.array([1, 2, 3, 4, 5, 6])
from sklearn.naive_bayes import MultinomialNB
clf = MultinomialNB()
clf.fit(X, y)
print(clf.predict(X[2:3]))
```

【运行结果】

```
[3]
```

3. BernoulliNB（伯努利朴素贝叶斯）

```
Class sklearn.naive_bayes.BernoulliNB(alpha=1.0, binarize=0.0, fit_prior=True, class_prior=None)
```

BernoulliNB 类的部分参数简介如下。

- binarize 参数：float 类型或者 None，默认值为 0.0，表示样本特征二值化的阈值。如果不输入，则模型会认为所有特征都已经是二值化形式了。
- fit_prior 参数：bool 类型，默认值为 True，表示是否学习类的先验概率，如果是 False，使用统一的先验概率。

BernoulliNB 方法如表 2-11 所示。

表 2-11　BernoulliNB 方法

方 法 名	含 义
fit(self,X,y[,sample_weight])	根据 X，y 拟合朴素贝叶斯分类器
get_params(self[,deep])	获取此估计器的参数
partial_fit(self,X,y[,classes,sample_weight])	对样本进行增量拟合
predict(self,X)	对测试向量 X 的数组执行分类
predict_log_proba(self,X)	返回测试向量 X 的对数概率估计
predict_proba(self,X)	返回测试向量 X 的概率估计
score(self,X,y[,sample_weight])	返回给定测试数据和标签的平均精度
set_params(self,**params)	设置此估计器的参数

代码 2-13（ch2_13_BernoulliNB.py）：使用 Scikit-learn 中的 BernoulliNB 进行预测。

```
import numpy as np
X = np.random.randint(2, size=(6, 100))
Y = np.array([1, 2, 3, 4, 4, 5])
from sklearn.naive_bayes import BernoulliNB
clf = BernoulliNB()
clf.fit(X, Y)
print(clf.predict(X[2:3]))
```

【运行结果】

```
[3]
```

2.2.6 DecisionTreeClassifier

代码 70～74 行使用 DecisionTreeClassifier 类来预测数据。代码 70 行从 Sklearn 的 tree 模块导入 DecisionTreeClassifier 类，代码 71 行实例化一个 DecisionTreeClassifier 类的对象 dstc，代码 73 行使用标准化后的训练数据（X_train_ss,y_train）训练（拟合）数据得到模型，代码 74 行直接用 DecisionTreeClassifier 自带的函数对测试集评估模型的平均准确性。

```
Class sklearn.tree.DecisionTreeClassifier(criterion='gini', splitter='best', max_depth=None, min_samples_split=2, min_samples_leaf=1, min_weight_fraction_leaf=0.0, max_features=None, random_state=None, max_leaf_nodes=None, min_impurity_decrease=0.0, min_impurity_split=None, class_weight=None, presort=False,ccp_alpha=0.0)
```

DecisionTreeClassifier 类的部分参数简介如下。

- criterion 参数：{"gini","entropy"}，默认值为“gini”，表示划分质量的度量函数，值为“entropy”时表示信息增益。
- splitter 参数：{"best","random"}，默认值为“best”，表示每个节点划分时的策略。“best”表示选用最优划分特征，“random”表示随机选择最优划分特征。
- max_depth 参数：int 类型，默认值为 None，表示设置决策树的最大深度。None 表示直到每个叶子节点上的样本均属于同一类，或者少于 min_samples_leaf 参数指定的叶子节点上的样本个数。
- min_samples_split 参数：int 或者 float 类型，默认值为 2，当对一个内部节点划分时，要求该节点上的最小样本数。0.18 版增加了作为比例的 float 值。
- min_samples_leaf 参数：int 或者 float 类型，默认值为 1，用于设置叶子节点上的最小样本数。当尝试划分一个节点时，只有划分后其左右分支上的样本个数不小于该参数指定的值时，才考虑将该节点划分。这个参数可能对平滑回归模型有效。0.18 版增加了作为比例的 float 值。
- min_weight_fraction_leaf 参数：float 类型，默认值为 0.0，在引入样本权重的情况下，设置每一个叶子节点上样本的权重和最小值。如果不提供该参数，表示样本有相同的权重。
- max_features 参数：int 类型或 float 类型，或者{"auto","sqrt","log2"}，默认值为 None，用于设置寻找最优划分特征时的特征个数。
- random_state 参数：int 类型或者 RandomState 实例，默认值为 None。
- max_leaf_nodes 参数：int 类型，默认值为 None，用于设置决策树的最大叶子节点个数。
- min_impurity_decrease 参数：float 类型，默认值为 0.0，当划分后不纯度减少值大于或等于该参数指定的值，才会对该节点进行划分。该参数为 0.19 版新参数。
- min_impurity_split 参数：float 类型，默认值为 0，当该节点上的不纯度大于该参数指定的值时，才会对该节点进行划分。0.25 版本之后将取消该参数，由 min_impurity_decrease 代替。
- class_weight 参数：dict、list of dict，或者“balanced”，默认值为 None，用于设置样本数据中每个类的权重。用户可以用字典型或者字典列表型数据指定每个类的权重，假设样本中存在 4 个类别，可以按照[{0:1, 1:1}, {0:1, 1:5}, {0:1, 1:1}, {0:1, 1:1}的输入形式设置 4 个类的权重分别为 1、5、1、1，而不是[{1:1}, {2:5}, {3:1}, {4:1}]的形式。“balance”系统会按照输入的样本数据自动地计算每个类的权重。

DecisionTreeClassifier 方法如表 2-12 所示。

表 2-12　DecisionTreeClassifier 方法

方 法 名	含 义
apply(self,X[,check_input])	返回每个样本预测为的叶子的索引
decision_path(self,X[,check_input])	返回树中的决策路径
fit(self,X,y[,sample_weight,…])	从训练集（X，y）构建决策树分类器
get_depth(self)	返回决策树的深度
get_n_leaves(self)	返回决策树的叶子数
get_params(self[,deep])	获取此估计器的参数

续表

方 法 名	含 义
predict(self,X[,check_input])	预测 X 的类或回归值
predict_log_proba(self,X)	预测输入样本 X 的类对数概率
predict_proba(self,X[,check_input])	预测输入样本 X 的类概率
score(self,X,y[,sample_weight])	返回给定测试数据和标签的平均精度
set_params(self,**params)	设置此估计器的参数

代码 2-14（ch2_14_DecisionTreeClassifier.py）：使用 Scikit-learn 中的 DecisionTreeClassifier 函数进行分类，其结果如图 2-2 所示。

```
# coding=utf-8
from itertools import product
import numpy as np
import matplotlib.pyplot as plt
from sklearn import datasets
from sklearn.tree import DecisionTreeClassifier
iris = datasets.load_iris()   #仍然使用自带的 iris 数据
X = iris.data[:, [0, 2]]
y = iris.target
clf = DecisionTreeClassifier(max_depth=4)   # 训练模型，限制树的最大深度 4
clf.fit(X, y)   # 拟合模型
x_min, x_max = X[:, 0].min() - 1, X[:, 0].max() + 1   # 画图
y_min, y_max = X[:, 1].min() - 1, X[:, 1].max() + 1
xx, yy = np.meshgrid(np.arange(x_min, x_max, 0.1),np.arange(y_min, y_max, 0.1))
Z = clf.predict(np.c_[xx.ravel(), yy.ravel()])
Z = Z.reshape(xx.shape)
plt.contourf(xx, yy, Z, alpha=0.4)
plt.scatter(X[:, 0], X[:, 1], c=y, alpha=0.8)
plt.show()
```

【运行结果】 决策树分类结果如图 2-2 所示。

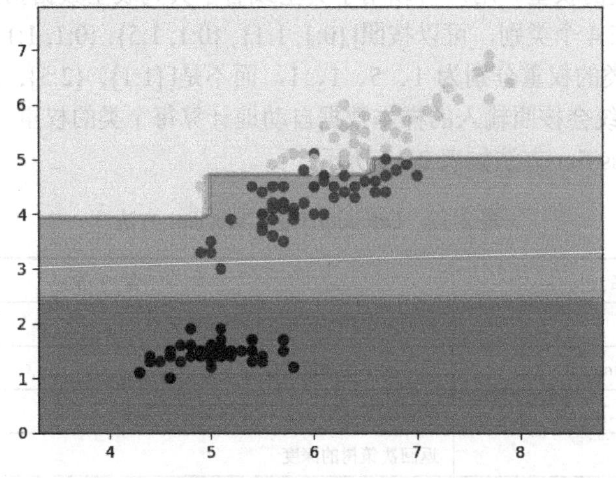

扫二维码观看彩图

图 2-2 决策树分类结果

2.2.7 ensemble

代码 76～81 行使用 RandomForestClassifier 类来预测数据。代码 76 行从 Sklearn 的 ensemble 模块导入 RandomForestClassifier 类，代码 77 行实例化一个 RandomForestClassifier 类的对象 rfcf，代码 79 行使用标准化后的训练数据（X_train_ss,y_train）训练（拟合）数据得到模型，代码 80～81 行直接用 RandomForestClassifier 自带的函数对测试集评估模型的平均准确性。

1. RandomForestClassifier

Class sklearn.ensemble.RandomForestClassifier(n_estimators=100, criterion='gini', max_depth=None, min_samples_split=2, min_samples_leaf=1, min_weight_fraction_leaf=0.0, max_features='auto', max_leaf_nodes=None, min_impurity_decrease=0.0, min_impurity_split=None, bootstrap=True, oob_score=False, n_jobs=None, random_state=None, verbose=0, warm_start=False, class_weight=None,ccp_alpha=0.0, max_samples=None)

RandomForestClassifier 类的部分参数简介如下。

- n_estimators 参数：int 类型，默认值为 100，表示森林中树的个数。
- criterion 参数：{"gini","entropy"}，默认值为“gini”，表示划分质量的度量函数。
- max_depth 参数：int 类型或者 None，默认值为 None，表示树的最大深度。
- random_state 参数：int 类型或者 RandomState，默认值为 None。
- min_samples_split 参数：int、float 类型，默认值为 2，表示划分内部节点最小样本数。
- min_samples_leaf 参数：int 类型或 float 类型，默认值为 1，表示最小叶子节点样本数。
- min_weight_fraction_leaf 参数：float 类型，默认值为 0.0，表示最小叶子节点权重总和。
- max_features 参数：int 类型、float 类型或者{"auto","sqrt","log2"}，默认值为“auto”，表示寻找最佳划分考虑的特征数。
- max_leaf_nodes 参数：int 类型或者 None，默认值为 None，表示以最优的 max_leaf_nodes 生长树。

RandomForestClassifier 方法如表 2-13 所示。

表 2-13 RandomForestClassifier 方法

方 法 名	含 义
apply(self,X)	将森林中的树应用到 X，返回叶子索引
decision_path(self,X)	返回森林中的决策路径
fit(self,X,y[,sample_weight])	从训练集（X，y）建立一个树的森林
get_params(self[,deep])	获取此估计器的参数
predict(self,X)	预测 X 的类
predict_log_proba(self,X)	预测 X 的类对数概率
predict_proba(self,X)	预测 X 的类概率
score(self,X,y[,sample_weight])	返回给定测试数据和标签的平均精度
set_params(self,**params)	设置此估计器的参数
score(self,X,y[,sample_weight])	返回给定测试数据和标签的平均精度
set_params(self,**params)	设置此估计器的参数

代码 2-15（ch2_15_RandomForestClassifier.py）：使用 Scikit-learn 中的 RandomForestClassifier 函数进行分类。

```
from sklearn.ensemble import RandomForestClassifier
from sklearn.datasets import make_classification
X, y = make_classification(n_samples=1000, n_features=4,
                           n_informative=2, n_redundant=0,
                           random_state=0, shuffle=False)
clf = RandomForestClassifier(n_estimators=100, max_depth=2,
                             random_state=0)
clf.fit(X, y)
print(clf.feature_importances_)
print(clf.predict([[0, 0, 0, 0]]))
```

【运行结果】

```
[0.14205973 0.76664038 0.0282433   0.06305659]
[1]
```

2. HistGradientBoostingClassifier

Class sklearn.ensemble.HistGradientBoostingClassifier(loss='auto', learning_rate=0.1, max_iter=100, max_leaf_nodes=31, max_depth=None, min_samples_leaf=20, l2_regularization=0.0, max_bins=256, scoring=None, validation_fraction=0.1, n_iter_no_change=None, tol=1e-07, verbose=0, random_state=None)

HistGradientBoostingClassifier 方法如表 2-14 所示。

表 2-14　HistGradientBoostingClassifier 方法

方 法 名	含 义
decision_function(self,X)	计算 X 的决策函数
fit(self,X,y)	拟合梯度推进模型
get_params(self[,deep])	获取此估计器的参数
predict(self,X)	预测 X 的类
predict_proba(self,X)	预测 X 的类概率
score(self,X,y[,sample_weight])	返回给定测试数据和标签的平均精度
set_params(self,**params)	设置此估计器的参数

代码 2-16（ch2_16_HistGradientBoostingClassifier.py）：使用 Scikit-learn 中的 HistGradientBoostingClassifier 函数进行分类。

```
from sklearn.ensemble import RandomForestClassifier
from sklearn.datasets import make_classification
X, y = make_classification(n_samples=1000, n_features=4,
                           n_informative=2, n_redundant=0,
                           random_state=0, shuffle=False)
clf = RandomForestClassifier(n_estimators=100, max_depth=2,
                             random_state=0)
clf.fit(X, y)
print(clf.feature_importances_)
print(clf.predict([[0, 0, 0, 0]]))
```

【运行结果】

```
[0.14205973 0.76664038 0.0282433    0.06305659]
[1]
```

2.2.8 classification_report

代码 83～88 行用 sklearn.metrics 模块中的 classification_report 评价模型，代码 83 行运用 RandomForestClassifier 模型对测试数据进行预测，代码 85 行导入 sklearn.metrics 模块的 classification_report 函数，代码 87～88 行依据测试集真实值和预测值获得模型的其他评价指标。classification_report 函数格式为

```
sklearn.metrics.classification_report(y_true, y_pred, labels=None, target_names=None, sample_weight=None, digits=2, output_dict=False, zero_division='warn')
```

classification_report 的部分参数简介如下。

- y_true 参数：1 维数组，或标签数组/稀疏矩阵，表示真实的目标值。
- y_pred 参数：1 维数组，或标签数组/稀疏矩阵，表示分类器返回的估计值。
- labels 参数：array，shape = [n_labels]，表示标签索引的可选列表。
- target_names 参数：字符串列表，表示与标签匹配的可选显示名称。
- sample_weight 参数：类似于 shape = [n_samples]的数组，默认值为 None，表示样本权重。
- digits 参数：int 类型，表示输出浮点值的位数。
- output_dict 参数：bool 类型，默认值为 False，如果为 True，表示返回字典。
- zero_division 参数：“warn”、0 或 1，默认值为“warn”，表示设置零除时返回的值。

代码 2-17（ch2_17_classification_report.py）：

```
from sklearn.metrics import classification_report
y_true = [0, 1, 2, 2, 2]
y_pred = [0, 0, 2, 2, 1]
target_names = ['class 0', 'class 1', 'class 2']
print(classification_report(y_true, y_pred,
                            target_names=target_names))
```

【运行结果】

```
              precision    recall  f1-score   support

     class 0       0.50      1.00      0.67         1
     class 1       0.00      0.00      0.00         1
     class 2       1.00      0.67      0.80         3

    accuracy                           0.60         5
   macro avg       0.50      0.56      0.49         5
weighted avg       0.70      0.60      0.61         5
```

2.3 支撑知识

2.3.1 分类任务简介

分类是机器学习的一个重要问题，属于有监督学习范畴。有监督学习从已有数据中学会一个分类决策函数或构造出一个分类模型（即 Classifier，分类器），该函数或模型能够把新的输入映射到某个给定的类别，预测出新输入的离散值。例如，网络安全领域利用日志数据检测是否为非法入侵的二分类学习任务，又如识别手写数字的多分类学习任务。

分类器就像一个黑盒子，有一个入口，有一个出口。人们在入口处丢进去一个“样本”，在出口处得到一个分类的“标签”。例如，一个图片内容分类器，在“入口”处丢进一张老虎的照片，在“出口”处得到一个描述标签“老虎”；在“入口”处丢进去一张飞机的照片，在“出口”处得到一个描述标签“飞机”，这就是一个分类器最为基本的分类工作过程。

分类任务一般步骤介绍如下。

第一步：数据的生成和分类。可以将数据分为三组，第一组称为训练集，用来训练模型；第二组称为验证集合，用来优化模型；第三组称为测试集，用来检验训练好的模型能否正确分类，正确率有多少。

第二步：训练。拟合第一组训练数据得到模型。

第三步：验证。用第二组验证数据验证训练得到的模型的准确率，优化模型的参数（超参），有时会重复进行第二步和第三步。

第四步：测试。用第三组测试数据对验证过的模型进行测试，如果达到一定准确率可提交应用。

第五步：应用。完成以上四步，可以把模型融合到程序中。

有时，第三步和第四步可以整合，整体数据只分为训练集和测试集，经过测试集调参以后再提交应用。

2.3.2 线性模型

线性分类器视频

1. 逻辑斯谛回归

逻辑斯谛（Logistic）回归虽然名字里带着回归，但模型最初是为了解决二分类任务而设计的，使得模型输出标记为$y=\{0,1\}$，例如，是不是一只老虎，只能是（1）或者不是（0）。

使用线性回归模型得到一个关于输入 x 的线性函数：假设有一些数据点，用一条直线对这些点进行拟合。给定由 n 个特征描述的样本 $\boldsymbol{X}=(x_1,x_2,\cdots,x_n)$，其中 x_i 是 $\boldsymbol{X}$ 在第 i 个特征上的取值，线性模型通过特征的线性组合得到预测的函数，即

$$z=f(\omega,x,b)=\omega_1x_1+\omega_2x_2+\cdots+\omega_nx_n+b$$

线性回归模型用最简单的线性方程实现了对数据的拟合，但产生的预测值 z 是个实值，只实现了回归而无法进行分类。于是，逻辑斯谛回归将线性模型的输出值套上一个函数进行分割，将实值 z 转换为$\{0,1\}$两种值。二分类的逻辑斯谛回归使用的是 Sigmoid 函数，计算公

式如下：

$$\partial(z)=\frac{1}{1+\mathrm{e}^{-z}} \tag{2-1}$$

Sigmoid 函数代码 2-17（ch2_17_Sigmoid.py）：

```
import numpy as np
import matplotlib.pyplot as plt
x = np.arange(-10,10,0.1)
y = 1./(1.+np.exp(-x))
plt.plot(x, y)
plt.xlabel('z')
plt.ylabel('∂(z)')
plt.show()
```

【运行结果】　Sigmoid 函数示意图如图 2-3 所示。

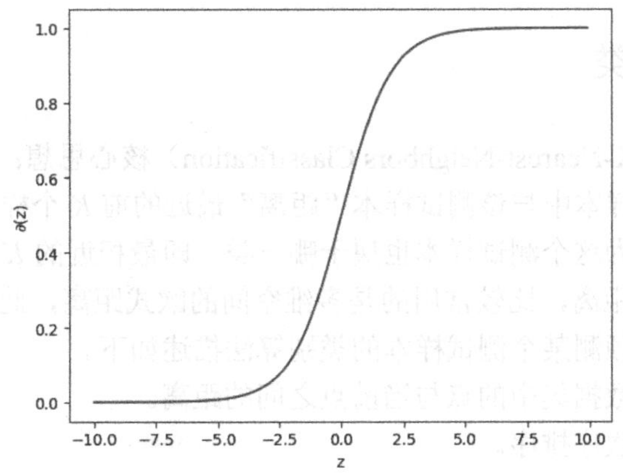

Sigmoid 视频

图 2-3　Sigmoid 函数示意图

从图 2-3 中可以看出，z 的取值范围为实数，$\partial(z)$的取值范围为（0,1），当 z 取不同的值时，$\partial(z)$的取值也不同，当 z 为 0 时，Sigmoid 函数值为 0.5，随着 z 的增大，对应的 Sigmoid 值将逼近于 1，而随着 z 的减小，Sigmoid 值将逼近于 0。通过 Sigmoid 函数将分类任务的真实类别 y 与线性回归模型的预测值联系了起来。依据不同的$\partial(z)$值来实现二值分类，当 $z\geqslant 0$ 时，$\partial(z)\geqslant 0.5$，y 判定为 1 类，当 $z<0$ 时，$\partial(z)<0.5$，y 判定为 0 类。

线性模型形式简单、易于建模，向量 ω 也直观地表达了各个特征在预测中的重要性，线性模型具有可解释性。在线性模型中，向量 ω 和 b 就是要找的最佳参数，为了寻找该最佳参数，需要用到最优化理论中的梯度下降/梯度上升法。

2．随机梯度下降

梯度下降法思想：确定损失函数 $f(\omega)$后，沿着该函数的梯度方向探寻找到损失函数的最小值。先给出一组 ω 值，然后通过梯度下降法来一步步地迭代求解，得到最小化的损失函数和模型参数值，更新 ω 值，直至达到某个停止条件为止，比如迭代次数达到某个指定值或算法达到某个可以允许的误差范围。梯度下降算法的迭代公式如下：

$$\omega := \omega - \alpha \nabla_{\omega} f(\omega) \tag{2-2}$$

对于可微函数 $f(\omega)$，偏导函数 $\left(\frac{\partial f}{\partial \omega}\right)$ 为 f 的梯度方向。如采用梯度下降方法求函数 $f(x)=x^2$ 的最小值解题步骤如下。

第一步：求梯度 $\nabla = 2x$。

第二步：向梯度相反的方向移动 x，如 $x := x-\alpha\cdot\nabla$，其中，α 为步长。如果步长太小，可能导致收敛太慢，如果步长太大，则不能保证每一次迭代都减少，也不能保证收敛。

第三步：循环迭代第二步，直到 x 值的变化使得 $f(x)$ 在两次迭代之间的差值足够小，两次迭代计算出来的 $f(x)$ 基本没有变化，可认为此时 $f(x)$ 已经达到局部最小值了。

第四步：此时，输出 x，这个 x 就是使得函数 $f(x)$ 达到最小时的 x 的取值。

随机梯度下降是拟合线性模型的一个常用的方法，在样本量（和特征数）很大时依旧有效。Scikit-learn 编程库中的 SGDClassifier 用于解决分类问题，通过参数设置可使用不同的（凸）损失函数，支持不同的惩罚项。

2.3.3 K 近邻分类

K 近邻分类视频

K 近邻分类算法（K-Nearest-Neighbors Classification）核心思想：为了预测测试样本的类别，可以寻找所有训练样本中与该测试样本"距离"最近的前 K 个样本，这 K 个样本大部分属于哪一类，那么就认为这个测试样本也属于哪一类，即最相近的 K 个样本投票来决定该测试样本的类别。此处的距离，比较常用的是多维空间的欧式距离，此处的维度指特征维度，即样本有多少个特征。预测某个测试样本的类别算法描述如下。

（1）计算已知类别数据集中的点与当前点之间的距离。

（2）按照距离递增次序排序。

（3）选取与当前点距离最小的 K 个点。

（4）确定前 K 个点所在类别的出现频率。

（5）返回前 K 个点出现频率最高的类别作为当前点的预测分类。

K 近邻分类算法的结果与 K 的选择密不可分，如图 2-4 所示，蓝色正方形和红色三角形分别代表两类不同的样本数据，绿色圆点是待分类的数据。如果 K=3，离绿色圆点最近的 3 个邻居是 2 个红色三角形和 1 个蓝色正方形，可判定绿色圆点属于红色三角形一类；如果 K=5，离绿色圆点最近的 5 个邻居是 2 个红色三角形和 3 个蓝色正方形，可判定绿色圆点属于蓝色正方形一类。

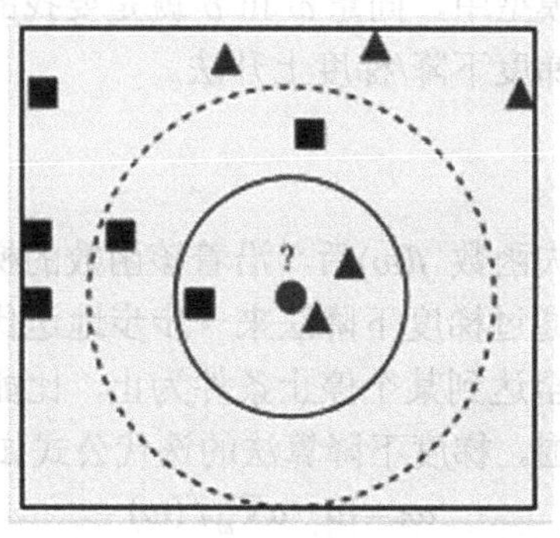

扫二维码观看彩图

图 2-4　K 近邻分类示意图

*K*值的选择、距离度量和分类决策规则是K近邻算法中的三个基本要素：

（1）*K*值的选择。*K*值较小意味着只有与输入样本较近的训练样本才会对预测结果起作用；*K*值较大意味着与输入样本较远的训练样本也会对预测起作用。*K*值一般选择一个较小的数值，采用交叉验证[1]的方法来选择最优的*K*值。

（2）距离度量。算法使用样本间的距离作为样本之间的相似性指标，可使用欧氏距离或曼哈顿距离，如式（2-3）和式（2-4）所示。

$$欧式距离：d(x,y)=\sqrt{\sum_{k=1}^{n}(x_k-y_k)^2} \tag{2-3}$$

$$曼哈顿距离：d(x,y)=\sqrt{\sum_{k=1}^{n}|x_k-y_k|} \tag{2-4}$$

其中，x和y表示两个样本，k表示样本第k个特征。

（3）分类决策规则。分类决策规则可采用多数表决，即计算待预测样本的*K*个最临近的训练样本，其中多数样本所在的类决定待预测样本的类别。

Scikit-learn编程库中可以直接调用KNeighborsClassifier类用于解决分类问题。Scikit-learn实现了两种不同的最近邻分类器：KNeighborsClassifier基于每个查询点的*K*个最近邻实现，其中*K*是用户指定的整数值；RadiusNeighborsClassifier基于每个查询点的固定半径r内的邻居数量实现，其中r是用户指定的浮点数值。

RadiusNeighborsClassifier视频

2.3.4　支持向量机

支持向量机视频

支持向量机（Support Vector Machine，SVM）属于有监督学习方法，主要针对小样本数据进行学习、分类和预测，给定一组有两个类别的训练样本，SVM训练算法建立了一个二元线性模型。SVM中的支持向量（Support Vector）是指训练样本集中最靠近分类决策面且最难分类的数据点，SVM中最优分类标准是这些支持向量点距离分类超平面的距离达到最大值。其基本思想是：找到一个最优决策超平面，使得该平面两侧距离该平面最近的两类样本之间的距离最大化。对于一个多维的样本集，系统随机产生一个超平面并不断移动，对样本进行分类，直到训练样本中属于不同类别的样本点正好位于该超平面的两侧，满足该条件的超平面可能有很多个，SVM在保证分类精度的同时，寻找到这样一个超平面，使得超平面两侧的空白区域最大化，从而实现对线性可分样本的最优分类。

支持向量机的概念可以通过一个简单的例子来解释。现有两个类别：红色和蓝色，数据有两个特征：x和y。现在想要一个分类器，给定一对（x，y）坐标，输出仅限于红色或蓝色。已标记的训练数据列在图2-5中，支持向量机会接收这些数据点，并输出一个超平面（在二维的图中，就是一条线）以将两类分割开来。这条线就是判定边界：将红色和蓝色分割开，如图2-6所示。

1　交叉验证法先将数据集划分为k个大小相似的互斥子集，每个子集都尽可能保持数据分布的一致性；然后，每次用k-1个子集的并集作为训练集，余下的那个子集作为测试集；这样获得k组训练/测试集，进行k次训练和测试，最终返回的是k个测试结果的均值。

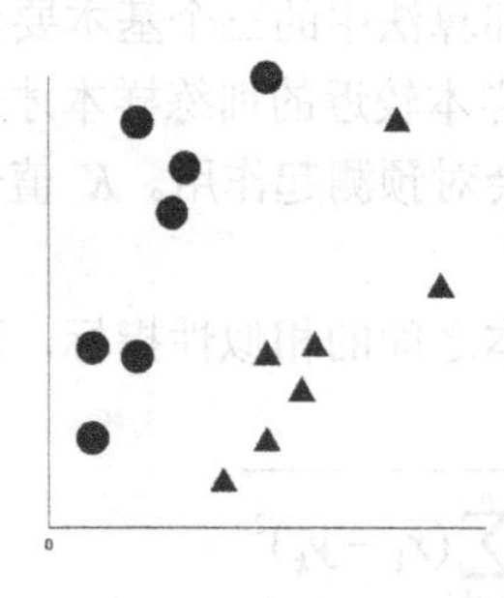

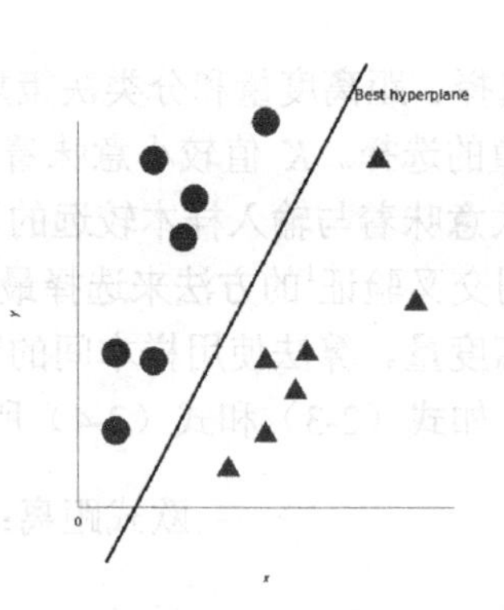

图 2-5　已标记的训练数据示意图　　图 2-6　判定边界示意图

超平面（在本例中是一条直线）可能有很多个，最好的超平面对每个类别中最近点的元素距离最远，如图 2-7 所示。

这个分类例子很简单，因为那些数据是线性可分的——可以通过画一条直线来简单地分割红色和蓝色。然而，大多数情况下事情没有那么简单，如图 2-8 所示，无法找出一个线性决策边界（一条直线分开两个类别）。

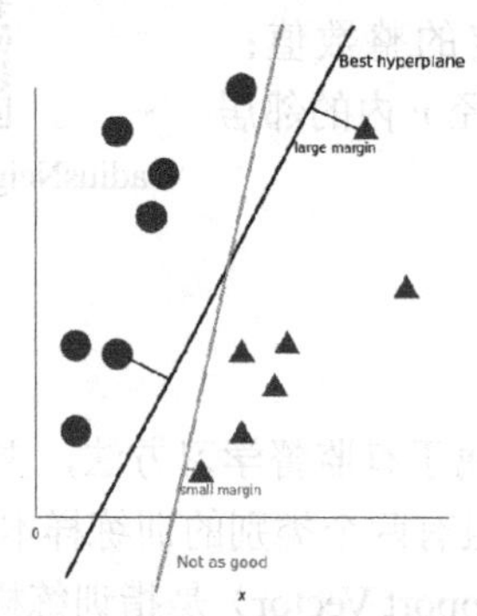

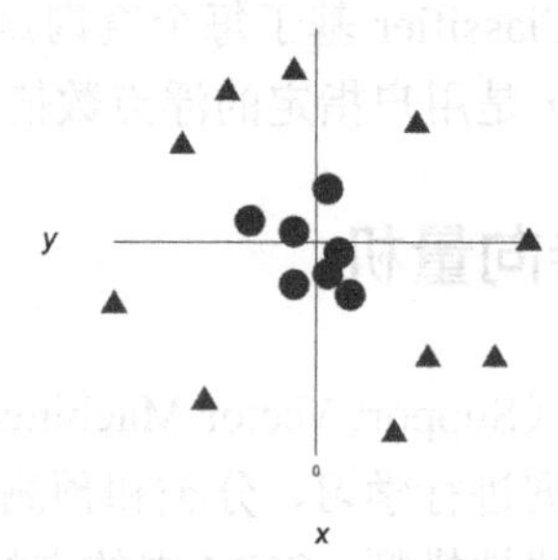

图 2-7　最优超平面示意图　　图 2-8　无线性决策边界数据集示意图

迄今为止，只有两个维度：x 和 y。如果加入第三个维度 z，就可以以 3D 直观的方式出现，如图 2-9 所示。支持向量机的区分结果如图 2-10 所示。请注意，在三维空间中，超平面是 z 的某个刻度上（比如 z=1）一个平行于 x 轴的平面。它在二维上的投影如图 2-11 所示，于是，此例的决策边界就成了半径为 1 的圆形，通过 SVM 将数据集成功分成了两个类别。

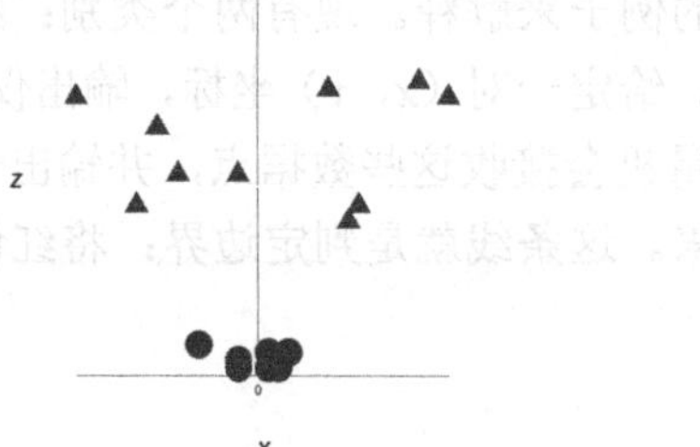

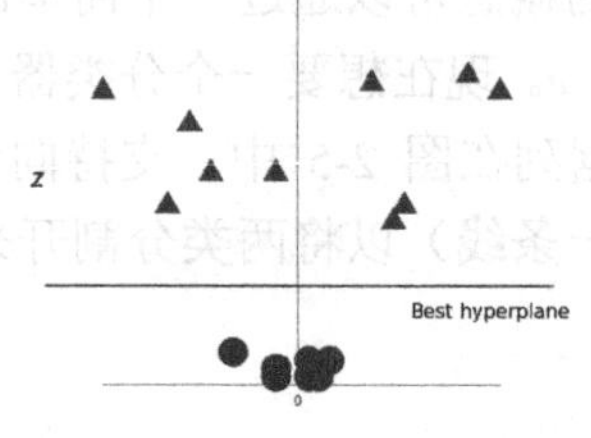

图 2-9　数据集 3D 呈现示意图　　图 2-10　3D 空间的最优超平面

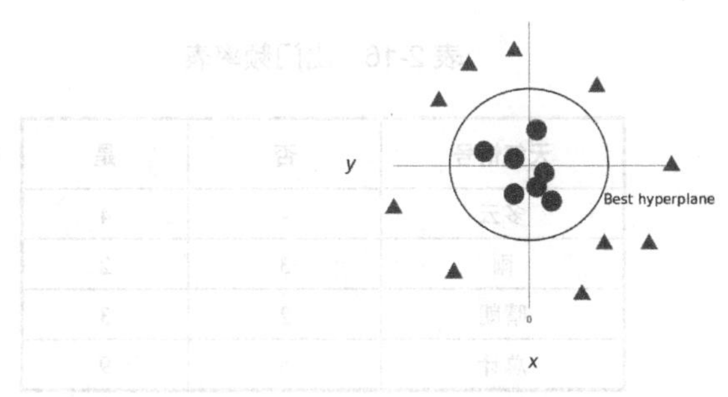

图 2-11　超平面在二维上的投影

SVM 是解决线性可分问题的，但是在有些情况下并不能找到较好的线性可分分类面。所以，通常把数据映射到高维空间，在高维空间找到线性可分的分类面，再把高维的分类面映射回低维空间，再在低维空间对数据进行分类。高维空间映射回低维空间后，低维分类面是一个非线性的函数。但是，将低维的数据映射到高维，在高维做计算的计算量往往是很大的，此处，引入了核函数，核函数的引入把高维向量的内积转变成了求低维向量的内积问题，Scikit-learn 编程库中支持向量机类可以指定选定的核函数。

2.3.5 朴素贝叶斯

贝叶斯分类视频

贝叶斯分类算法是基于贝叶斯定理的分类方法。假设每个样本用一个 n 维特征向量来描述 n 个特征的值，即 $\boldsymbol{X}=(x_1,x_2,\cdots,x_n)$，假定数据有 m 个类别，分别用 $C_1,C_2,\cdots,C_m$ 表示。给定一个待预测的样本 $\boldsymbol{X}$，朴素贝叶斯分类法是对给定的输入 $\boldsymbol{X}$，通过学习到的模型计算后验概率分布，将后验概率最大的类作为 $\boldsymbol{X}$ 的类别输出，则满足如下公式：

$$\hat{y}=\arg\max_{y} P(y)\prod_{i=1}^{n}P(x_i\mid y) \tag{2-5}$$

可以使用最大后验概率（Maximum A Posteriori，MAP）来估计 $\hat{y}$，$P(y)$是训练集中类别 y 的先验概率，$P(x_i\mid y)$ 为类条件概率。贝叶斯分类算法基于特征条件独立假设，尽管贝叶斯分类的假设比较简单，在很多实际情况下，朴素贝叶斯工作得很好，例如，文档分类和垃圾邮件过滤等应用。

以二分类问题举例，贝叶斯决策论中真正比较的是条件概率 $P(C_1\mid X,y)$ 和 $P(C_2\mid X,y)$，即给定某个由(X,y)表示的数据点，如果 $P(C_1\mid X,y)>P(C_2\mid X,y)$，那么数据点$(X,y)$属于类别 C_1；如果 $P(C_2\mid X,y)>P(C_1\mid X,y)$，那么数据点$(X,y)$属于类别 C_2。

假设要判断张三在不同天气情况下出门去玩的可能性，根据张三以往在不同天气情况下的出门去玩的数据（训练集），做一张他出门去玩的数据表（见表 2-15），然后将数据表转换成频率表（见表 2-16），计算不同天气出去玩的概率；并创建似然表（见表 2-17），如多云出门去玩的概率是 0.29；使用贝叶斯公式计算每一类的概率，数据最高的那一栏就是预测的结果。

表 2-15 出门数据表

天气情况	出门去玩
晴朗	否
多云	是
雨	是
晴朗	是
晴朗	是
多云	是
雨	否
雨	否
晴朗	是
雨	是
晴朗	否
多云	是
多云	是
雨	否

表 2-16 出门频率表

天气情号	否	是
多云	-	4
雨	3	2
晴朗	2	3
总计	5	9

表 2-17 出门频率似然表

天气情况	否	是	计算	概率
多云	-	4	4/(5+9)	0.29
雨	3	2	5/(5+9)	0.36
晴朗	2	3	5/(5+9)	0.36
总计	5	9	14	-
计算	5/(5+9)	9/(5+9)	-	-
概率	0.36	0.64	-	-

问题：如果明天是晴朗，张三会出去玩吗？

P(是|晴朗)=P(晴朗|是)×P(是)/P(晴朗)

在这里，P(晴朗|是)=3/9≈0.33，P(晴朗)=5/14=0.36，P(是)=9/14=0.64

现在，P(是|晴朗)=0.33×0.64/0.36=0.60，具有较高的概率，结论是如果明天是晴朗，张三有很大的可能性会出门去玩。

Scikit-learn 编程库实现了 GaussianNB、MultinomialNB、BernoulliNB 三种贝叶斯分类器。

（1）GaussianNB。其公式为：

$$P(x_i \mid y) = \frac{1}{\sqrt{2\pi\sigma_y^2}} \exp\left(-\frac{(x_i - \mu_y)^2}{2\sigma_y^2}\right) \tag{2-6}$$

参数 σ_y 和 μ_y 使用最大似然估计。

（2）MultinomialNB。θ_{yi} 是概率 $P(x_i \mid y)$ 使用平滑后的最大似然估计：

$$\hat{\theta} = \frac{N_{yi} + \alpha}{N_y + \alpha n} \tag{2-7}$$

$N_{yi} = \sum_{x \in T} x_i$ 是训练集 T 中 y 类样本的特征 i 出现的次数，$N_y = \sum_{i=1}^{n} N_{yi}$ 是 y 类所有的特征总数，α 是附加的平滑项参数，n 为特征个数。

（3）BernoulliNB。BernoulliNB 贝叶斯主要是针对数据符合多元伯努利分布的朴素贝叶斯分类算法。例如，可能会有多个特征被假定为一个二进制值变量（boolean 类型），因此，这类要求的样本被表示为二进制值的特征向量。BernoulliNB 贝叶斯决策规则的基础：

$$P(x_i \mid y) = P(i \mid y)x_i + (1 - P(i \mid y))(1 - x_i) \tag{2-8}$$

决策树视频

2.3.6 决策树

决策树分类（Decision Tree Classification）算法一般是自上而下地生成决策树，每个特征具有不同的特征值，根据不同的特征划分可得到不同的决策树结果。决策树是一种树形结构，其中每个内部节点表示一个特征上的条件判断，每个分支代表一个条件输出，每个叶节点代表一种类别。例如，表 2-18 所示的顾客购买计算机记录是顾客购买计算机的训练集，年龄、收入、学生和信用等级是数据集的特征，类别标签是会不会购买计算机，其对应的决策树如图 2-12 所示。决策树的典型算法有 ID3、C4.5、CART 等。

表 2-18　顾客购买计算机记录

编　号	年　龄	收　入	学　生	信 用 等 级	类别：购买计算机
1	<=30	高	否	一般	不会购买
2	<=30	高	否	良好	不会购买
3	31…40	高	否	一般	会购买
4	>40	中等	否	一般	会购买
5	>40	低	是	一般	会购买
6	>40	低	是	良好	不会购买
7	31…40	低	是	良好	会购买
8	<=30	中等	否	一般	不会购买
9	<=30	低	是	一般	会购买
10	>40	中等	是	一般	会购买
11	<=30	中等	是	良好	会购买
12	31…40	中等	否	良好	会购买
13	31…40	高	是	一般	会购买
14	>40	中等	否	良好	不会购买

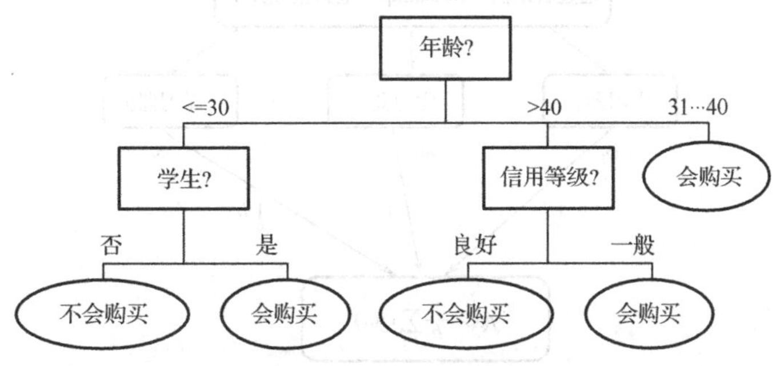

图 2-12　是否购买决策树

决策树的实现原理：将原始数据基于最优划分特征来划分数据集，ID3 算法中最优特征是信息增益最大的特征，因为信息增益越大，区分样本的能力就越强，越具有代表性，第一次划分之后，可以采用递归原则处理其他特征。递归结束的条件是：程序遍历完所有划分数据集的特征，或者每个分支下的所有样本都具有相同的分类。

以 ID3 算法为例，创建决策树进行分类的流程如下。

（1）创建数据集。

（2）计算数据集中所有特征的信息增益。

（3）选择信息增益最大的特征为最好的分类特征。

（4）根据上一步得到的分类特征分割数据集，并将该特征从列表中移除。

（5）返回第（3）步递归，不断分割数据集，直到分类结束。

（6）对待预测数据，使用决策树执行分类，返回分类结果。

决策树算法过程不需要自己写 Python 的实现过程，可以直接调用 Scikit-learn 编程库的方法。DecisionTreeClassifier 是能够在数据集上执行多分类的决策树类，与其他分类器一样，DecisionTreeClassifier 采用输入两个数组：数组 X，用[n_samples,n_features]来存放训练样本；整数值数组 Y，用[n_samples]来保存训练样本的类标签。

2.3.7 集成模型

集成模型视频

集成学习能够把多个单一学习模型获得的多个预测结果进行有机组合，从而获得更加准确、稳定和健壮的分类结果。监督集成学习模型，又称为分类集成学习模型（Classifier Ensemble），可采用 bagging 分类技术（见图 2-13）、boosting 学习法（见图 2-14）等。其中，bagging 分类技术是集成学习的典型例子，通过合适的投票机制把多个分类器的学习结果综合为一个更准确的分类结果。当给定一个训练集，集成学习首先通过采样等数据映射操作生成多个不同的新训练集，新训练集之间及新训练集与原训练集尽可能不同。与此同时，要确保新训练集仍然保持原有的相对稳定的类结构。然后，集成学习采用新训练集训练一种或多种基本分类器，并通过选择合适的投票机制，形成组合分类器。最后，运用组合分类器对测试集中的样本进行预测，获取这些样本的标记。

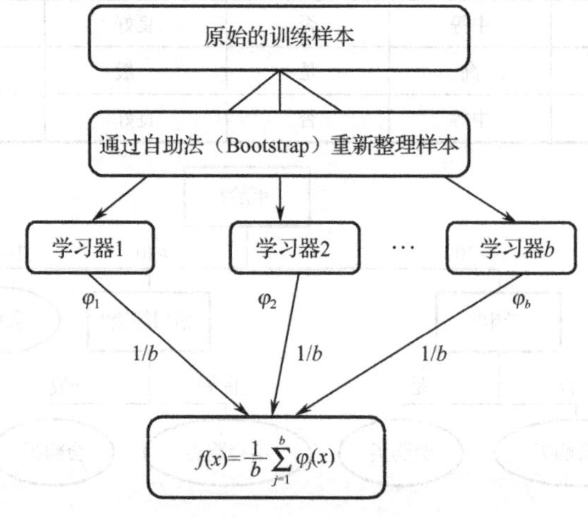

图 2-13　bagging 分类技术

boosting 算法在学习过程中不断地调整训练样本的权重和基分类器的系数，从而把多个弱分类器有机地结合成一个强分类器。

Scikit-learn 也实现了这两种方式的集成模型：一种是利用相同的训练数据同时搭建多个独立的分类模型，然后以少数服从多数的原则得到最终的分类决策。例如，随机森林分类器

（Random Forest Classifier）在相同训练数据上同时搭建多棵决策树（Decision Tree）。另一种是按照一定次序搭建多个分类模型，这些模型之间彼此存在依赖关系。一般而言，每一个后续模型的加入都需要对现有集成模型的综合性能有所贡献，进而不断提升更新过后的集成模型的性能，并最终期望借助整合多个分类能力较弱的分类器，搭建出具有更强分类能力的模型。例如，梯度提升决策树（Gradient Tree Boosting）中每一棵决策树在生成的过程中都会尽可能降低整体集成模型在训练集上的拟合误差。

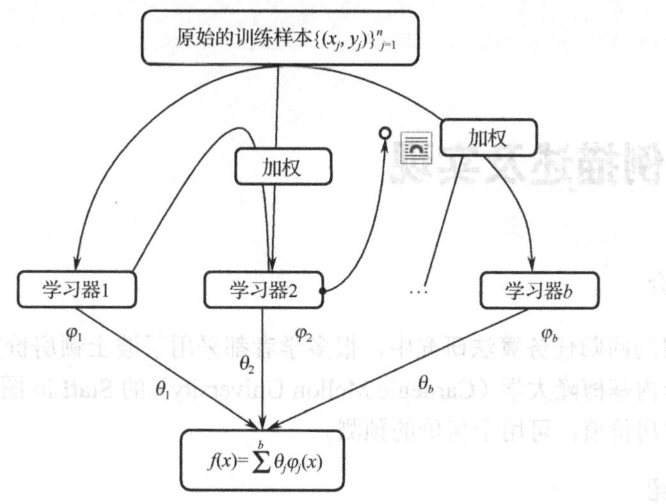

图 2-14　boosting 学习法

2.3.8 神经网络

人工神经网络（Artificial Neural Network，ANN）简称神经网络，从信息处理角度对人脑神经元及其网络进行模拟、简化和抽象并建立某种模型，按照不同的连接方式组成不同的网络。人工神经网络是 20 世纪 80 年代以来人工智能领域兴起的研究热点。该模型是一个比较复杂的模型，起源于尝试让机器模仿大脑的算法，计算量巨大。近年来得益于计算机算力和存储能力的提升，人工神经网络的研究工作已经取得了很大的进展，在模式识别、智能机器人、自动控制等领域已成功地解决了许多现代计算机难以解决的实际问题，表现出了良好的智能特性。

人工神经网络由大量的节点（或称神经元）之间相互连接构成，每个节点代表一种特定的输出函数，称为激活（或激励）函数（Activation Function）；每两个节点间的连接代表一个对于通过该连接信号的加权值，称为权重；网络的输出则依据网络的连接方式、权重值和激励函数的不同而不同。人工神经网络具有自学习功能，例如，在图像识别时，只要先把大量不同的图像和对应的类别输入人工神经网络，网络就会通过自学习功能，慢慢学会识别类似的图像。

Scikit-learn 编程库提供了神经网络“多层感知机”（Multi-layer Perceptron，MLP），类名为 MLPClassifier。Scikit-learn 中实现的神经网络暂不适用于大规模数据应用，大规模数据应用的人工神经网络可采用 TensorFlow、PyTorch 等深度学习框架。

案例 3 波士顿房价预测

3.1 案例描述及实现

1. 案例简介

在机器学习的回归任务算法研究中，很多学者都采用了波士顿房价数据集。波士顿房价数据集取自于卡内基梅隆大学（Carnegie Mellon University）的 StatLib 图书馆，该数据集关注波士顿郊区的住房价值，可用于房价的预测。

2. 数据介绍

编写案例代码时，数据集可以直接从 sklearn.datasets 中导入，导入的数据集是 UCI 机器学习数据集的一个副本，也可在地址栏中输入 https://archive.ics.uci.edu/ml/machine-learning-databases/housing/查看。该数据集共有美国波士顿地区房价数据 506 条，每条数据包括每套房屋的 13 项特征描述（包含 1 个二值特征）和目标房价。该数据集中没有缺失的特征值，其特征描述如表 3-1 所示。目标房价为第 14 列 MEDV，即自住房屋房价的中位数。

表 3-1 波士顿房价特征描述表

列 名	含 义
CRIM	城镇人均犯罪率
ZN	住宅用地所占比例
INDUS	城镇中非商业用地所占比例
CHAS	CHAS（查尔斯）河虚拟变量
NOX	环保指标
RM	每栋住宅的房间数
AGE	1940 年以前建成的自住单位的比例
DIS	距离 5 个波士顿就业中心的加权距离
RAD	距离高速公路的便利指数
TAX	每一万美元的不动产税率
PTRATIO	城镇中教师学生比例
B	城镇中黑人比例
LSTAT	地区有多少百分比的房东属于低收入阶层

3．案例实现

类似图 1-1 和图 1-2 的方法，打开安装好的 PyCharm，在当前路径（此处为 ABookMachineLearning）上单击右键，选择“New”→“Python File”命令，新建一个 Python 文件并命名为 ch3_1_Boston。

在文件 ch3_1_Boston.py 中输入完整代码如下。

代码 3-1（ch3_1_Boston.py）：

```
# 从 sklearn.datasets 中导入波士顿房价数据
from sklearn.datasets import load_boston
# 读取房价数据存储在变量 X,y 中
X,y = load_boston(return_X_y=True)
print(X.shape)
print(y.shape)

# 数据分割
from sklearn.model_selection import train_test_split
# 70%作为训练样本，30%数据作为测试样本
X_train, X_test, y_train, y_test = train_test_split(
        X, y, test_size=0.3)
print(X_train.shape)
print(X_test.shape)
print(y_train.shape)
print(y_test.shape)

# 数据标准化
from sklearn.preprocessing import StandardScaler
scaler_X = StandardScaler()
scaler_y = StandardScaler()
# 分别对训练和测试数据的特征及目标值进行标准化处理
X_train = scaler_X.fit_transform(X_train)
y_train = scaler_y.fit_transform(y_train.reshape(-1, 1))
X_test = scaler_X.transform(X_test)
y_test = scaler_y.transform(y_test.reshape(-1, 1))

# 从 sklearn.linear_model 导入 LinearRegression
from sklearn.linear_model import LinearRegression
# 使用默认参数值实例化线性回归器 LinearRegression
lr = LinearRegression()
# 使用训练数据进行训练
lr.fit(X_train, y_train)
# 对测试数据进行回归预测
lr_y = lr.predict(X_test)
# 导入 r2_score、mean_squared_error 以及 mean_absolute_error
from sklearn.metrics import r2_score
print("LinearRegression 的 R_squared：",
        r2_score(y_test, lr_y))
from sklearn.metrics import mean_squared_error
print("LinearRegression 均方误差：",
        mean_squared_error(scaler_y.inverse_transform(y_test),
```

```
                          scaler_y.inverse_transform(lr_y)))
from sklearn.metrics import mean_absolute_error
print("LinearRegression 绝对值误差:",
        mean_absolute_error(scaler_y.inverse_transform(y_test),
                          scaler_y.inverse_transform(lr_y)))
# 使用 LinearRegression 自带的评估函数
print("LinearRegression 自带的评估函数",
        lr.score(X_test, y_test))
print("---" * 20)

# 从 sklearn.linear_model 导入 SGDRegressor
from sklearn.linear_model import SGDRegressor
sgdr = SGDRegressor(max_iter=5, tol=None)
# 使用训练数据进行训练
sgdr.fit(X_train, y_train.ravel())
# 使用 SGDRegressor 模型自带的评估函数
print("SGDRegressor 自带的评估函数：",
        sgdr.score(X_test, y_test))

# 从 sklearn.neighbors 导入 KNeighborsRegressor
from sklearn.neighbors import KNeighborsRegressor
# 初始化 K 近邻回归
knr_uni = KNeighborsRegressor(weights="uniform")
knr_uni.fit(X_train, y_train.ravel())
print('KNeighorRegression（weights="uniform"）自带的评估函数:',
        knr_uni.score(X_test, y_test))
knr_dis = KNeighborsRegressor(weights='distance')
# 使用训练数据进行训练
knr_dis.fit(X_train, y_train.ravel())
print('KNeighorRegression（weights="distance"）自带的评估函数:',
        knr_dis.score(X_test, y_test))

# 房价预测—支持向量回归
from sklearn.svm import SVR
# 使用 SVR 训练模型，并对测试数据做出预测
svr_linear = SVR(kernel='linear')
svr_linear.fit(X_train, y_train.ravel())
print('SVR(kernel="linear")自带的评估函数:',
        svr_linear.score(X_test, y_test))
svr_poly = SVR(kernel='poly')
svr_poly.fit(X_train, y_train.ravel())
print('SVR(kernel="poly")自带的评估函数:',
        svr_poly.score(X_test, y_test))
svr_rbf = SVR(kernel='rbf')
svr_rbf.fit(X_train, y_train.ravel())
print('SVR(kernel="rbf")自带的评估函数:',
        svr_rbf.score(X_test, y_test))

# 从 sklearn.tree 中导入 DecisionTreeRegressor
from sklearn.tree import DecisionTreeRegressor
# 使用默认配置初始化 DecisionTreeRegressor
```

```
dtr = DecisionTreeRegressor()
# 用波士顿房价的训练数据构建回归树
dtr.fit(X_train, y_train.ravel())
print('DecisionTreeRegressor 自带的评估函数:',
        dtr.score(X_test, y_test))

# 房价预测—集成模型（回归），导入相关模块
from sklearn.ensemble import RandomForestRegressor
# 使用 RandomForestRegressor 训练模型
rfr = RandomForestRegressor(n_estimators=10)
rfr.fit(X_train, y_train.ravel())
print('RandomForestRegressor 自带的评估函数:',
        rfr.score(X_test, y_test))

from sklearn.ensemble import ExtraTreesRegressor
# 使用 ExtraTreesRegressor 训练模型，并对测试数据做出预测
etr = ExtraTreesRegressor(n_estimators=10)
etr.fit(X_train, y_train.ravel())
print('ExtraTreesRegessor 自带的评估函数:',
        etr.score(X_test, y_test))

from sklearn.ensemble import AdaBoostRegressor
abr = AdaBoostRegressor()
abr.fit(X_train, y_train.ravel())
print('AdaBoostRegressor 自带的评估函数:',
        abr.score(X_test, y_test))

from sklearn.ensemble import GradientBoostingRegressor
# 使用 GradientBoostingRegressor 训练模型
gbr = GradientBoostingRegressor()
gbr.fit(X_train, y_train.ravel())
print('GradientBoostingRegressor 自带的评估函数:',
        gbr.score(X_test, y_test))

```

【运行结果】

```
(506, 13)
(506,)
(354, 13)
(152, 13)
(354,)
(152,)
LinearRegression 的 R_squared:  0.732262369676673
LinearRegression 均方误差:  21.95754768071556
LinearRegression 绝对值误差: 3.3274827679569774
LinearRegression 自带的评估函数  0.732262369676673
----------------------------------------------------------
SGDRegressor 自带的评估函数:  0.7387262127299665
KNeighorRegression（weights="uniform"）自带的评估函数: 0.7777781691663366
KNeighorRegression（weights="distance"）自带的评估函数: 0.8255475772290091
SVR(kernel="linear")自带的评估函数: 0.7330018657936364
SVR(kernel="poly")自带的评估函数: 0.8142350949021782
```

```
SVR(kernel="rbf")自带的评估函数: 0.8315269345728428
DecisionTreeRegressor 自带的评估函数: 0.7232919622010483
RandomForestRegressor 自带的评估函数: 0.8682800847246455
ExtraTreesRegessor 自带的评估函数: 0.8959327347463315
AdaBoostRegressor 自带的评估函数: 0.8711910342306215
GradientBoostingRegressor 自带的评估函数: 0.9165907179921281
```

3.2 案例详解及示例

3.2.1 数据预处理

1．读取数据

代码 3-1（ch3_1_Boston.py）的 1～6 行是对数据进行预处理，第 4 行用到了关键的函数 load_boston，载入和返回 Scikit-learn 自带的波士顿房价数据集，常用于测试机器学习中的回归问题。从示例代码 3-2 中可以看出，load_boston()中的参数 return_X_y=True 时，返回的是特征 X 和目标价格 y 的形式；当采用默认的 return_X_y=False 时，返回的是整体数据形式；从程序的运行结果中可以看出，特征 X 的形状为(506,13)，y 的形状为（506,），形式为 sklearn.datasets.load_boston(return_X_y=False)。

代码 3-2（ch3_2_Load_Boston.py）：

```
from sklearn.datasets import load_boston
boston = load_boston()
#print(boston.DESCR)
print(boston.feature_names)
print(boston.data.shape)
print(boston.target.shape)

X,y = load_boston(return_X_y=True)
print(X.shape)
print(y.shape)
```

【运行结果】

```
['CRIM' 'ZN' 'INDUS' 'CHAS' 'NOX' 'RM' 'AGE' 'DIS' 'RAD' 'TAX' 'PTRATIO'
 'B' 'LSTAT']
(506, 13)
(506,)
(506, 13)
(506,)
```

2．拆分数据

波士顿房价数据集没有缺失的特征值，不需要做数据填充等数据处理。代码 3-1（ch3_1_Boston.py）的 8～16 行是将数据拆分为训练集和测试集，从整体数据中分割出训练集和测试集两部分，随机采样 30%的数据作为测试样本，其余作为训练样本。第 11～12 行用到了关键函数 sklearn.model_selection.train_test_split。

sklearn.model_selection.train_test_split(**arrays*,***options*)函数是用来随机划分样本数据为训练集和测试集的，也可以人为地切片划分，这是拆分数据的常用API。

代码 3-3（ch3_3_Train_Test_Split.py）：

```
import numpy as np
from sklearn.model_selection import train_test_split
X, y = np.arange(10).reshape((5, 2)), range(5)
print(X)
print(list(y))
print("***" * 10)
X_train, X_test, y_train, y_test = train_test_split(
        X, y, test_size=0.33, random_state=42)
print(X_train)
print(y_train)
print(X_test)
print(y_test)
print("***" * 10)
print(train_test_split(y, shuffle=False))
```

【运行结果】

```
[[0 1]
 [2 3]
 [4 5]
 [6 7]
 [8 9]]
[0, 1, 2, 3, 4]
******************************
[[4 5]
 [0 1]
 [6 7]]
[2, 0, 3]
[[2 3]
 [8 9]]
[1, 4]
******************************
[[0, 1, 2], [3, 4]]
```

3. 数据标准化

对波士顿房价数据做了训练集和测试集的拆分以后，可以对数据的特征和目标值进行标准化处理。数据经过标准化处理之后，与原来的数据相比有了很大的变化，如果需要对预测的房价进行准确性评价，可以使用 StandardScaler 类中的 inverse_transform()函数将标准化数据还原为真实的结果之后再计算。代码 20～21 行将 StandardScaler 分别实例化为对象 scaler_X 和 scaler_y，代码 23～26 行分别调用 fit_transform()和 transform()函数对训练集（X_train 和 y_train）和测试集（X_test 和 y_test）进行标准化处理，此处，注意测试集用的是 transform()函数。StandardScaler 类可参见 2.2.1。

3.2.2 linear_model

代码 28～51 行使用线性回归模型对波士顿房价数据训练模型、预测及对预测结果进行评价。首先使用训练集进行参数估计得到模型，然后再对测试数据进行回归预测，最后对预测结果进行评价。线性回归器假设特征与预测目标之间存在线性关系，然而，实际生活中很多数据的特征与预测目标之间多数不能保证严格的线性关系。

1．LinearRegression

代码 28～35 行用线性回归模型 LinearRegression 实现对房价的预测，29 行导入 LinearRegression 类，31 行将类实例化为 lr，33 行训练数据得到模型，35 行对测试数据进行预测。

```
Class sklearn.linear_model.LinearRegression(fit_intercept=True, normalize=False, copy_X=True, n_jobs=None)
```

LinearRegression 类的部分参数简介如下。

- fit_intercept 参数：bool 类型，默认值为 True，表示是否计算该模型的截距，如果设置为 False，模型不计算截距。
- normalize 参数：bool 类型，默认值为 False，当 fit_intercept 设置为 False 时，这个参数会被自动忽略；如果为 True，X 将被标准化。
- copy_X 参数：bool 类型，默认值为 True，当值为 True 时，X 被复制，否则 X 会被改写。

LinearRegression 方法如表 3-2 所示。

表 3-2　LinearRegression 方法

方　法　名	含　　义
fit(self, X, y[, sample_weight])	拟合线性模型
get_params(self[, deep])	获取此估计器的参数
predict(self, X)	用线性模型预测
score(self, X, y[, sample_weight])	返回预测的确定系数 R^2
set_params(self, **params)	设置此估计器的参数

代码 3-4（ch3_4_LinearRegression.py）：

```
import numpy as np
from sklearn.linear_model import LinearRegression
X = np.array([[1, 1], [1, 2], [2, 2], [2, 3]])
# y = 1 * x_0 + 2 * x_1 + 3
y = np.dot(X, np.array([1, 2])) + 3
reg = LinearRegression().fit(X, y)
print(reg.score(X, y))
print(reg.coef_)
print(reg.intercept_)
print(reg.predict(np.array([[3, 5]])))
```

【运行结果】

```
1.0
[1. 2.]
3.000000000000018
[16.]
```

2. 性能评价

回归预测不能苛求预测的数值与真实值完全相同，预测值与真实值之间可以存在差距，代码 37～51 行通过多种评价函数对 LinearRegression 预测结果进行评价，包括平均绝对误差（Mean Absolute Error，MAE）及均方误差（Mean Squared Error，MSE），这也是线性回归模型的优化目标。假设测试数据共有 m 个目标数值 $y=<y^1,y^2,\cdots,y^m>$，并且记 $\overline{y}$ 为回归模型的预测结果，MAE 和 MSE 的计算公式为：

$$\text{MAE}=\frac{\text{SS}_{\text{abs}}}{m} \qquad \text{SS}_{\text{abs}}=\sum_{i=1}^{m}|y^i-\overline{y}| \tag{3-1}$$

$$\text{MSE}=\frac{\text{SS}_{\text{tot}}}{m} \qquad \text{SS}_{\text{tot}}=\sum_{i=1}^{m}(y^i-\overline{y})^2 \tag{3-2}$$

回归问题也有 R-squared（R^2）的评价方式，如式（3-3）所示，假设 $f(x^i)$ 代表回归模型根据特征向量 x^i 的预测值，则

$$R^2=1-\frac{\text{SS}_{\text{res}}}{\text{SS}_{\text{tot}}} \qquad \text{SS}_{\text{res}}=\sum_{i=1}^{m}[y^i-f(x^i)]^2 \tag{3-3}$$

式（3-1）、式（3-2）、式（3-3）中，SS_{tot} 代表测试数据真实值的方差，SS_{res} 代表回归值与真实值之间的平方误差，SS_{abs} 代表回归值与真实值之间的平均绝对误差。Scikit-learn 自带 R^2、MSE 和 MAE 回归评价模块，分别对应 r2_score、mean_squared_error、mean_absolute_error 函数。

（1）r2_score。

```
sklearn.metrics.r2_score(y_true, y_pred, sample_weight=None, multioutput='uniform_average')
```

r2_score 的部分参数简介如下。

- y_true 参数：真实值。
- y_pred 参数：估计目标值（预测值）。
- sample_weight 参数：样本权重。
- multioutput 参数：多维输出，可取值“raw_values”，“uniform_average”，“variance_weighted”或 None 或数组，默认值为“uniform_average”。

代码 3-5（ch3_5_R2_Score.py）：

```
from sklearn.metrics import r2_score
y_true = [3, -0.5, 2, 7]
y_pred = [2.5, 0.0, 2, 8]
print(r2_score(y_true, y_pred))
y_true = [[0.5, 1], [-1, 1], [7, -6]]
y_pred = [[0, 2], [-1, 2], [8, -5]]
print(r2_score(y_true, y_pred,multioutput='variance_weighted') )
y_true = [1, 2, 3]
```

```
y_pred = [1, 2, 3]
print(r2_score(y_true, y_pred))
y_pred = [2, 2, 2]
print(r2_score(y_true, y_pred))
y_true = [1, 2, 3]
y_pred = [3, 2, 1]
print(r2_score(y_true, y_pred))
```

【运行结果】

```
0.9486081370449679
0.9382566585956417
1.0
0.0
-3.0
```

（2）mean_squared_error。

```
sklearn.metrics.mean_squared_error(y_true, y_pred, sample_weight=None, multioutput='uniform_average')
```

mean_squared_error 的部分参数简介如下。

- y_true 参数：真实值。
- y_pred 参数：预测值。
- sample_weight 参数：样本权值。
- multioutput 参数：多维输出，默认值为“uniform_average”。

代码 3-6（ch3_6_Mean_Squared_Error.py）：

```
from sklearn.metrics import mean_squared_error
y_true = [3, -0.5, 2, 7]
y_pred = [2.5, 0.0, 2, 8]
print(mean_squared_error(y_true, y_pred))
y_true = [[0.5, 1],[-1, 1],[7, -6]]
y_pred = [[0, 2],[-1, 2],[8, -5]]
print(mean_squared_error(y_true, y_pred))
print(mean_squared_error(y_true, y_pred, multioutput='raw_values'))
print(mean_squared_error(y_true, y_pred, multioutput=[0.3, 0.7]))
```

【运行结果】

```
0.375
0.7083333333333334
[0.41666667 1.        ]
0.825
```

（3）mean_absoluate_error。

```
sklearn.metrics.mean_absolute_error(y_true, y_pred, sample_weight=None, multioutput='uniform_average')
```

mean_absolute_error 的部分参数简介如下。

- y_true 参数：真实值。
- y_pred 参数：预测值。
- sample_weight 参数：样本权值。
- multioutput 参数：多维输出，默认值为“uniform_average”。

代码 3-7（ch3_7_Mean_Absolute_Error.py）：

```
from sklearn.metrics import mean_absolute_error
y_true = [3, -0.5, 2, 7]
y_pred = [2.5, 0.0, 2, 8]
print(mean_absolute_error(y_true, y_pred))

y_true = [[0.5, 1], [-1, 1], [7, -6]]
y_pred = [[0, 2], [-1, 2], [8, -5]]
print(mean_absolute_error(y_true, y_pred))
print(mean_absolute_error(y_true, y_pred, multioutput='raw_values'))
print(mean_absolute_error(y_true, y_pred, multioutput=[0.3,0.7]))
```

【运行结果】

```
0.5
0.75
[0.5 1. ]
0.85
```

3. SGDRegressor

代码 53～60 行用线性回归模型 SGDRegressor 实现对波士顿房价的预测，54 行导入 SGDRegressor 类，54 行将类实例化为 sgdr，57 行训练数据得到模型，59～60 行用类自带的评价函数进行评价。

```
Class sklearn.linear_model.SGDRegressor(loss='squared_loss', penalty='l2', alpha=0.0001, l1_ratio=0.15, fit_intercept=True, max_iter=1000, tol=0.001, shuffle=True, verbose=0, epsilon=0.1, random_state=None, learning_rate='invscaling', eta0=0.01, power_t=0.25, early_stopping=False, validation_fraction=0.1, n_iter_no_change=5, warm_start=False, average=False)
```

SGDRegressor 类的部分参数简介如下。

- loss 参数：str 类型，默认值为“squared_loss”，表示使用的损失函数，可取值“squared_loss”“huber”“epsilon_insensitive”或者“squared_epsilon_insensitive”。
- penalty 参数：{"l2","l1","elasticnet"}，默认值为“l2”，表示使用的惩罚函数。
- learning_rate 参数：string，默认值为“invscaling”，表示学习率。

SGDRegressor 方法如表 3-3 所示。

表 3-3　SGDRegressor 方法

方 法 名	含 义
densify(self)	将系数矩阵转换为密集数组格式
fit(self, X, y[,= coef_init, intercept_init, …])	用随机梯度下降法拟合线性模型
get_params(self[, deep])	获取此估计器的参数
partial_fit(self, X, y[, sample_weight])	对给定样本执行随机梯度下降
predict(self, X)	用线性模型预测
score(self, X, y[, sample_weight])	返回预测的决定系数 R^2
set_params(self, **kwargs)	设置并验证估计器的参数
sparsify(self)	将系数矩阵转换为稀疏格式

代码 3-8（ch3_8_SGDRegressor.py）：

```
import numpy as np
from sklearn import linear_model
n_samples, n_features = 10, 5
rng = np.random.RandomState(0)
y = rng.randn(n_samples)
X = rng.randn(n_samples, n_features)
clf = linear_model.SGDRegressor(max_iter=1000, tol=1e-3)
clf.fit(X, y)
print(clf.score(X,y))
```

【运行结果】

```
0.3650555614578469
```

3.2.3 KNeighborsRegressor

代码 62～73 行使用两种权重的 K 近邻回归模型对美国波士顿房价数据进行回归预测。代码 63 行导入 KNeighborsRegressor 类，代码 65～68 行采用统一的权重训练模型，并用 K 近邻回归预测后评价，代码 69～73 行采用距离权重训练模型，并用 K 近邻回归预测后评价。

```
Class sklearn.neighbors.KNeighborsRegressor(n_neighbors=5, weights='uniform', algorithm='auto', leaf_size=30, p=2, metric='minkowski', metric_params=None, n_jobs=None, **kwargs)
```

KNeighborsRegressor 类的部分参数简介如下。

- n_neighbors 参数：int 类型，默认值为 5，表示查询的近邻个数。*K* 值的选择与样本分布有关，可先选一个较小的 *K* 值，然后可以通过交叉验证来选择一个更好的 *K* 值。
- weights 参数：可以选择“uniform”“distance’”或者自定义权重，默认值为“uniform”，表示预测时使用的权重函数。如果是“uniform”则在做预测时，最近邻样本权重相同；如果是“distance”，则权重和距离成反比，即离预测目标更近的近邻具有更高的权重；也可以自定义权重，即自定义一个函数，输入的是距离值，输出的是权重值。
- algorithm 参数：{"auto","ball_tree","kd_tree","brute"}，默认值为“auto”，表示计算最近邻采用的算法。“brute”表示蛮力搜索，“kd_tree”表示 KD 树实现，“ball_tree”表示球树实现，“auto”表示尝试选择一个拟合最好的算法。
- leaf_size 参数：int 类型，默认值为 30，表示以 KD 树或者球树实现时叶子节点数。这个参数影响构造树和查询的速度，也影响存储树需要的空间，最优值取决于问题本身。值越小，则生成的 KD 树或者球树就越大，层数越深，建树时间越长；反之，则生成的 KD 树或者球树越小，层数越浅，建树时间较短。
- p 参数：int 类型，默认值为 2，表示度量超参数。p=1 时为曼哈顿距离，p=2 时为欧式距离。

KNeighborsRegressor 方法如表 3-4 所示。

表 3-4 KNeighborsRegressor 方法

方 法 名	含 义
fit(self, X, y)	使用 X 作为训练数据，y 作为目标值来拟合模型
get_params(self[, deep])	获取此估计器的参数

续表

方 法 名	含 义
kneighbors(self[, X, n_neighbors, …])	找到点的 K 邻域
kneighbors_graph(self[, X, n_neighbors, mode])	计算 X 上点的 K 邻域（加权）图
predict(self, X)	根据提供的数据预测目标
score(self, X, y[, sample_weight])	返回预测的确定系数 R^2
set_params(self, **params)	设置此估计器的参数

代码 3-9（ch3_9_KNeighborsRegressor.py）：

```
X = [[0], [1], [2], [3]]
y = [0, 0, 1, 1]
from sklearn.neighbors import KNeighborsRegressor
neigh = KNeighborsRegressor(n_neighbors=2)
neigh.fit(X, y)
print(neigh.predict([[1.5]]))
```

【运行结果】

```
[0.5]
```

代码 3-10（ch3_10_KNeighborsRegressor.py）：

使用 Scikit-learn 中的 KNeighborsRegressor 函数对随机数据进行回归预测，其运行结果如图 3-1 所示。

```
# coding=utf-8
import numpy as np
import matplotlib.pyplot as plt
from sklearn import neighbors
np.random.seed(0)
X = np.sort(5 * np.random.rand(40, 1), axis=0)
T = np.linspace(0, 5, 500)[:, np.newaxis]
y = np.sin(X).ravel()
y[::5] += 1 * (0.5 - np.random.rand(8)) #  增加噪声
n_neighbors = 5
for i, weights in enumerate(['uniform', 'distance']):
    knn = neighbors.KNeighborsRegressor(n_neighbors, weights=weights)
    y_ = knn.fit(X, y).predict(T)
    plt.subplot(2, 1, i + 1)
    plt.scatter(X, y, c='k', label='data')
    plt.plot(T, y_, c='g', label='prediction')
    plt.axis('tight')
    plt.legend()
    plt.title("KNeighborsRegressor(k=%i,weights = '%s')"% (n_neighbors,weights))
plt.show()
```

【运行结果】

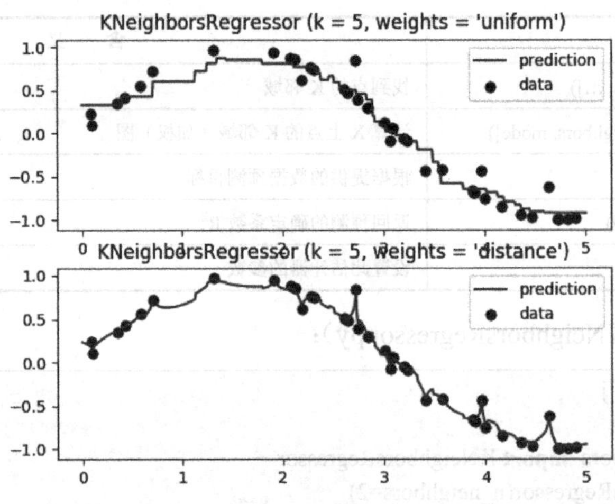

图 3-1　K 近邻回归预测示例

支持向量回归视频

3.2.4 SVR

代码 75～89 行使用 kernel='linear'、kernel='poly'、kernel='rbf'三种不同的核函数实例化为对象，接着分别用各对象的 fit()函数进行支持向量回归模型训练，得到模型后分别用各对象的 fit()函数对测试数据做出预测，最后分别用各对象自带的 score()评估函数对预测结果进行评价。Sklearn 编程库中支持向量回归预测的还有 NuSVR、LinearSVR 版本。

```
Class sklearn.svm.SVR(kernel='rbf', degree=3, gamma='scale', coef0=0.0, tol=0.001, C=1.0, epsilon=0.1, shrinking=True, cache_size=200, verbose=False, max_iter=-1)
```

SVR 类的部分参数简介如下。

- kernel 参数：用于指定算法中使用的内核类型，可取“linear”“poly”“rbf”“sigmoid”“precomputed”或者“callable”。
- degree 参数：int 类型，默认值为 3，表示 polynormial 核函数的次数。
- gamma 参数：{"scale","auto"}或者 float 类型，默认值为“scale”，表示“rbf”“poly”“sigmoid”的核系数。
- coef0 参数：float 类型，默认值为 0.0，表示核函数中的独立项，在“poly”和“sigmoid”中需要设置。
- tol 参数：float 类型，默认值为 1e-3，表示容忍停止标准。
- C 参数：float 类型，默认值为 1.0，表示正则化参数。

SVR 方法如表 3-5 所示。

表 3-5　SVR 方法

方 法 名	含　义
fit(self, X, y[, sample_weight])	根据给定的训练数据拟合 SVM 模型
get_params(self[, deep])	获取此估计器的参数

续表

方 法 名	含 义
predict(self, X)	对 X 中的样本执行回归
score(self, X, y[, sample_weight])	返回预测的确定系数 R^2
set_params(self, **params)	设置此估计器的参数

代码 3-11（ch3_11_SVR.py）：

```
from sklearn.svm import SVR
import numpy as np
n_samples, n_features = 10, 5
rng = np.random.RandomState(0)
y = rng.randn(n_samples)
X = rng.randn(n_samples, n_features)
clf = SVR(gamma='scale', C=1.0, epsilon=0.2)
print(clf.fit(X, y) )
```

【运行结果】

```
SVR(C=1.0, cache_size=200, coef0=0.0, degree=3, epsilon=0.2, gamma='scale',
    kernel='rbf', max_iter=-1, shrinking=True, tol=0.001, verbose=False)
```

3.2.5 DecisionTreeRegressor

代码 91～98 行使用 Scikit-learn 中的 DecisionTreeRegressor 对美国波士顿房价数据进行回归预测。代码 92 行导入 DecisionTreeRegressor 类，代码 94 行将其实例化为对象 dtr，代码 96 行训练模型，代码 97～98 行用 DecisionTreeRegressor 自带的评估函数评价预测结果。

```
Class sklearn.tree.DecisionTreeRegressor(criterion='mse', splitter='best', max_depth=None, min_samples_split=2,
min_samples_leaf=1, min_weight_fraction_leaf=0.0, max_features=None, random_state=None, max_leaf_nodes=None,
min_impurity_decrease=0.0, min_impurity_split=None, presort='deprecated', ccp_alpha=0.0)
```

DecisionTreeRegressor 类的部分参数简介如下。

- criterion 参数：{"mse","friedman_mse","mae"}，默认值为“mse”，表示划分质量的度量函数，指明了特征选择标准。
- splitter：{"best","random"}，默认值为“best”，“best”表示在特征的所有划分点中找出最优的划分点，“random”表示随机地找局部最优的划分点。
- max_depth 参数：int 类型，默认值为“None”，表示决策树的最大深度，如果为 None，表示决策树一直扩展到叶子只有一个样本或者直到所有的叶子含有的样本数少于 min_samples_split。
- min_samples_split 参数：int 或者 float 类型，默认值为 2，表示划分内部节点时所需的最少样本数。如果类型是 int，则最小样本数为 min_samples_split，如果类型是 float，min_samples_split 是一个比例，则最小样本数为 min_samples_split*样本数向上取整。
- min_samples_leaf 参数：int 或者 float 类型，默认值为 1，表示叶子节点所需的最小样本数。
- min_weight_fraction_leaf 参数：float 类型，默认值为 0.0，表示最小的权重系数，限制

了叶子节点所有样本权重和最小值。

- max_features 参数：int 类型，float 类型或者{"auto","sqrt","log2"}，默认值为“None”，表示寻找最优划分时的特征数。
- max_leaf_nodes：int 类型，默认值为 None，表示最大叶子节点数，值为 None 时表示无限制。

DecisionTreeRegressor 方法如表 3-6 所示。

表 3-6　DecisionTreeRegressor 方法

方　法　名	含　义
apply(self, X[, check_input])	返回每个样本预测为叶子的索引
cost_complexity_pruning_path(self, X, y[, …])	在最小代价复杂度修剪过程中计算修剪路径
decision_path(self, X[, check_input])	返回树中的决策路径
fit(self, X, y[, sample_weight, …])	从训练集（X，y）中建立一个决策树回归器
get_depth(self)	返回决策树的深度
get_n_leaves(self)	返回决策树的叶子数
get_params(self[, deep])	获取此估计器的参数
predict(self, X[, check_input])	预测 X 的类或回归值
score(self, X, y[, sample_weight])	返回预测的确定系数 R^2
set_params(self, **params)	设置此估计器的参数

代码 3-12（ch3_12_DecisionTreeRegressor.py）：

```
from sklearn import tree
X = [[0, 0], [2, 2]]
y = [0.5, 2.5]
clf = tree.DecisionTreeRegressor()
clf = clf.fit(X, y)
print(clf.predict([[1, 1]]))
```

【运行结果】

```
[0.5]
```

代码 3-13（ch3_13_DecisionTreeRegressor.py）：

```
# Import the necessary modules and libraries
import numpy as np
from sklearn.tree import DecisionTreeRegressor
import matplotlib.pyplot as plt

# Create a random dataset
rng = np.random.RandomState(1)
X = np.sort(5 * rng.rand(80, 1), axis=0)
y = np.sin(X).ravel()
y[::5] += 3 * (0.5 - rng.rand(16))

# Fit regression model
```

```
regr_1 = DecisionTreeRegressor(max_depth=2)
regr_2 = DecisionTreeRegressor(max_depth=5)
regr_1.fit(X, y)
regr_2.fit(X, y)

# Predict
X_test = np.arange(0.0, 5.0, 0.01)[:, np.newaxis]
y_1 = regr_1.predict(X_test)
y_2 = regr_2.predict(X_test)

# Plot the results
plt.figure()
plt.scatter(X, y, s=20, edgecolor="black",
            c="darkorange", label="data")
plt.plot(X_test, y_1, color="cornflowerblue",
         label="max_depth=2", linewidth=2)
plt.plot(X_test, y_2, color="yellowgreen", label="max_depth=5", linewidth=2)
plt.xlabel("data")
plt.ylabel("target")
plt.title("Decision Tree Regression")
plt.legend()
plt.show()
```

【运行结果】

回归树预测示例如图 3-2 所示。

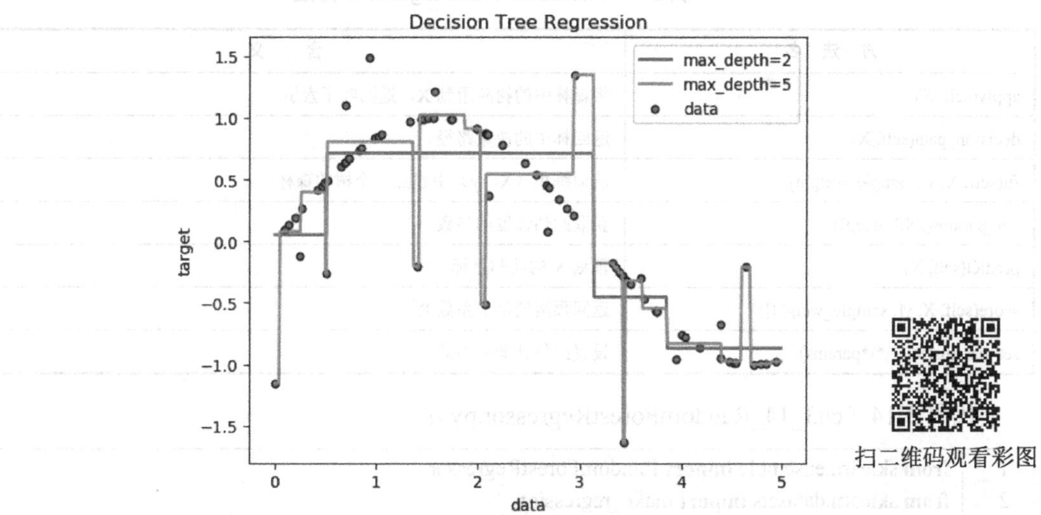

图 3-2　回归树预测示例

3.2.6 ensemble

代码 100～126 行使用 Scikit-learn 中的 4 种集成回归模型 RandomRorestRegressor、ExtraTreesRegressor、AdaBoostRegressor 和 GradientBoostingRegressor 对美国波士顿房价数据进行训练、预测和评估。

1. RandomRorestRegressor

Class sklearn.ensemble.RandomForestRegressor(n_estimators=100, criterion='mse', max_depth=None, min_samples_split=2, min_samples_leaf=1, min_weight_fraction_leaf=0.0, max_features='auto', max_leaf_nodes=None, min_impurity_decrease=0.0, min_impurity_split=None, bootstrap=True, oob_score=False, n_jobs=None, random_state=None, verbose=0, warm_start=False, ccp_alpha=0.0, max_samples=None)

RandomForestRegressor 类的部分参数简介如下。

- n_estimators：int 类型，默认值为 10，表示森林中树的个数。0.22 版默认值从 10 变为 100。
- criterion：string 类型，默认值为“mse”，表示对树划分时的特征评价标准。
- max_depth：int 类型或者 None，默认值为“None”，表示决策树的最大深度。如果为 None，扩展到叶子节点时单样本或者直到叶子样本数少于 min_samples_split 样本数。
- min_samples_split：int 类型或者 float 类型，默认值为 2，表示划分内部节点所需最少样本数。
- min_samples_leaf：int 类型或者 float 类型，默认值为 1，表示叶子节点最少样本数，可以输入最少样本数的整数，或者最少样本数占样本总数的百分比。
- max_features：int 类型，float 类型或者{"auto","sqrt","log2"}，默认值为 None，表示找最好划分时的特征数。

RandomForestRegressor 方法如表 3-7 所示。

表 3-7 RandomForestRegressor 方法

方 法 名	含 义
apply(self, X)	将森林中的树应用到 X，返回叶子索引
decision_path(self, X)	返回林中的决策路径
fit(self, X, y[, sample_weight])	从训练集（X，y）中建立一个树的森林
get_params(self[, deep])	获取此估计器的参数
predict(self, X)	预测 X 的回归目标
score(self, X, y[, sample_weight])	返回预测的确定系数 R^2
set_params(self, **params)	设置此估计器的参数

代码 3-14（ch3_14_RandomForestRegressor.py）：

```
from sklearn.ensemble import RandomForestRegressor
from sklearn.datasets import make_regression

X, y = make_regression(n_features=4, n_informative=2,
                       random_state=0, shuffle=False)
regr = RandomForestRegressor(max_depth=2, n_estimators=100,
                             random_state=0)
regr.fit(X, y)
print(regr.fit(X, y))
print(regr.feature_importances_)
print(regr.predict([[0, 0, 0, 0]]))

```

【运行结果】

```
RandomForestRegressor(bootstrap=True, criterion='mse', max_depth=2,
                      max_features='auto', max_leaf_nodes=None,
                      min_impurity_decrease=0.0, min_impurity_split=None,
                      min_samples_leaf=1, min_samples_split=2,
                      min_weight_fraction_leaf=0.0, n_estimators=100,
                      n_jobs=None, oob_score=False, random_state=0, verbose=0,
                      warm_start=False)
[0.18146984 0.81473937 0.00145312 0.00233767]
[-8.32987858]
```

2. ExtraTreesRegressor

```
Class sklearn.ensemble.ExtraTreesRegressor(n_estimators=100, criterion='mse', max_depth=None, min_samples_split=2, min_samples_leaf=1, min_weight_fraction_leaf=0.0, max_features='auto', max_leaf_nodes=None, min_impurity_decrease=0.0, min_impurity_split=None, bootstrap=False, oob_score=False, n_jobs=None, random_state=None, verbose=0, warm_start=False, ccp_alpha=0.0, max_samples=None)
```

ExtraTreesRegressor 类的部分参数简介如下。

- n_estimators：int 类型，默认值为 100，表示森林中树的个数。0.22 版中 n_estimators 默认值由 10 变为 100。
- criterion：{"mse","mar"}，默认值为“mse”，表示 CART 树做划分时对特征的评价标准，一般来说选择默认。
- oob_score：bool 类型，默认值为 False，表示是否采用 out-of-bag 样本来评估模型的好坏。

ExtraTreesRegressor 方法如表 3-8 所示。

表 3-8 ExtraTreesRegressor 方法

方 法 名	含 义
apply(self, X)	将森林中的树应用到 X，返回叶子索引
decision_path(self, X)	返回森林中的决策路径
fit(self, X, y[, sample_weight])	从训练集（X，y）中建立一个树的森林
get_params(self[, deep])	获取此估计器的参数
predict(self, X)	预测 X 的回归目标
score(self, X, y[, sample_weight])	返回预测的确定系数 R^2
set_params(self, **params)	设置此估计器的参数

代码 3-15（ch3_15_ExtraTreesRegressor.py）：

```
print(__doc__)

import numpy as np
import matplotlib.pyplot as plt

from sklearn.datasets import fetch_olivetti_faces
from sklearn.utils.validation import check_random_state

```

```
from sklearn.ensemble import ExtraTreesRegressor
from sklearn.neighbors import KNeighborsRegressor
from sklearn.linear_model import LinearRegression
from sklearn.linear_model import RidgeCV

# 导入人脸数据集
data, targets = fetch_olivetti_faces(return_X_y=True)

train = data[targets < 30]
test = data[targets >= 30]  # Test on independent people

# Test on a subset of people
n_faces = 5
rng = check_random_state(4)
face_ids = rng.randint(test.shape[0], size=(n_faces, ))
test = test[face_ids, :]

n_pixels = data.shape[1]
# 脸的上半部分
X_train = train[:, :(n_pixels + 1) // 2]
# 脸的下半部分
y_train = train[:, n_pixels // 2:]
X_test = test[:, :(n_pixels + 1) // 2]
y_test = test[:, n_pixels // 2:]

# 各种用于训练的模型
ESTIMATORS = {
    "Extra trees": ExtraTreesRegressor(n_estimators=10, max_features=32,
                                       random_state=0),
    "K-nn": KNeighborsRegressor(),
    "Linear regression": LinearRegression(),
    "Ridge": RidgeCV(),
}

y_test_predict = dict()
for name, estimator in ESTIMATORS.items():
    estimator.fit(X_train, y_train)
    y_test_predict[name] = estimator.predict(X_test)

# 绘制完整的人脸
image_shape = (64, 64)

n_cols = 1 + len(ESTIMATORS)
plt.figure(figsize=(2. * n_cols, 2.26 * n_faces))
plt.suptitle("Face completion with multi-output estimators", size=16)

for i in range(n_faces):
    true_face = np.hstack((X_test[i], y_test[i]))
    if i:
        sub = plt.subplot(n_faces, n_cols, i * n_cols + 1)
    else:
```

```
        sub = plt.subplot(n_faces, n_cols, i * n_cols + 1,
                          title="true faces")
    sub.axis("off")
    sub.imshow(true_face.reshape(image_shape),
               cmap=plt.cm.gray,
               interpolation="nearest")
    for j, est in enumerate(sorted(ESTIMATORS)):
        completed_face = np.hstack((X_test[i], y_test_predict[est][i]))
        if i:
            sub = plt.subplot(n_faces, n_cols, i * n_cols + 2 + j)
        else:
            sub = plt.subplot(n_faces, n_cols, i * n_cols + 2 + j,
                              title=est)
        sub.axis("off")
        sub.imshow(completed_face.reshape(image_shape),
                   cmap=plt.cm.gray,
                   interpolation="nearest")
plt.show()
```

【运行结果】

图 3-3 展示了使用多种回归模型来完成人脸图像下半部分的绘制，目标是根据人脸的上半部分预测人脸的下半部分。图像的第 1 列显示的是真实的人脸，后面的列分别显示了用 ExtraTreesRegressor、KNeighborsRegressor、LinearRegression 和 RidgeCV 模型预测下半部分的人脸。Olivetti 人脸数据数据集来源于 AT&T 剑桥实验室，通过 sklearn.datasets.fetch_olivetti_faces 函数下载。

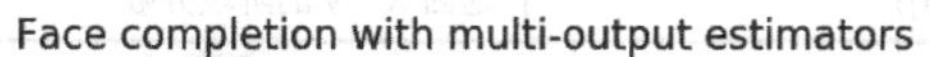

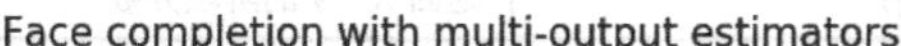

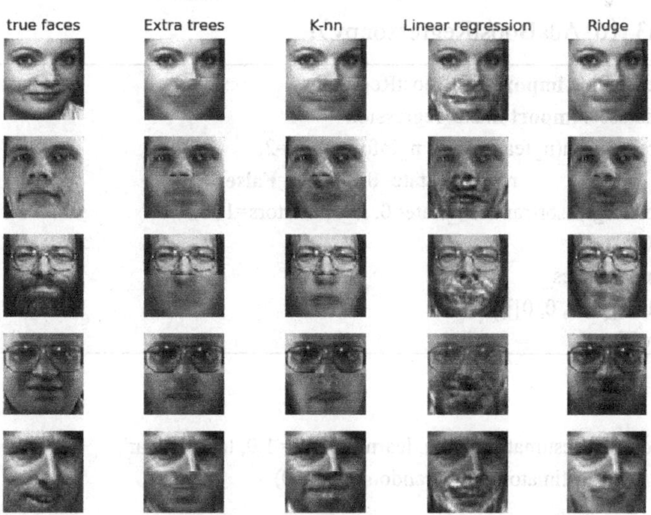

图 3-3 人脸图片示意图

3. AdaBoostRegressor

Class sklearn.ensemble.AdaBoostRegressor(base_estimator=None, n_estimators=50, learning_rate=1.0, loss='linear', random_state=None)

AdaBoostRegressor 类的部分参数简介如下。

- base_estimator 参数：object，默认值为 None，表示弱回归学习器即 DecisionTreeRegressor（max_depth=3）。
- n_estimators 参数：int 类型，默认值为 50，表示弱学习器的最大个数。如果 n_estimators 太小，容易欠拟合，而如果 n_estimators 太大，则容易过拟合。可将 n_estimators 和参数 learning_rate 综合一起考虑。
- learning_rate 参数：float 类型，默认值为 1，表示每个弱学习器的权重缩减系数。learning_rate 可与参数 n_estimators 一起调参。
- loss 参数：{"linear","square","exponential"}，默认值为“linear”，表示每步提升迭代后更新权重时使用的损失函数。

AdaBoostRegressor 方法如表 3-9 所示。

表 3-9 AdaBoostRegressor 方法

方 法 名	含 义
fit(self, X, y[, sample_weight])	从训练集（X，y）中构建一个增强的回归器
get_params(self[, deep])	获取此估计器的参数
predict(self, X)	预测 X 的回归值
score(self, X, y[, sample_weight])	返回预测的决定系数 R^2
set_params(self, **params)	设置此估计器的参数
staged_predict(self, X)	返回 X 的阶段性预测
staged_score(self, X, y[, sample_weight])	返回 X，y 的阶段分数

代码 3-16（ch3_16_AdaBoostRegressor.py）：

```
from sklearn.ensemble import AdaBoostRegressor
from sklearn.datasets import make_regression
X, y = make_regression(n_features=4, n_informative=2,
                       random_state=0, shuffle=False)
regr = AdaBoostRegressor(random_state=0, n_estimators=100)
print(regr.fit(X, y))
regr.feature_importances_
print(regr.predict([[0, 0, 0, 0]]))
print(regr.score(X, y))
```

【运行结果】

```
AdaBoostRegressor(base_estimator=None, learning_rate=1.0, loss='linear',
                  n_estimators=100, random_state=0)
[4.79722349]
0.9771376939813696
```

4. GradientBoostingRegressor

Class sklearn.ensemble.GradientBoostingRegressor(loss='ls', learning_rate=0.1, n_estimators=100, subsample=1.0, criterion='friedman_mse', min_samples_split=2, min_samples_leaf=1, min_weight_fraction_leaf=0.0, max_depth=3, min_impurity_decrease=0.0, min_impurity_split=None, init=None, random_state=None, max_features=None, alpha=0.9, verbose=0, max_leaf_nodes=None, warm_start=False, presort='deprecated', validation_fraction=0.1,

```
n_iter_no_change=None, tol=0.0001, ccp_alpha=0.0)
```

GradientBoostingRegressor 类的部分参数简介如下。

- loss 参数：{"ls","lad","Huber","quantile"}，默认值为“ls”，表示要优化的损失函数。
- learning_rate 参数：float 类型，默认值为 0.1，表示学习率。
- n_estimators 参数：int 类型，默认值为 100，表示梯度提升的迭代次数。
- max_depth 参数：int 类型，默认值为 3，表示决策树的最大深度。

GradientBoostingRegressor 方法如表 3-10 所示。

表 3-10　GradientBoostingRegressor 方法

方 法 名	含　义
apply(self, X)	将集合中的树应用到 X，返回叶子索引
fit(self, X, y[, sample_weight, monitor])	拟合梯度推进模型
get_params(self[, deep])	获取此估计器的参数
predict(self, X)	预测 X 的回归目标
score(self, X, y[, sample_weight])	返回预测的确定系数 R^2
set_params(self, **params)	设置此估计器的参数
staged_predict(self, X)	预测 X 的各阶段回归目标

代码 3-17（ch3_17_GradientBoostingRegressor.py）：

```
import numpy as np
from sklearn.metrics import mean_squared_error
from sklearn.datasets import make_friedman1
from sklearn.ensemble import GradientBoostingRegressor

X, y = make_friedman1(n_samples=1200, random_state=0, noise=1.0)
X_train, X_test = X[:200], X[200:]
y_train, y_test = y[:200], y[200:]
est = GradientBoostingRegressor(n_estimators=100, learning_rate=0.1,
        max_depth=1, random_state=0, loss='ls')
est.fit(X_train, y_train)
print(mean_squared_error(y_test, est.predict(X_test)))
```

【运行结果】

```
5.009154859960321
```

3.3　支撑知识

3.3.1　回归任务简介

机器学习中的回归问题属于有监督学习的范畴。回归问题的目标是给定 n 维输入变量 X，并且每一个变量 X 都有对应的目标值 y，要求对于新来的数据预测其对应的目标值，这个值是连续值，当输入变量 X 的值发生变化时，输出变量 y 的值也会随之发生变化。如果期望的输出由一个或多个连续变量组成，则该任务称为回归（Regression），回归模型是表示输入变量到输出变量之间映射的函数。简单地说，回归就是“由果索因”的过程，是一种归纳的思想——当人们看到大量的事实所呈现的样态，就推断出原因或客观蕴含的关系；当人们看到大量的观测而来的向量（数字）是某种样态，就设计一种假说来描述出它们之间蕴含的关系。例如，知道某一个地区的市场房价，以及影响房价的信息（如面积、是否学区等），目标是从以往的房价数据中学习一个模型，使它可以基于新的某一套房源信息预测该套房源的价格，这个问题可以作为回归问题来解决。具体而言，将房价的信息视为自变量（输入的特征），而将房价视为因变量（输出的值）。将以往卖出去的房源数据作为训练集获取模型，对需要卖的房源进行预测。

3.3.2 线性回归

线性回归视频

线性回归是确定两种或两种以上变量间定量关系的一种统计分析方法。线性回归分析中包括一个自变量和一个因变量，且二者的关系可用一条直线近似表示，这种回归分析称为一元线性回归分析。假设现在只探讨房子价格与房子面积的关系，x 表示房子面积，y 表示房子价格，回归问题可以表示为直线方程 $y=wx+b$，在参数 w 和 b 已知的情况下，随便给一个 x，都能通过这个方程预测出 y 来。而线性回归的 w 和 b 是未知的，需要通过很多（x，y）数据对来求出 w 和 b。下面以“房价—面积”的关系来说明线性回归的关系。如图 3-4 所示，横坐标代表房子的面积，即房间大小，纵坐标代表房价，图中的红点表示采集到的（面积，房价）数据对，也就是多组（x，y）数据对，根据这些数据对，找到一个最好的直线来拟合这些数据（也就是确定 w 和 b）。如何找到最好的直线？需要有一个评判的标准来评判哪条直线才是最好的。此处，可以采用预测的房价和实际房价之间的误差平方和$\sum_{i=1}^{6}(\Delta x_i)^2$来量化模型的误差，机器学习中的这个误差称为损失函数，通过最小化损失函数来找到 w 和 b，这条直线也最能拟合房价数据。

如果回归分析中包括两个或两个以上的自变量，且因变量和自变量之间是线性关系，则称为多元线性回归分析，如图 3-5 所示。例如，一个西瓜的特征 $X=(x_1,x_2,x_3)$，其中 x_1 为色泽值，x_2 为根蒂值，x_3 为敲声值，可由西瓜的好坏程度 $f(X)=1.0+0.2x_1+0.4x_2+0.4x_3$ 得出的值来判断一个西瓜的优劣。

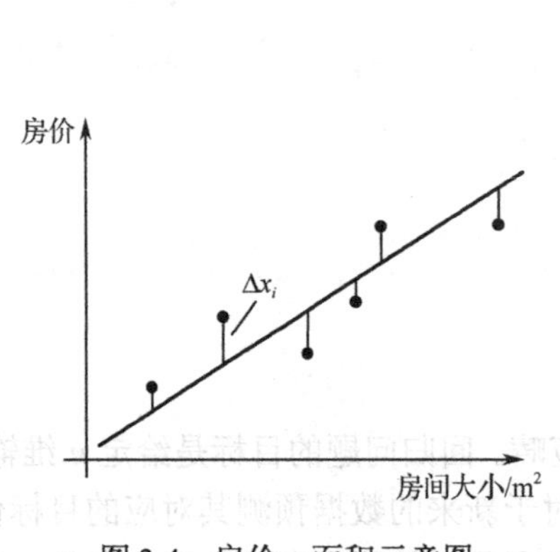

图 3-4　房价—面积示意图

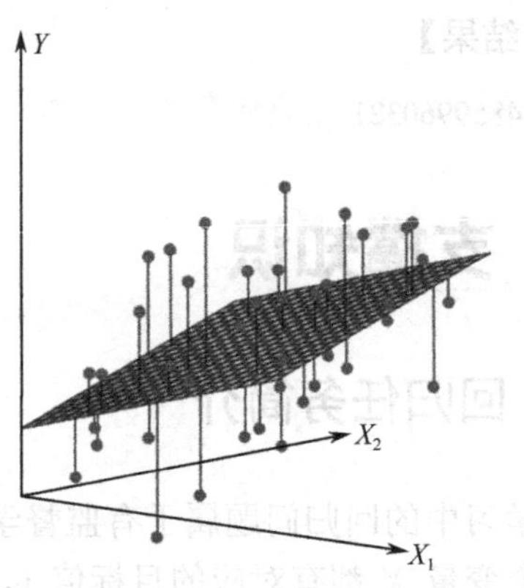

图 3-5　二元线性回归

假设有一些数据点，用一条直线对这些点进行拟合。给定由 n 个特征描述的样本 $X=(x_1,x_2,\cdots,x_n)$，其中 x_i 是 X 在第 i 个特征上的取值，线性模型通过特征的线性组合得到预测的函数，即

$$f(\omega,x,b)=\omega_1 x_1+\omega_2 x_2+\cdots+\omega_n x_n+b$$

与分类任务中的线性模型相同，ω 也直观地表达了各个特征在预测中的重要性，线性模型具有可解释性。在线性回归中，向量 ω 和 b 就是要找的最佳参数，为了寻找该最佳参数，需要用到最优化理论中的梯度下降/梯度上升等方法。

3.3.3 K 近邻回归

K 近邻回归视频

KNN（Nearest Neighbors）算法除了可以用于分类任务，也可以用于回归任务。当预测的变量为连续变量时，K 近邻算法可称为 K 近邻回归。为了预测测试样本的目标值，K 近邻回归寻找所有训练样本中与该测试样本“距离”最近的前 K 个样本，将这 K 个样本的目标值平均值作为这个测试样本的预测值。此处的距离，比较常用的是欧式距离等，预测某个测试样本的回归值步骤可描述如下。

第一步，计算训练集中的点与当前测试点之间的距离。

第二步，按照距离递增次序排序。

第三步，选取与当前测试点距离最小的 K 个点。

第四步，前 K 个点目标值的平均值作为当前测试点的预测值。

K 近邻回归算法的结果与 K 的选择密不可分，如图 3-6 所示（注：与图 2-4 相同），蓝色正方形和红色三角形分别代表两类不同的样本数据，绿色圆点是待预测点。如果 K=3，离绿色圆点最近的 3 个邻居是 2 个红色三角形和 1 个蓝色正方形，待预测点的值为这 3 个点目标值的平均值；如果 K=5，离绿色圆点最近的 5 个邻居是 2 个红色三角形和 3 个蓝色正方形，待预测点的值为这 5 个点目标值的平均值。

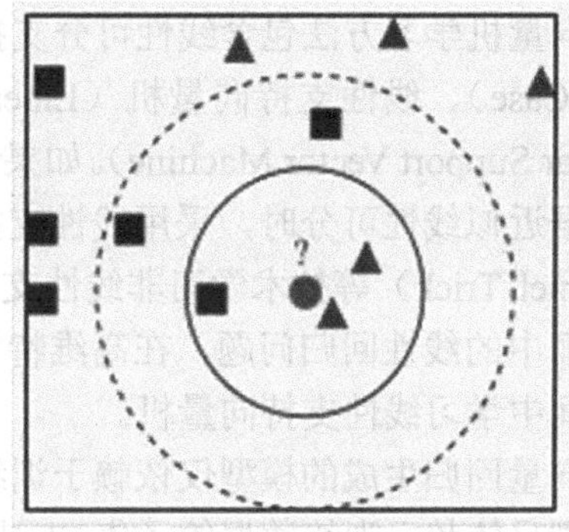

扫二维码
观看彩图

图 3-6　K 近邻回归示意图

K 近邻回归有“近邻个数”和“数据点之间距离的度量方法”两个重要的参数。对于近邻个数 K，如果选择较小的 K 值，只有与测试样本较近的训练样本会对预测结果起作用，如果这些近邻样本恰巧是噪声，预测就会出现问题；如果选择较大的 K 值，这时与测试样本较远的训练样本也会对预测起作用，容易让模型预测发生错误。在实践中，可以先使用较小的邻居个数，后面根据性能对该参数做相应的调整。对于数据点之间距离的度量方法，除了案例 2 中所述的欧式距离和曼哈顿距离，也可以是其他距离，例如，Minkowski 距离等。也有一些算法会依据 K 个邻居对该样本产生的影响给予不同的权值，例如，权值与距离成反比。

如何对训练数据进行快速 K 近邻搜索是实现 K 近邻算法需要考虑的主要问题，在样本数多和特征数大的时候尤为重要。为了提高 K 近邻搜索的效率，可以考虑使用特殊的结构存储训练数据，用以减少计算距离的次数，例如，KD 树方法，在 KNeighborsRegressor 中可以通过参数 algorithm 来控制。

3.3.4 支持向量机回归

支持向量机的方法可以被扩展到解决回归问题，这个方法被称为支持向量机回归（Support Vector Regression，SVR），支持向量机分类（SVC）与支持向量机回归（SVR）之间的关系如图 3-7 所示。

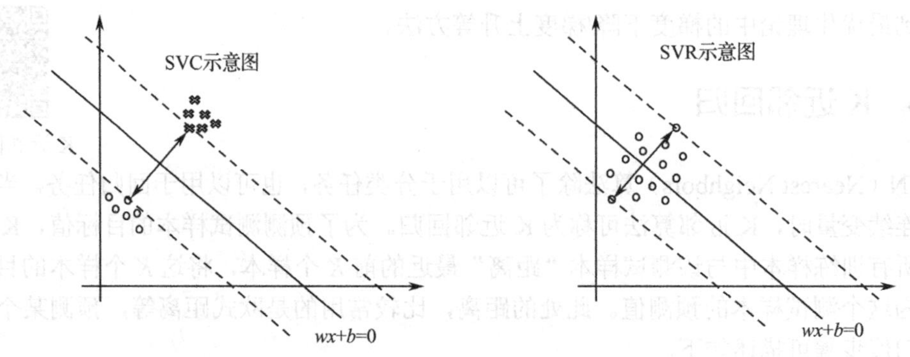

图 3-7　SVC 与 SVR 的对比示意图

SVR 在线性函数两侧制造了一个“隔离带”，间隔为 ε（也叫容忍偏差，是一个由人工设定的经验值），所有落在间隔带内的样本不计算损失，也就是只有支持向量才会对模型产生影响，通过最小化总损失和最大化间隔来得出优化后的模型。

支持向量机学习方法包含线性可分支持向量机（Linear Support Vector Machine in Linearly Separable Case）、线性支持向量机（Linear Support Vector Machine）及非线性支持向量机（Non-Linear Support Vector Machine）。如果训练数据线性可分，采用线性可分支持向量机模型；当训练数据近似线性可分时，采用线性支持向量机；当训练数据线性不可分时，通过使用核技巧（Kernel Trick）等技术学习非线性支持向量机模型，通过非线性变换将其转化为某个高维特征空间中的线性回归问题，在高维特征空间中学习线性支持向量机，核函数隐式地在高维特征空间中学习线性支持向量机。

支持向量回归生成的模型仅依赖于训练数据的子集（支持向量），类似地，支持向量回归产生的模型只依赖于训练数据的子集（支持向量）。Scikit-learn 中支持向量回归有 SVR、NuSVR 和 LinearSVR 三种不同的实现方式，LinearSVR 只考虑线性核函数，SVR 提供了线性核函数、多项式核函数、高斯核函数等不同的核函数，NuSVR 与 SVR 和 LinearSVR 略有不同，它通过一个参数控制支持向量百分比的下限。与支持向量分类一样，fit 方法是对训练数据（X，y）进行拟合得到模型。

3.3.5 决策树回归

决策回归树与决策分类树的思路类似，不同的是，决策回归树叶子节点的数据类型不是离散型，而是连续型，对决策分类树算法（如 CART）稍做修改就可以用于回归问题，即处理预测值是连续分布的情景。回归树的每个节点（不一定是叶子节点）都会得到一个预测值，以房价为例，该预测值等于属于这个节点的所有房屋价格的平均值。分枝时穷举每一个特征的每个阈值找最好的分割点，但衡量最好的标准是最小化均方差即（每个房子的房价—预测房价）^2 的总和/ N。也就是被预测出错的房屋个数越多，错得越离谱，均方差就越大，通过最小化均方差能够找到最可靠的分枝依据。分枝直到每个叶子节点上房屋的房价都唯一或者达到预设的终止条件（如叶子个数上限），若最终叶子节点上房屋的房价不唯一，则以该节点上所有房屋的平均房价作为该叶子节点的预测房价。利用决策回归树可以将复杂的训练数据划分成一个个相对简单的群落。

CART 决策树的生成是递归构建二叉树的过程，CART 回归树用的是平均误差最小化准则。一个回归树对应输入数据空间的一个划分及在划分单元上的输出值，假设数据空间被划分为 m 个单元：$R_1 \sim R_m$，每个单元有一个固定的输出值 C_m，给定训练集 $D=\{(X_1,y_1),(X_2,y_2),\cdots,(X_N,y_N)\}$，CART 回归树模型表达式为 $f(x)=\sum_{m=1}^{M} c_m I(x \in R_M)$，模型输出值与真实值的误差为 $\sum_{x_i \in R_m}[y_i - f(x_i)]^2$。

当每个单元上 C_m 为对应单元上实际值的均值时，平法误差达到最小，结果最优，即 $\hat{c}_m = \text{ave}(y_i \mid x_i \in R_m)$。

如何生成被划分的各个单元呢？下面以手动划分为例进行介绍，数据集如下：

```
1  2  3
4  5  6
7  8  9
10 11 12
13 14 15
16 17 18
19 20 21
```

假设选择特征 0（特征索引值从 0 开始），小于等于 10 的成为一部分，大于 10 的成为另一部分，如图 3-8（a）所示，切分特征是特征 0，切分点是 10，切分特征和切分点能够将数据集进行单元切分。同理，可以使用特征 1 和切分点 14 将数据集切分为两个单元，如图 3-8（b）所示。

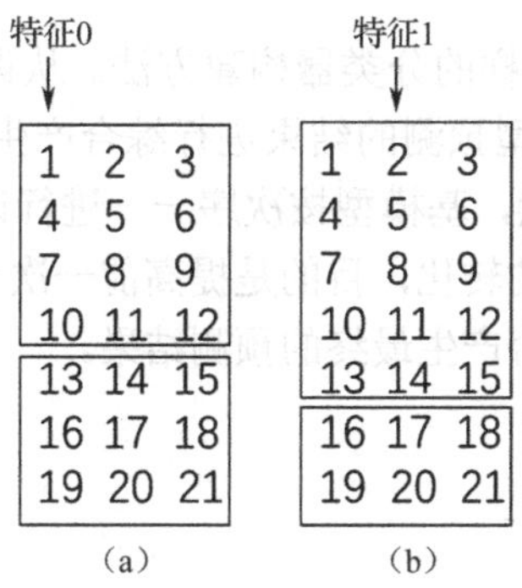

图 3-8 切分示意图 1

选择变量 x^j 作为切分变量，该变量的取值 s 为切分点，可以将数据集划分为两个部分：$R_1(j,s)=\{x \mid x^j \leqslant s\}$ 和 $R_2(j,s)=\{x \mid x^j > s\}$。当 j 和 s 固定后，两个区域 R_1 和 R_2 所有 x^j 变量取值的平均值 C_1、C_2 使得各自区间上的平方差最小。

CART 回归树建立的关键就是找到最优对（j,s），得到两个划分区间使得两区间的平方差最小，即 $\min_{j,s}\left[\min_{c_1}\sum_{x_i\in R_1(j,s)}(y_i-c_1)^2+\min_{c_2}\sum_{x_i\in R_2(j,s)}(y_i-c_2)^2\right]$ 最小化。具体步骤为：

（1）对于固定的 j 找到最优的 s。

（2）遍历所有的变量找到最优的 j。

（3）得到最优对（j,s），最终得到两个划分区间。

在决策树学习中，将已经生成的树进行简化的过程称为剪枝（Pruning），即从已经生成的树上裁掉一些子树或叶子节点，并将其根节点或父节点作为新的叶子节点，从而简化决策树模型。决策树生成只考虑了通过最小化平方差对训练数据进行更好的拟合，而决策树剪枝考虑了减小模型的复杂度。以 CART 算法为例，剪枝步骤从决策树的底端剪去一些子树，使决策树变小，从而能够对未知数据进行更准确的预测。

3.3.6 集成模型回归

俗话说，“三个臭皮匠顶个诸葛亮”，对于一个复杂任务来说，将多个专家的判断进行适当的综合所得出的判断，理论上比其中一个专家单独判断的好。集成学习（Ensemble Method）的目标是学习出一个稳定的、在各个方面表现都较好的模型，集成回归模型综合考量多个回归器的预测结果从而做出决策，这种“综合考量”也称为集成策略。对于回归任务，集成策略的方式主要为平均法，包括算数平均和加权平均。

（1）算数平均：$H(x)=\dfrac{1}{T}\sum_{i=1}^{T}h_i(x)$。

（2）加权平均：$H(x)=\dfrac{1}{T}\sum_{i=1}^{T}a_i\cdot h_i(x)$。

其中，$h_i(x)$ 是第 i 个回归器，T 为回归器的数量，a_i 是第 i 个回归器的权重。

集成算法家族庞大，思想多样，最常见的一种是依据集成思想的架构分为 Bagging、Boosting 两种。

Bagging：基于数据随机重抽样的分类器构建方法。从训练集中进行抽样组成每个基模型所需要的子训练集，对所有基模型预测的结果进行综合产生最终的预测结果。

Boosting：训练过程为阶梯状，基模型按次序一一进行训练，每一个基模型训练后，训练集按照某种策略每次都进行一定的转化，目的是提高前一次分错了的数据集的权值，最后对所有基模型预测的结果进行线性组合产生最终的预测结果。

案例 4 手写体数字聚类

4.1 案例描述及实现

4.1.1 案例简介

聚类属于无监督学习范畴，主要用于发现数据本身的结构和分布特点，不需要提前对数据标记类别标签。本案例使用了分类问题中的手写体数字图片数据集，并直观地展示了聚类效果。此处的手写体数字图片数据集不是经典的 MNIST 数据集，而是 Scikit-learn 自带的轻量数据集。

4.1.2 数据介绍

本案例使用的手写体数字图片数据直接从 Scikit-learn 编程库导入，原始数据来源于 UCI 数据集合，网址为：https://archive.ics.uci.edu/ml/datasets/Optical+Recognition+of+Handwritten+Digits。Scikit-learn 编程库中手写体数字数据集包含 1797 个样本，每个样本对应着一个不太清晰的手写体数字（8×8）；每个样本包含 64 列，每一列对应着二维图片的整数值，整数值取值范围是 0～16，没有缺失值。本案例的任务是从该数据集中进行手写数字聚类，即相同的数字尽量聚为一类，聚类不需要类别标记，故而只需要用到 64 列特征值。本例中手写体数字样本的类别标记 y 用于聚类之后对聚类效果的评价。图 4-1 为数据集中的一个样本的图片显示。

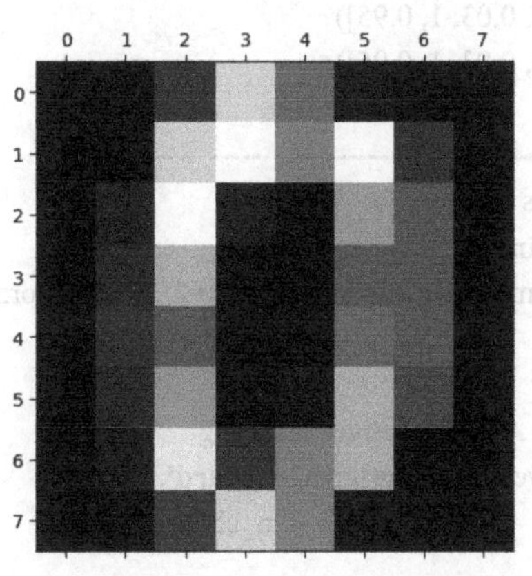

图 4-1 load_digits 中 0 号索引图片

4.1.3 案例实现

类似图 1-1 和图 1-2 的方法，打开安装好的 PyCharm，在当前路径（此处为 ABookMachineLearning）上单击右键，选择“New”→“Python File”命令，新建一个 Python 文件并命名为 ch4_1_Digits_Clusting，在文件 ch4_1_Digits_Clusting 中输入完整代码如下。

代码 4-1（ch4_1_Digits_Clusting）：

```
import numpy as np
from matplotlib import pyplot as plt
from sklearn import manifold, datasets

X, y = datasets.load_digits(return_X_y=True)
n_samples, n_features = X.shape

#np.random.seed(0)

#----------------------------------------------------------------------
# 可视化聚类
def plot_clustering(X_red, labels, title=None):
    x_min, x_max = np.min(X_red, axis=0), np.max(X_red, axis=0)
    X_red = (X_red - x_min) / (x_max - x_min)

    plt.figure(figsize=(6, 4))
    for i in range(X_red.shape[0]):
        plt.text(X_red[i, 0], X_red[i, 1], str(y[i]),
                 color=plt.cm.nipy_spectral(labels[i] / 10.),
                 fontdict={'weight': 'bold', 'size': 9})

    plt.xticks([])
    plt.yticks([])
    if title is not None:
        plt.title(title, size=17)
    plt.axis('off')
    plt.tight_layout(rect=[0, 0.03, 1, 0.95])
    plt.tight_layout(rect=[0, 0.03, 1, 0.95])

#----------------------------------------------------------------------
# 2D embedding of the digits dataset
print("Computing embedding")
X_red = manifold.SpectralEmbedding(n_components=2).fit_transform(X)
print("Done.")

from sklearn.cluster import AgglomerativeClustering
agglustering = AgglomerativeClustering(linkage='ward',
                                       n_clusters=10)
agglustering.fit(X_red)
agglabels = agglustering.labels_

```

```
from sklearn.cluster import KMeans
kmclustering = KMeans(n_clusters=10)
kmclustering.fit(X_red)
kmlabels = kmclustering.labels_

from sklearn.cluster import MeanShift
msclustering = MeanShift()
msclustering.fit(X_red)
mslables = msclustering.labels_

from sklearn.cluster import DBSCAN
dbsclustering = DBSCAN()
dbsclustering.fit(X_red)
dbslabels = dbsclustering.labels_

from sklearn.cluster import AffinityPropagation
apclusting = AgglomerativeClustering()
apclusting.fit(X_red)
aplabels = apclusting.labels_

from sklearn.metrics import v_measure_score
print("AGG v_measure_score: %0.3f"
        % v_measure_score(y, agglabels))
print("KMeans v_measure_score: %0.3f"
        % v_measure_score(y, kmlabels))
print("MeanShift v_measure_score: %0.3f"
        % v_measure_score(y, mslables))
print("DBSCAN v_measure_score: %0.3f"
        % v_measure_score(y, dbslabels))
print("AffinityPropagation v_measure_score: %0.3f"
        % v_measure_score(y, aplabels))

plot_clustering(X_red, agglustering.labels_,
                    "AgglomerativeClustering(k=10)")
plot_clustering(X_red, kmclustering.labels_,"KMeans(k=10)")
plot_clustering(X_red, msclustering.labels_,"MeanShift")
plot_clustering(X_red, dbsclustering.labels_,"DBSCAN")
plot_clustering(X_red, dbsclustering.labels_,"AffinityPropagation")
plt.show()
```

【运行结果】

```
Computing embedding
Done.
AGG v_measure_score: 0.635
KMeans v_measure_score: 0.634
MeanShift v_measure_score: 0.464
DBSCAN v_measure_score: 0.000
AffinityPropagation v_measure_score: 0.386
```

具体图形如图 4-2～图 4-6 所示。

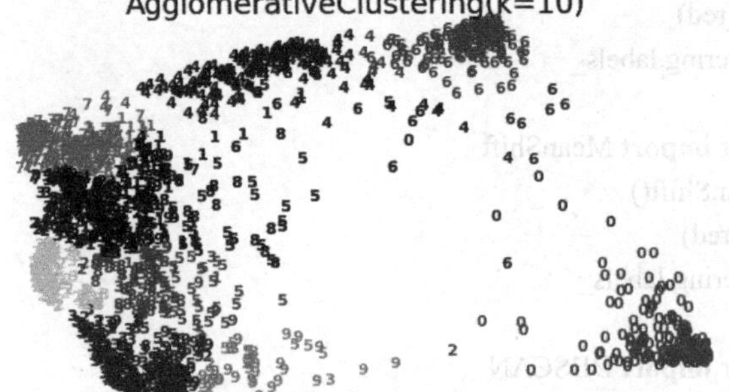

扫二维码观看彩图

图 4-2　AgglomerativeClusting(k=10)

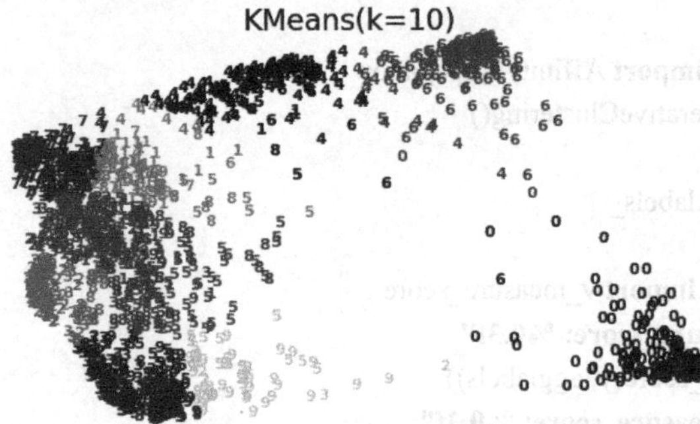

扫二维码观看彩图

图 4-3　KMeans(k =10)

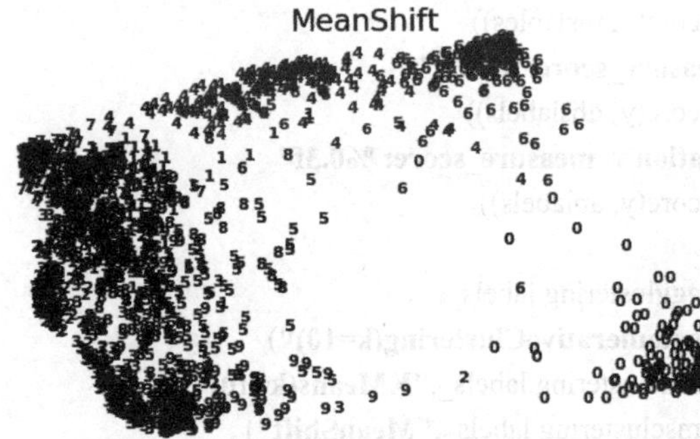

扫二维码观看彩图

图 4-4　MeanShift

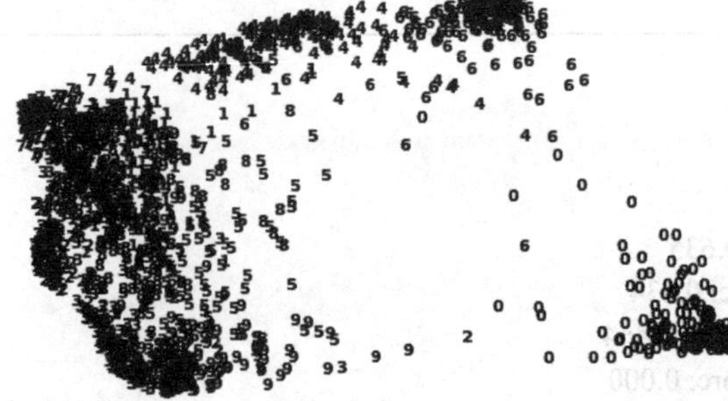

扫二维码观看彩图

图 4-5　DBSCAN

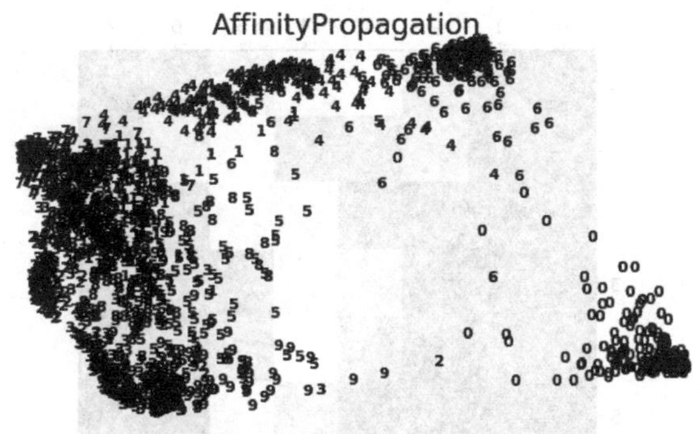

图 4-6　AffinityPropagation

扫二维码观看彩图

4.2　案例详解及示例

4.2.1 load_digits

代码 4-1（ch4_1_Digits_Clusting.py）的 1～6 行从 sklearn.datasets 模块中导入数据，用到了 load_digits()函数，数据导入以后可以用代码 4-2 绘图。

代码 4-2（ch4_2_Load_Digits.py）：

```
from sklearn.datasets import load_digits
digits = load_digits()
print('数据形状：',digits.data.shape)

import matplotlib.pyplot as plt
plt.gray()
plt.matshow(digits.images[1756])
print('索引号 1756 图片的特征值:\n',digits.images[1756])
print('索引号 1756 图片的 y 是：',digits.target[1756])
plt.show()
```

【运行结果】

```
数据形状：(1797, 64)
索引号 1756 图片的特征值:
 [[ 0.   0. 10. 15. 15. 11.   4.   0.]
 [ 0.   1. 10.   5.   7. 16. 10.   0.]
 [ 0.   0.   0.   1. 14. 14.   0.   0.]
 [ 0.   0.   0. 11. 13.   0.   0.   0.]
 [ 0.   0.   0.   5. 16.   5.   0.   0.]
 [ 0.   0.   0.   1. 10. 14.   0.   0.]
 [ 0.   0.   0.   2.   7. 15.   3.   0.]
 [ 0.   0.   6. 11. 16.   8.   0.   0.]]
索引号 1756 图片的 y 是：3
```

load_digits 中 1756 号索引图片如图 4-7 所示。

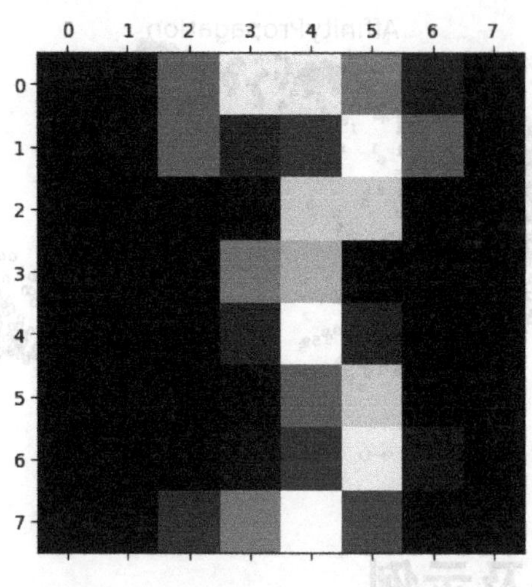

图 4-7　load_digits 中 1756 号索引图片

4.2.2 AgglomerativeClustering

代码 4-1 的 10～20 行用于展示可视化聚类结果。代码 31～34 行使用 sklearn.manifold 模块将 64 维的数据嵌入到 2 维平面。代码 36～40 行使用自底向上的层次聚类方法实现了对手写数字图片的聚类。

```
Class sklearn.cluster.AgglomerativeClustering(n_clusters=2, affinity='euclidean', memory=None, connectivity=None, compute_full_tree='auto', linkage='ward', pooling_func='deprecated', distance_threshold=None)
```

AgglomerativeClustering 的部分参数简介如下。

- n_clusters 参数：int 或者 None，默认值为 2，表示目标类别数。
- affinity 参数：str 或者自定义，默认值为“euclidean”，表示样本点之间距离计算方式，可以是“euclidean”（欧式距离）、“l1”“l2”“manhattan”（曼哈顿距离）、“cosine”（余弦距离）、“precomputed”（预先计算好的距离）。如果 linkage 参数为“ward”，affinity 参数只能使用“euclidean”。如果 linkage 参数为“precomputed”，距离矩阵（代替相似度矩阵）作为 fit()训练函数的输入参数。
- linkage 参数：{"ward","complete","average","single"}，默认值为“ward”，表示链接标准，即样本点的合并标准。

AgglomerativeClustering 方法如表 4-1 所示。

表 4-1　AgglomerativeClustering 方法

方 法 名	含 义
fit(self, X[, y])	对数据进行层次聚类
fit_predict(self, X[, y])	对数据 X 进行聚类，并返回聚类标签
get_params(self[, deep])	获得该估计器的参数
set_params(self, **params)	设置该估计器的参数

代码 4-3（ch4_3_AgglomerativeClustering.py）：

```
from sklearn.cluster import AgglomerativeClustering
import numpy as np
X = np.array([[1, 2], [1, 4], [1, 0],\
              [4, 2], [4, 4], [4, 0]])
clustering = AgglomerativeClustering().fit(X)
print(clustering)
AgglomerativeClustering(affinity='euclidean', compute_full_tree='auto',
                        connectivity=None, distance_threshold=None,
                        linkage='ward', memory=None, n_clusters=2)
print(clustering.labels_)
```

【运行结果】

```
AgglomerativeClustering(affinity='euclidean', compute_full_tree='auto',
                        connectivity=None, distance_threshold=None,
                        linkage='ward', memory=None, n_clusters=2)
[1 1 1 0 0 0]
```

4.2.3 KMeans

代码 42～45 行使用 KMeans 方法实现了对手写数字图片的聚类。

```
Class sklearn.cluster.KMeans(n_clusters=8, init='k-means++', n_init=10, max_iter=300, tol=0.0001, precompute_distances='auto', verbose=0, random_state=None, copy_x=True, n_jobs=None, algorithm='auto')
```

KMeans 的部分参数简介如下。

- n_clusters 参数：int 型，默认值为 8，表示生成的聚类数，即产生的质心（Centroids）数。
- init 参数：{"k-means++","random"}，或者传一个 ndarray 向量，默认值为“k-means++”，表示初始化方法。“k-means++”用一种特殊的方法选定初始质心从而能加速迭代过程的收敛；“random”随机从训练数据中选取初始质心；如果传递的是一个 ndarray，则其应该形如 (n_clusters, n_features) 并给出初始质心。
- n_init 参数：int 型，默认值为 10，表示用不同的质心种子运行算法的次数。
- max_iter 参数：int 型，默认值为 300，表示执行一次 KMeans 算法所进行的最大迭代数。
- precompute_distances 参数：“auto”或者 bool 型，默认值为“auto”，表示预计算距离。
- random_state 参数：int 型，RandomState 实例，默认值为 None，表示初始化质心的生成器（generator）。
- n_jobs 参数：int 型，默认值为 None，用于指定计算所用的进程数。

KMeans 方法如表 4-2 所示。

表 4-2　KMeans 方法

方 法 名	含 义
fit(self, X[, y, sample_weight])	计算 KMeans 聚类
fit_predict(self, X[, y, sample_weight])	计算聚类中心并预测每个样本的标签
fit_transform(self, X[, y, sample_weight])	计算聚类并将 X 转换到（聚类—距离）空间
get_params(self[, deep])	获得该估计器的参数

续表

方 法 名	含 义
predict(self, X[, sample_weight])	预测 X 中每个样本所属于的最近类别
score(self, X[, y, sample_weight])	类内距离和的负数
set_params(self, **params)	获得该估计器的参数
transform(self, X)	把 X 转换到聚类—距离空间

代码 4-4（ch4_4_Kmeans.py）：

```
import numpy as np
import matplotlib.pyplot as plt

from sklearn.cluster import KMeans
from sklearn.datasets import make_blobs

plt.figure(figsize=(12, 12))

n_samples = 1500
random_state = 170
X, y = make_blobs(n_samples=n_samples, random_state=random_state)

# Incorrect number of clusters
y_pred = KMeans(n_clusters=2, random_state=random_state).fit_predict(X)

plt.subplot(221)
plt.scatter(X[:, 0], X[:, 1], c=y_pred)
plt.title("Incorrect Number of Blobs")

# Anisotropicly distributed data
transformation = [[0.60834549, -0.63667341], [-0.40887718, 0.85253229]]
X_aniso = np.dot(X, transformation)
y_pred = KMeans(n_clusters=3, random_state=random_state).fit_predict(X_aniso)

plt.subplot(222)
plt.scatter(X_aniso[:, 0], X_aniso[:, 1], c=y_pred)
plt.title("Anisotropicly Distributed Blobs")

# Different variance
X_varied, y_varied = make_blobs(n_samples=n_samples,
                                cluster_std=[1.0, 2.5, 0.5],
                                random_state=random_state)
y_pred = KMeans(n_clusters=3, random_state=random_state).fit_predict(X_varied)

plt.subplot(223)
plt.scatter(X_varied[:, 0], X_varied[:, 1], c=y_pred)
plt.title("Unequal Variance")

# Unevenly sized blobs
X_filtered = np.vstack((X[y == 0][:500], X[y == 1][:100], X[y == 2][:10]))
y_pred = KMeans(n_clusters=3,
```

```
42                   random_state=random_state).fit_predict(X_filtered)
43
44  plt.subplot(224)
45  plt.scatter(X_filtered[:, 0], X_filtered[:, 1], c=y_pred)
46  plt.title("Unevenly Sized Blobs")
47
48  plt.show()
49
```

【运行结果】

图 4-8 说明了 KMeans 会产生一些不直观的、可能意想不到的聚类。例如，在前三幅图中输入数据不符合 KMeans 的一些隐含假设，结果产生了很不符合实际情况的聚类。在最后一幅图中，KMeans 产生的聚类与直观感觉相符，尽管每个聚类的大小不同。

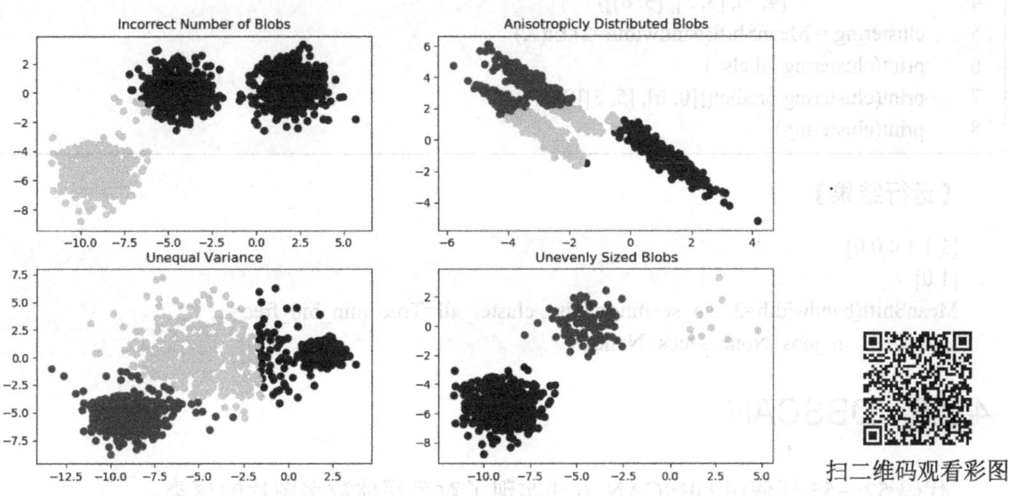

扫二维码观看彩图

图 4-8　KMeans 示意图

4.2.4 MeanShift

代码 47～50 行使用 MeanShift 方法实现了对手写体数字图片的聚类。

Class sklearn.cluster.MeanShift(bandwidth=None, seeds=None, bin_seeding=False, min_bin_freq=1, cluster_all=True, n_jobs=None, max_iter=300)

MeanShift 的部分参数简介如下。

- bandwidth 参数：float 型，可选，表示 FBF 核的带宽（半径）。如果没有给出，则使用 sklearn.cluster.estimate_bandwidth 计算出带宽（半径）。
- seeds 参数：array，[n_samples,n_features]形状，可选，表示初始圆心（或种子）。

MeanShift 类的方法如表 4-3 所示。

表 4-3　MeanShift 类的方法

方 法 名	含　义
fit(self, X[, y])	对数据 X 执行聚类

续表

方 法 名	含 义
fit_predict(self, X[, y])	对数据 X 执行聚类并返回聚类标签
get_params(self[, deep])	获得该估计器的参数
predict(self, X)	预测 X 中每个样本所属于的最近类别
set_params(self, **params)	设置该估计器的参数

代码 4-5（ch4_5_MeanShift.py）：

```
from sklearn.cluster import MeanShift
import numpy as np
X = np.array([[1, 1], [2, 1], [1, 0],\
              [4, 7], [3, 5], [3, 6]])
clustering = MeanShift(bandwidth=2).fit(X)
print(clustering.labels_)
print(clustering.predict([[0, 0], [5, 5]]))
print(clustering)
```

【运行结果】

```
[1 1 1 0 0 0]
[1 0]
MeanShift(bandwidth=2, bin_seeding=False, cluster_all=True, min_bin_freq=1,
          n_jobs=None, seeds=None)
```

4.2.5 DBSCAN

代码 52～55 行使用 DBSCAN 方法实现了对手写体数字图片的聚类。

```
class sklearn.cluster.DBSCAN(eps=0.5, min_samples=5, metric='euclidean', metric_params=None, algorithm='auto', leaf_size=30, p=None, n_jobs=None)
```

DBSCAN 的部分参数简介如下。

- eps 参数：float 型，默认值为 0.5，表示一个样本与另一个样本之间的最大距离。这不是一个集群内点距离的最大值。它是为数据集和距离函数选择的最重要的 DBSCAN 参数。
- min_samples 参数：int 类型，默认值为 5，表示样本点成为核心点的邻域样本数阈值。
- metric 参数：string 类型，可自定义，默认值为“euclidean”，表示最近邻距离度量参数。可以使用的距离度量较多，一般采用默认的欧式距离。
- algorithm 参数：{"auto","ball_tree","kd_tree","brute"}，默认值为“auto”，表示最近邻搜索算法参数。
- p 参数：float 型，默认值为 None，表示计算点间 Minkowski 距离的指数。p=1 为曼哈顿距离，p=2 为欧式距离。

DBSCAN 方法如表 4-4 所示。

表 4-4　DBSCAN 方法

方 法 名	含 义
fit(self, X[, y, sample_weight])	从特征或距离矩阵执行 DBSCAN 聚类
fit_predict(self, X[, y, sample_weight])	对数据 X 执行聚类并返回聚类标签
get_params(self[, deep])	获得该估计器的参数
set_params(self, **params)	设置该估计器的参数

代码 4-6（ch4_6_DBSCAN.py）：

```
from sklearn.cluster import DBSCAN
import numpy as np
X = np.array([[1, 2], [2, 2], [2, 3],\
              [8, 7], [8, 8], [25, 80]])
clustering = DBSCAN(eps=3, min_samples=2).fit(X)
print(clustering.labels_)
print(clustering)
```

【运行结果】

```
[ 0  0  0  1  1 -1]
DBSCAN(algorithm='auto', eps=3, leaf_size=30, metric='euclidean',
       metric_params=None, min_samples=2, n_jobs=None, p=None)
```

DBSCAN 在实际运用中可能要考虑更多的参数组合。代码 4-7 演示了参数调参的过程：①先不调参，直接用默认参数，看看聚类效果；②增加类别数，那么可以减少 eps 邻域的大小，默认的是 0.5，减到 0.1 再看看效果；③继续减小 eps，但增大 min_samples。此处将 min_samples 从默认的 5 增大到 10。

代码 4-7（ch4_7_DBSCAN.py）

```
import numpy as np
import matplotlib.pyplot as plt
from sklearn import datasets

X1, y1=datasets.make_circles(n_samples=5000,
                             factor=.6,noise=.05)
X2, y2 = datasets.make_blobs(n_samples=1000, n_features=2,
                             centers=[[1.2,1.2]], cluster_std=[[.1]],
                             random_state=9)

plt.subplot(2,2,1)
X = np.concatenate((X1, X2))
plt.scatter(X[:, 0], X[:, 1], marker='o')

from sklearn.cluster import DBSCAN
plt.subplot(2,2,2)
y_pred = DBSCAN().fit_predict(X)
plt.scatter(X[:, 0], X[:, 1], c=y_pred)
```

```
plt.subplot(2,2,3)
y_pred = DBSCAN(eps = 0.1).fit_predict(X)
plt.scatter(X[:, 0], X[:, 1], c=y_pred)

plt.subplot(2,2,4)
y_pred = DBSCAN(eps = 0.1, min_samples = 10).fit_predict(X)
plt.scatter(X[:, 0], X[:, 1], c=y_pred)
plt.show()
```

【运行结果】

DBSCAN 示意图如图 4-9 所示。

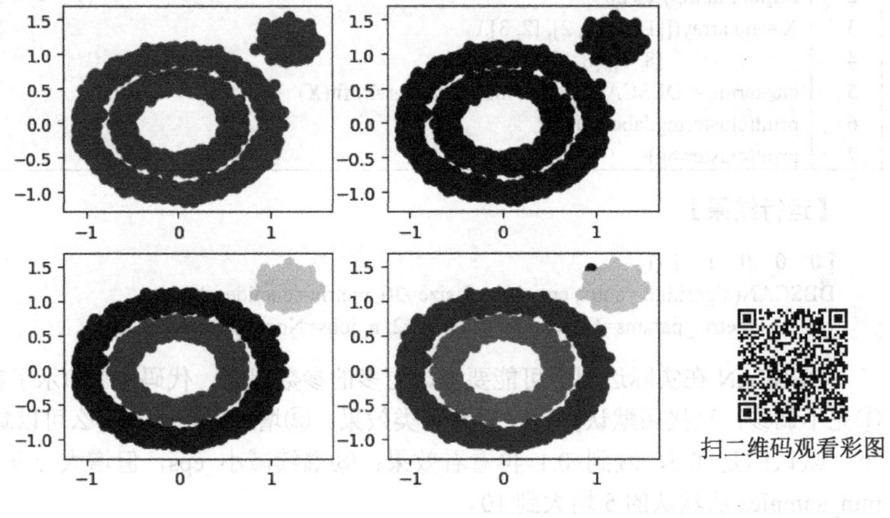

图 4-9　DBSCAN 示意图

4.2.6 AffinityPropagation

代码 57～60 行使用 AffinityPropagation 方法实现了对手写体数字图片的聚类。

Class sklearn.cluster.AffinityPropagation(damping=0.5, max_iter=200, convergence_iter=15, copy=True, preference=None, affinity='euclidean', verbose=False)

AffinityPropagation 的部分参数简介如下。

- damping 参数：float 型，可选，默认值为 0.5，表示阻尼系数，取值在 0.5～1 之间。
- max_iter 参数：int 型，默认值为 200，表示最大迭代次数。
- convergence_iter 参数：int 型，默认值为 15，表示停止收敛估计集群数量没有变化时的迭代次数。
- copy 参数：bool 型，默认值为 True，表示允许对输入数据进行复制。
- preference 参数：形如(n_samples,)的数组，或者 float 型，默认值为 None，表示具有较大偏好值的点更可能被选为聚类的中心点。集群的数量受输入偏好值的影响。如果该项未作为参数传递，则选择输入相似度的中位数作为偏好值。

■ affinity 参数：{"Euclidean","precomputed"}，默认值为“euclidean”，表示目前支持预定义和欧式距离。

AffinityPropagation 方法如表 4-5 所示。

表 4-5　AffinityPropagation 方法

方 法 名	含　义
fit(self, X[, y])	从特征或相似度矩阵中拟合聚类
fit_predict(self, X[, y])	从特征或相似度矩阵中拟合聚类，并返回聚类标签
get_params(self[, deep])	获得该估计器的参数
predict(self, X)	预测 X 中每个样本所属于的最近类别
set_params(self, **params)	设置该估计器的参数

代码 4-8（ch4_8_AffinityPropagation.py）

```
from sklearn.cluster import AffinityPropagation
import numpy as np
X = np.array([[1, 2], [1, 4], [1, 0],
              [4, 2], [4, 4], [4, 0]])
clustering = AffinityPropagation().fit(X)
print(clustering)
print(clustering.labels_)
print(clustering.predict([[0, 0], [4, 4]]))
print(clustering.cluster_centers_)

```

【运行结果】

```
AffinityPropagation(affinity='euclidean', convergence_iter=15, copy=True,
                    damping=0.5, max_iter=200, preference=None, verbose=False)
[0 0 0 1 1 1]
[0 1]
[[1 2]
 [4 2]]
```

4.2.7 v_measure_score

代码 62～72 行使用 sklearn.metrics 模块的 v_measure_score 方法实现了聚类效果的评价。

```
sklearn.metrics.v_measure_score(labels_true, labels_pred, beta=1.0)
```

v_measure_score 方法部分参数简介如下。

■ labels_true 参数：int 数组，[n_samplles]形状，表示真实类标签。

■ labels_pred 参数：表示（n_samples,）形状的预估聚类标签。

聚类性能评价视频

聚类处理的数据一般不带类标签，在实际使用过程中 v_measure_score 性能评价方式不适用，可以使用聚类评价 silhouette_score 等方法。

```
sklearn.metrics.silhouette_score(X, labels, metric='euclidean', sample_size=None, random_state=None, **kwds)
```

代码 4-9（ch4_9_Silhouette_Score.py）：

```
"""
=================================================
Demo of affinity propagation clustering algorithm
=================================================

Reference:
Brendan J. Frey and Delbert Dueck, "Clustering by Passing Messages
Between Data Points", Science Feb. 2007

"""
print(__doc__)

from sklearn.cluster import AffinityPropagation
from sklearn import metrics
from sklearn.datasets import make_blobs

# #############################################################################
# Generate sample data
centers = [[1, 1], [-1, -1], [1, -1]]
X, labels_true = make_blobs(n_samples=300, centers=centers, cluster_std=0.5,
                            random_state=0)

# #############################################################################
# Compute Affinity Propagation
af = AffinityPropagation(preference=-50).fit(X)
cluster_centers_indices = af.cluster_centers_indices_
labels = af.labels_

n_clusters_ = len(cluster_centers_indices)

print('Estimated number of clusters: %d' % n_clusters_)
print("Homogeneity: %0.3f" % metrics.homogeneity_score(labels_true, labels))
print("Completeness: %0.3f" % metrics.completeness_score(labels_true, labels))
print("V-measure: %0.3f" % metrics.v_measure_score(labels_true, labels))
print("Adjusted Rand Index: %0.3f"
      % metrics.adjusted_rand_score(labels_true, labels))
print("Adjusted Mutual Information: %0.3f"
      % metrics.adjusted_mutual_info_score(labels_true, labels,
                                           average_method='arithmetic'))
print("Silhouette Coefficient: %0.3f"
      % metrics.silhouette_score(X, labels, metric='sqeuclidean'))

# #############################################################################
# Plot result
import matplotlib.pyplot as plt
from itertools import cycle

plt.close('all')
plt.figure(1)
plt.clf()
```

```

colors = cycle('bgrcmykbgrcmykbgrcmykbgrcmyk')
for k, col in zip(range(n_clusters_), colors):
    class_members = labels == k
    cluster_center = X[cluster_centers_indices[k]]
    plt.plot(X[class_members, 0], X[class_members, 1], col + '.')
    plt.plot(cluster_center[0], cluster_center[1], 'o', markerfacecolor=col,
             markeredgecolor='k', markersize=14)
    for x in X[class_members]:
        plt.plot([cluster_center[0], x[0]], [cluster_center[1], x[1]], col)

plt.title('Estimated number of clusters: %d' % n_clusters_)
plt.show()
```

【运行结果】

```
==========================================
Demo of affinity propagation clustering algorithm
==========================================


Reference:
Brendan J. Frey and Delbert Dueck, "Clustering by Passing Messages
Between Data Points", Science Feb. 2007

Estimated number of clusters: 3
Homogeneity: 0.872
Completeness: 0.872
V-measure: 0.872
Adjusted Rand Index: 0.912
Adjusted Mutual Information: 0.871
Silhouette Coefficient: 0.753
```

聚类算法演示如图 4-10 所示。

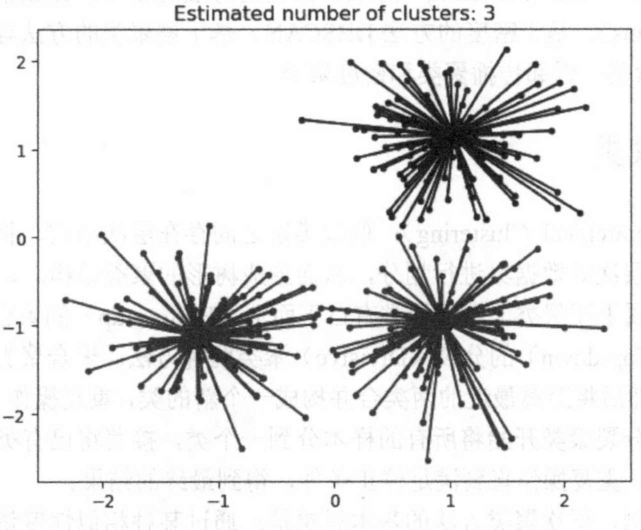

扫二维码观看彩图

图 4-10　聚类算法演示

4.3 支撑知识

聚类视频

4.3.1 聚类任务简介

聚类（Clustering）属于无监督学习范畴，使用没有被标记的数据，通过寻找数据本身的模型和规律，把训练集中的样本分为若干簇（Cluster），这种发现数据中彼此类似的样本构成簇的过程称为聚类。针对给定的样本，聚类依据样本的相似度或者距离，将其归并到若干个“类”或“簇”。通过这样的划分，每个聚类可能对应于一些潜在的概念（类别），这些概念（类别）对聚类算法而言事先是未知的。直观上，相似的样本聚集在相同的类，不相似的样本分布在不同的类。聚类既能作为一个单独过程，用于寻找数据内在的分布结构，也可作为分类等机器学习其他任务的先驱过程。例如，在一些商业应用中需对新用户的类型进行判别，但定义“用户类型”对商家来说却可能不太容易，此时可以先对用户数据进行聚类，根据聚类结果将每个簇定义为一个类，然后再基于这些类训练分类模型，用于判别新用户的类型。

聚类中比较重要的概念是相似度（Similarity）或者距离（Distance），有多种相似度或距离的定义，因为相似度直接影响聚类结果，实际应用中需要依据应用问题本身的特性选取合适的相似度度量方法。例如，闵可夫斯基距离（Minkowski Distance）将样本集合看作是向量空间中点的集合，以在该空间的距离表示样本之间的相似度，距离越大相似度越小，距离越小相似度越大。样本之间的相似度也可以用相关系数（Correlation Coefficient）来表示，相关系数的绝对值越接近于 1 表示样本越相似，越接近于 0 表示样本越不相似。样本之间的相似度也可以用夹角余弦（Cosine）来表示，夹角余弦越接近于 1 表示样本越相似，越接近于 0 表示样本越不相似。

通过聚类得到的类或者簇是样本的子集，如果一个样本只能属于一个类别（或者类的交集为空）称为硬聚类（Hard Clustering）方法；如果一个样本可以属于多个类（或者类的交集不为空）称为软聚类（Soft Clustering）方法。聚类的方法有很多，比较常用的有层次聚类、K 均值聚类（KMeans）、基于密度的方法 DBSCAN、基于谱聚类的方法等。本案例只讨论层次聚类、KMeans 聚类、近邻传播聚类和密度聚类。

4.3.2 层次聚类

层次聚类（Hierarchical Clustering）：假设类别之间存在层次结构，将样本聚到层次化的类中，试图在不同层次对数据集进行划分，从而形成树形的聚类结构。每个样本只属于一个类，所以层次聚类属于硬聚类。层次聚类有自下而上（Bottom-up）的聚合（Agglomeration）聚类或自上而下（Top-down）的分裂（Divisive）聚类两种方法。聚合聚类开始将每个样本各自分到一个类中，然后将距离最近的两类合并构成一个新的类，重复操作直到满足停止条件，得到最终的结果。分裂聚类开始将所有的样本分到一个类，接着将已有类中相距最远的样本划分为两个新的类，重复操作直到满足停止条件，得到最终的结果。

以聚合聚类为例，层次聚类方法的基本思想是：通过某种相似性度量方法计算节点之间的相似性，并按相似度逐步一步一步合并节点为新的类，主要步骤如下：

（1）每个节点都看作一个类，得到 *n* 个类。

（2）计算每对节点的两两相似度。

（3）将相似度大的节点对合并形成新的类，得到树状结构。

（4）根据实际需求横切树状结构，获得最终需要的类。

以图 4-11 为例，首先 s1 和 s5 合并成 s15，s2 和 s3 合并成 s23，然后 s15、s23 和 s4 合并成 s15234。从图中可以看出，层次聚类是一种很直观的算法，可以从下而上地把小的聚类合并成聚集，就是每次找到距离最短的两个聚类，然后合并成一个大的聚类，直到全部合并为一个聚类。

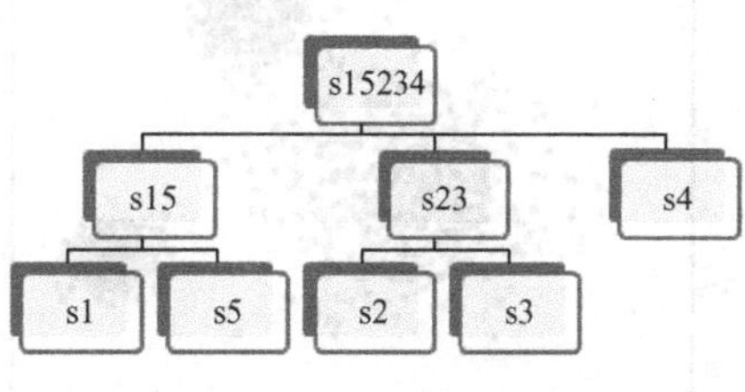

图 4-11　层次聚类示意图

聚类过程中有三个要素需要考虑：距离或相似度、合并规则和停止条件。距离或相似度可以采用欧式距离、闵可夫斯基距离等；合并规则一般是类间距离最小，类间距离可以是最短距离、最长距离、中心距离、平均距离等；停止条件可以是类的个数达到阈值、类的直径超过阈值等。

层次聚类算法的优势在于可以通过绘制树状图，使用可视化的方式来解释聚类结果，也不需要事先指定聚类的数量。只要得到了聚类树，可以直接根据树结构来得到聚类结果，改变聚类数目不需要再次计算数据点的归属。层次聚类的缺点是计算量比较大，因为每次都要计算多个聚类内所有数据点的两两距离；另一个缺点是层次聚类使用的是贪心算法，得到的结果是局部最优，不一定是全局最优。

kmeans 视频

4.3.3 K 均值聚类

K 均值聚类（KMeans）是基于样本集合划分的聚类算法，将样本集合划分为 k 个子集，构成 k 个类，将 n 个样本分到 k 个类中，每个样本到其所属类的中心的距离最小。每个样本只属于一个类，所以 K 均值聚类是硬聚类。例如，假设宇宙中的星星可以表示成三维空间中的点集，聚类的目的是找到每个样本 X 潜在的类别 y，并将同类别 y 的样本放在一起形成一个个星团，星团里面的点相互距离比较近，星团间的星星距离就比较远了。在聚类问题中，训练样本是 $\{x^{(1)},\cdots,x^{(m)}\}$，每个 $x^{(i)}\in R^n$，没有 y 值。KMeans 算法是将样本聚类成 k 个簇（Cluster），具体算法描述如下。

（1）随机在图中取 K（假设 K=3）个种子点。

（2）对图中的所有点求到这 K 个种子点的距离，假如点 P_i 离种子点 S_i 最近，那么 P_i 属于 S_i 点群。

（3）接下来，要移动种子点到属于其“点群”的中心。

（4）重复第（2）和第（3）步，直到种子点不再移动。

以图 4-12 为例来说明 KMeans 的过程：首先如图 4-12（a）所示，随机选择 3 个初始化的中心点，所有的数据点默认全部都标记为红色；然后如图 4-12（b）所示，进入第 1 次迭代：按照初始的中心点位置为每个数据点着上颜色，重新计算 3 个中心点，由于初始的中心点是随机选的，这样得出来的结果并不是很好；图 4-12（c）所示的是第 2 次迭代的结果，可以看到已经出现了大致的聚类形状。再经过两次迭代之后基本上可以达到收敛，最终结果如图 4-12（d）所示。

KMeans 有时会收敛到一个不太满意的局部最优解，例如，如果选用图 4-13（a）中的 3 个初始中心点，最终会收敛到图 4-13（b）所示的结果。

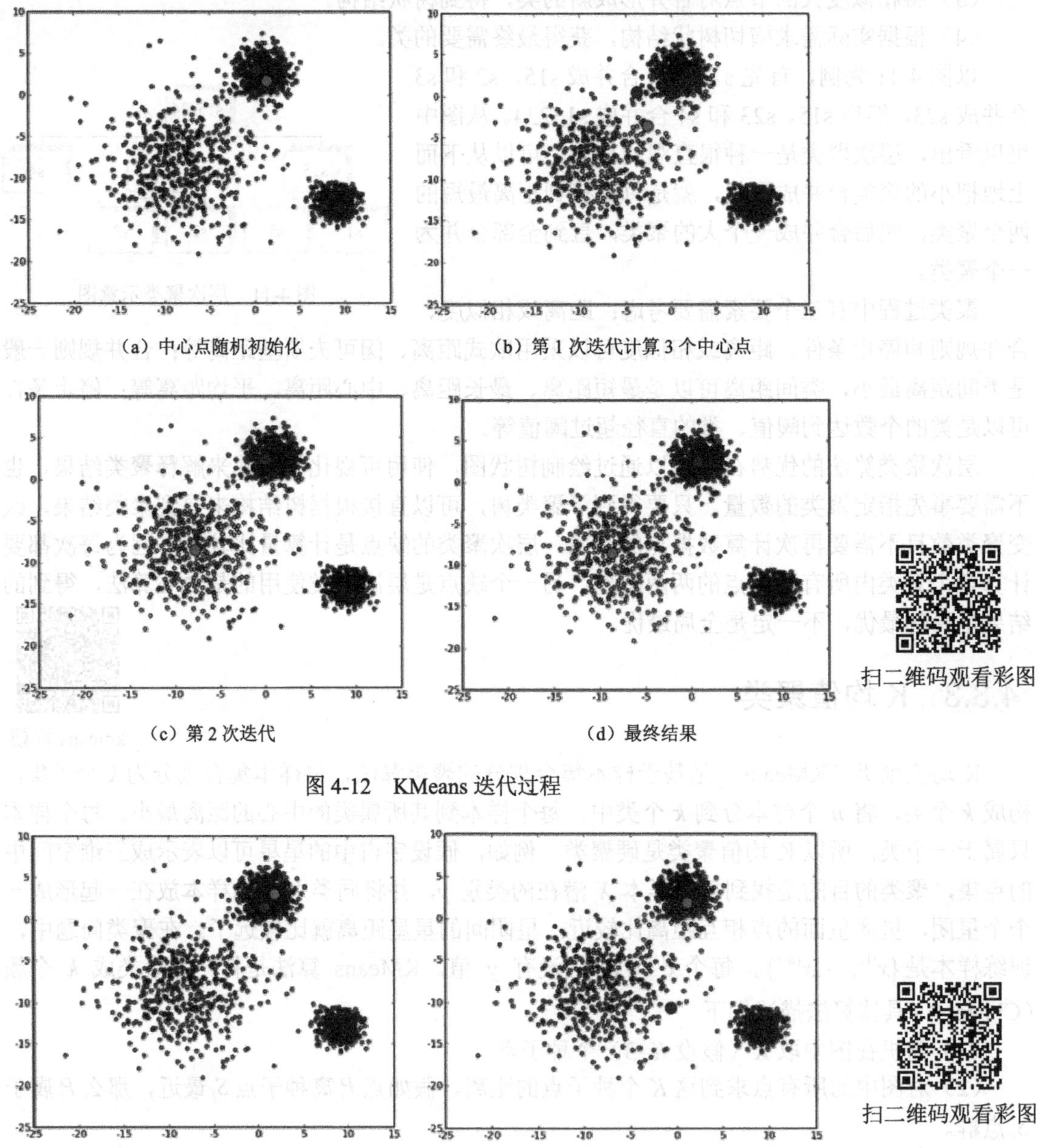

（a）中心点随机初始化　（b）第 1 次迭代计算 3 个中心点

（c）第 2 次迭代　（d）最终结果

图 4-12　KMeans 迭代过程

（a）糟糕的初始点　（b）最终结果

图 4-13　KMeans 糟糕的初始点

K 均值聚类算法的特点：基于划分的聚类方法；类别数 K 需要事先指定，而在实际应用中最优的 K 值是不知道的；以欧氏距离平方表示样本之间的距离，以中心或样本的均值表示类别；以样本和其所属类的中心之间的距离总和为最优化的目标函数；算法是迭代算法，不能保证得到全局最优；初始中心的选择会直接影响聚类结果；选择不同的初始中心，会得到不同的聚类结果，可以用层次聚类对样本进行聚类，得到 K 个类时停止，然后从每个类中选取一个与中心距离最近的点。

4.3.4 均值漂移聚类

均值漂移聚类试图找到数据点的密集区域，目标是定位每个组/类的中心点。其基本思想：首先，随便选择一个中心点，然后计算一定范围（带宽）之内所有点到该中心点的距离的平均值，计算该平均值得到一个偏移均值，然后将中心点移动到偏移均值位置，通过这种不断重复的移动，可以使中心点逐步逼近到最佳位置。假设在一个多维空间中有很多数据点需要进行聚类，MeanShift 的过程介绍如下。

（1）在未被标记的数据点中随机选择一个点作为初始中心点（Center）。

（2）找出离该中心点距离在带宽之内的所有点，记为集合 M，认为这些点属于簇 C。

（3）计算从中心点开始到集合 M 中每个元素的向量，将这些向量相加，得到偏移向量（Shift）。

（4）将该中心点沿着偏移的方向移动，移动距离是该偏移向量的模||Shift||。

（5）重复步骤（2）、（3）、（4），直到偏移向量（Shift）的大小满足设定的阈值要求（迭代到收敛），记下此时的中心点。这个迭代过程中遇到的点都应该归类到簇 C。如果收敛时当前簇的中心与其他已经存在的簇中心的距离小于阈值，那么把两个簇合并；否则，把当前簇作为新的聚类增加 1 类。

（6）重复步骤（1）～（5）直到所有的点都被标记访问。

（7）根据每个类对每个点的访问频率，取访问频率最高的那个类，作为当前点集的所属类。

均值漂移聚类算法的聚类中心朝密度最大点聚集，但是，带宽大小（半径 r）的选择很重要。起始点的个数可以为所有样本，随机抽样，也可以通过一定方法（粗粒度分区抽样）选择；距离的度量可以直接使用欧式距离等，也可以引入核函数；找到中心后可以使用 KMeans 或者依据之前的映射关系分配到相关的聚类中心。与 KMeans 聚类相比，均值漂移聚类的整个过程不需要选择聚类数量，可以在不知道聚类个数的情况下自动寻找比较合适的聚类个数。

4.3.5 密度聚类

密度聚类即“基于密度的聚类”（Density-based Clustering），从样本密度的角度来考察样本之间的可连接性，并基于可连接样本不断扩展聚类簇以获得最终的聚类结果。基于密度的聚类方法可以在有噪声（Outlier）的数据中发现各种形状、大小的簇。DBSCAN 是密度聚类方法中最典型的代表算法之一，其核心思想就是先发现密度较高的点，然后把相近的高密度点逐步生成各种簇。

DBSCAN 算法可以找到样本点的全部密集区域，并把这些密集区域当作聚类。DBSCAN 算法中当邻域半径 R 内点的个数大于最少点数目 MinPoints 时称为密集。DBSCAN 算法中邻域半径 R 内样本点的数量大于等于 MinPoints 的点叫作核心点；不属于核心点但在某个核心点的邻域内的点叫作边界点；既不是核心点也不是边界点的是噪声点。

DBSCAN 算法有密度直达、密度可达、密度相连、非密度相连 4 种点的关系。

（1）如果 P 为核心点，Q 在 P 的 R 邻域内，那么称 P 到 Q 密度直达，任何核心点到其自身密度直达，密度直达不具有对称性，即 P 到 Q 密度直达，Q 到 P 不一定密度直达。

（2）如果存在核心点 $P_1,P_2,\cdots,P_n$，且 P_1 到 P_2 密度直达，P_2 到 P_3 密度直达，…，P_{n-1} 到 P_n 密度直达，则 P_1 到 P_n 密度可达。

（3）如果存在核心点 S，使得 S 到 P 和 Q 都密度可达，则 P 和 Q 密度相连。密度相连具有对称性，如果 P 和 Q 密度相连，那么 Q 和 P 也密度相连。密度相连的两个点属于同一个聚类。

（4）如果两个点不属于密度相连关系，则两个点非密度相连。非密度相连的两个点属于不同的聚类簇，或者是噪声点。

DBSCAN 的算法步骤分成以下两步。

（1）寻找核心点形成临时聚类簇：扫描全部样本点，如果某个样本点 R 半径范围内点数目≥MinPoints，则将其纳入核心点列表，并将其密度直达的点形成对应的临时聚类簇。

（2）合并临时聚类簇得到聚类簇：对于每一个临时聚类簇，检查其中的点是否为核心点，如果是，将该点对应的临时聚类簇和当前临时聚类簇合并，得到新的临时聚类簇。重复该操作，直到当前临时聚类簇中的每一个点要么不在核心点列表，要么其密度直达的点都已经在该临时聚类簇，该临时聚类簇升级成为聚类簇。继续对剩余的临时聚类簇进行相同的合并操作，直到临时聚类簇全部被处理。

DBSCAN 算法的优势：不需要提前输入聚类个数；可以有效处理噪声点（Outlier），能发现任意形状的空间聚类。但是，DBSCAN 聚类也有其劣势：当数据量增大时，需要有较大的内存支持，I/O 输入消耗也大；当空间聚类的密度不均匀时，聚类质量较差；不能很好地反映高维数据聚类结果。

4.3.6 近邻传播聚类

近邻传播（Affinity Propagation）聚类算法简称 AP 算法，其基本思想是将全部样本看作网络的节点，然后通过网络中各条边的消息传递计算出样本的聚类中心。在聚类过程中，AP 算法通过迭代过程不断更新每一个节点的吸引度（Responsibility）和归属度（Availability）值，直到产生 m 个高质量的质心。其大致步骤如下。

（1）更新相似度矩阵中每个点的吸引度信息，计算归属度信息。

（2）更新归属度信息，计算吸引度信息。

（3）若经过若干次迭代之后聚类中心不变，或者迭代次数超过既定次数，或者一个子区域内的关于样本点的决策经过数次迭代后保持不变，则算法结束。

与 KMeans 聚类算法相比，AP 聚类算法无须指定聚类个数；对距离矩阵的对称性也没有要求。AP 通过输入相似度矩阵来启动算法，因此允许数据呈非对称，数据适用范围非常大。但是，AP 算法也有其劣势：算法复杂度较高，运行时间相对较长，在海量数据下运行时耗费的时间较多；尽管不用设定聚类个数参数，但需要设置参考度等参数。

案例 5 人脸特征降维

5.1 案例描述

5.1.1 案例简介

实际项目中有时会遇到特征维度非常高的样本，往往无法人工构建有效特征，这时可以进行特征降维。特征降维是无监督学习的另一种应用，不仅可以重构有效的低维度特征向量，在降维以后还可以将数据进行可视化展示。在特征降维方法中，主成分分析（Principal Component Analysis）是最经典和比较实用的特征降维技术，特别在辅助图像识别方面有突出表现。本案例利用不同的无监督学习方法对 Olivetti 人脸数据集进行特征降维（矩阵分解），本案例是对 Sklearn 官网例子的简单修改。

5.1.2 数据介绍

本案例数据是从 AT&T 下载的 Olivetti 人脸数据，该数据集有 40 个类别，样本总数为 400，每张图片的维度为 64×64=4096，特征值为 0～1 之间的实数。

5.1.3 案例实现

类似图 1-1 和图 1-2 的方法，打开安装好的 PyCharm，在当前路径（此处为 ABookMachineLearning）上单击右键，选择“New”→“Python File”命令，新建一个 Python 文件并命名为 ch5_1_Face_Decomposition，在文件 ch5_1_Face_Decomposition 中输入完整代码如下。

代码 5-1（ch5_1_Face_Decomposition.py）：

```
from time import time
from numpy.random import RandomState
import matplotlib.pyplot as plt
from sklearn.datasets import fetch_olivetti_faces
from sklearn.cluster import MiniBatchKMeans
from sklearn import decomposition

n_row, n_col = 2, 3
n_components = n_row * n_col
```

```
image_shape = (64, 64)
rng = RandomState(0)

# ##############################################################################
# 导入人脸数据
faces, _ = fetch_olivetti_faces(return_X_y=True,
                                shuffle=True,
                                random_state=rng)
n_samples, n_features = faces.shape
# global centering
faces_centered = faces - faces.mean(axis=0)
print(len(faces_centered))
# local centering
faces_centered -= faces_centered.mean(axis=1).reshape(n_samples, -1)
print("Dataset consists of %d faces" % n_samples)

def plot_gallery(title, images, n_col=n_col, n_row=n_row, cmap=plt.cm.gray):
    plt.figure(figsize=(2. * n_col, 2.26 * n_row))
    plt.suptitle(title, size=16)
    for i, comp in enumerate(images):
        plt.subplot(n_row, n_col, i + 1)
        vmax = max(comp.max(), -comp.min())
        plt.imshow(comp.reshape(image_shape), cmap=cmap,
                   interpolation='nearest',
                   vmin=-vmax, vmax=vmax)
        plt.xticks(())
        plt.yticks(())
    plt.subplots_adjust(0.01, 0.05, 0.99, 0.93, 0.04, 0.)

# ##############################################################################
# 不同的估计器列表
estimators = [
    ('Eigenfaces - PCA using randomized SVD',
     decomposition.PCA(n_components=n_components,
                       svd_solver='randomized',
                       whiten=True),
     True),

    ('Non-negative components - NMF',
     decomposition.NMF(n_components=n_components,
                       init='nndsvda', tol=5e-3),
     False),

    ('Independent components - FastICA',
     decomposition.FastICA(n_components=n_components,
                           whiten=True),
     True),

    ('Sparse comp. - MiniBatchSparsePCA',
     decomposition.MiniBatchSparsePCA(n_components=n_components,
                                      alpha=0.8,n_iter=100,
```

```
                                                  batch_size=3,random_state=rng),
     True),

    ('Factor Analysis components - FA',
     decomposition.FactorAnalysis(n_components=n_components,
                                  max_iter=20),
     True),
]

# #############################################################################
# 绘制输入数据样本
plot_gallery("First centered Olivetti faces", faces_centered[:n_components])

# #############################################################################
# 估计并绘制
for name, estimator, center in estimators:
    print("Extracting the top %d %s..." % (n_components, name))
    t0 = time()
    data = faces
    if center:
        data = faces_centered
    estimator.fit(data)
    train_time = (time() - t0)
    print("done in %0.3fs" % train_time)
    if hasattr(estimator, 'cluster_centers_'):
        components_ = estimator.cluster_centers_
    else:
        components_ = estimator.components_

    # 绘制由估计器提供的像素方差图像，如果是标量则被跳过
    if (hasattr(estimator, 'noise_variance_') and
            estimator.noise_variance_.ndim > 0):  # Skip the Eigenfaces case
        pass
    plot_gallery('%s - Train time %.1fs' % (name, train_time),
                 components_[:n_components])
plt.show()
```

【运行结果】

```
Dataset consists of 400 faces
Extracting the top 6 Eigenfaces - PCA using randomized SVD...
done in 0.055s
Extracting the top 6 Sparse comp. - MiniBatchSparsePCA...
done in 1.293s
Extracting the top 6 Non-negative components - NMF...
done in 0.555s
Extracting the top 6 Independent components - FastICA...
done in 0.176s
Extracting the top 6 Factor Analysis components - FA...
done in 0.600s
```

人脸特征降维示意图如图 5-1 所示。

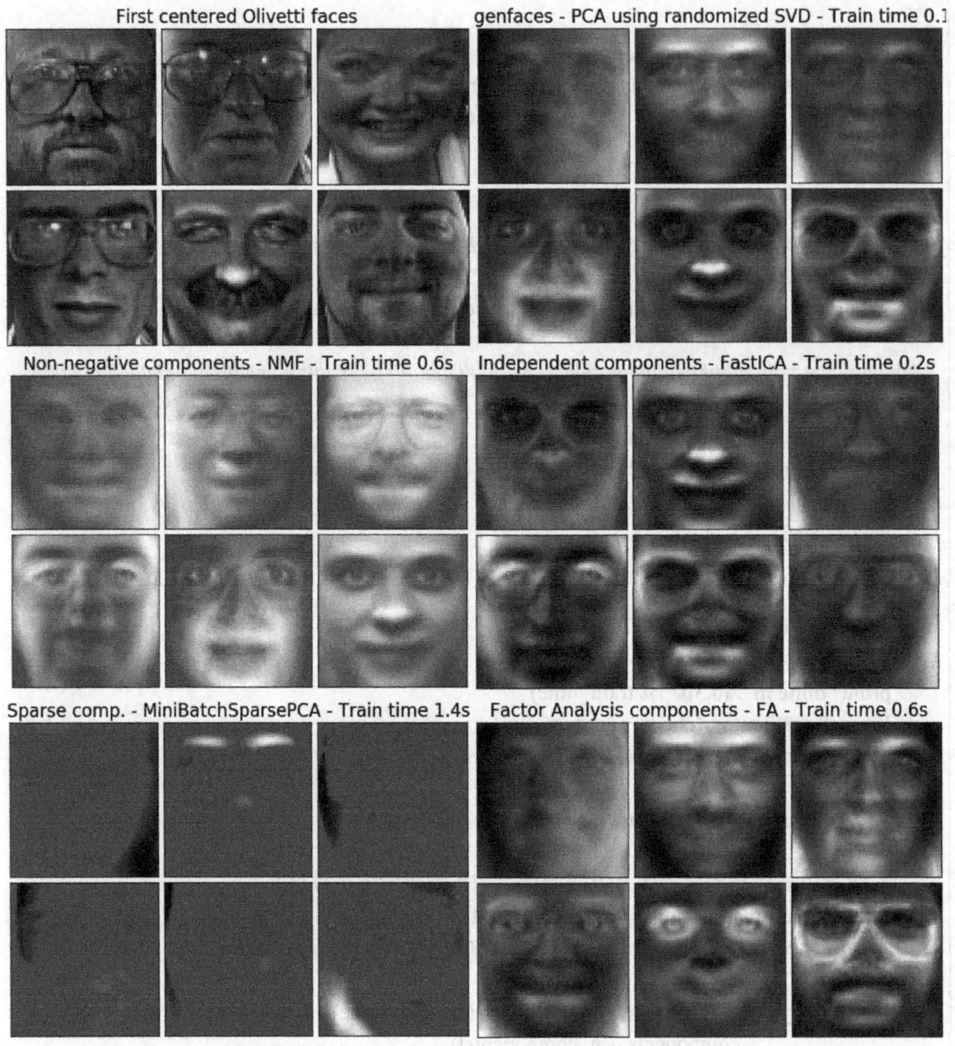

图 5-1 人脸特征降维示意图

5.2 案例详解及示例

5.2.1 fetch_olivetti_faces

代码 5-1（ch5_1_Face_Decomposition.py）的 1～6 行用于导入相关模块，第 8～12 行用于设置相关参数，例如第 8 行设置了绘制的图形为 2 行 3 列，15～24 行用 fetch_olivetti_faces()函数导入人脸数据并中心化，第 24 行输出了数据集的样本数。代码 5-2 是导入数据函数 fetch_olivetti_faces()的示例，绘制了数据集中的一张人脸图。

代码 5-2（ch5_2_Fetch_Olivetti.py）：

```
from sklearn.datasets import fetch_olivetti_faces
faces = fetch_olivetti_faces()
image_shape = faces.images[0].shape
print(image_shape)

import matplotlib.pyplot as plt
plt.matshow(faces.images[100])
print('索引号 100 图片的特征值:\n',faces.images[100])
print('索引号 100 图片的 y 是：',faces.target[100])
plt.show()
```

【运行结果】

```
(64, 64)
索引号 100 图片的特征值:
 [[0.2892562  0.23966943 0.22727273 ... 0.43801653 0.33471075 0.2107438 ]
 [0.2768595  0.20247933 0.35123968 ... 0.45454547 0.37190083 0.23140496]
 [0.23966943 0.2107438  0.5        ... 0.46280992 0.39256197 0.2520661 ]
 ...
 [0.19008264 0.19421488 0.19008264 ... 0.10743801 0.11157025 0.11157025]
 [0.19421488 0.18595041 0.1983471  ... 0.09917355 0.10743801 0.11157025]
 [0.1983471  0.18595041 0.20661157 ... 0.09504132 0.10743801 0.11157025]]
索引号 100 图片的 y 是： 10
```

Olivetti 示意图如图 5-2 所示。

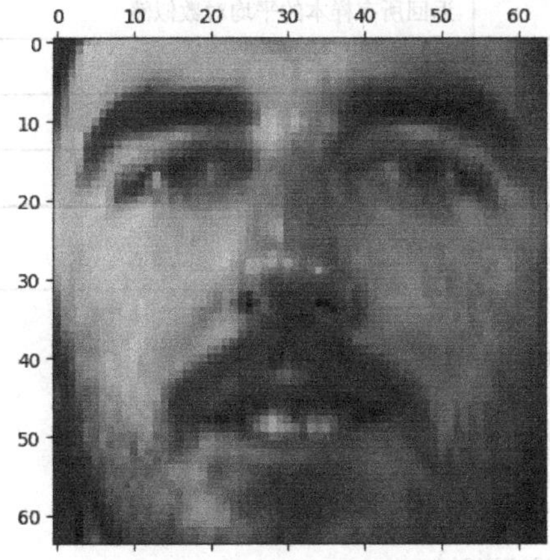

图 5-2　Olivetti 示意图

5.2.2 PCA

代码 26～37 行是绘制人脸图形的函数，代码 41～46 行用 sklearn.decomposition.PCA 对数据降维，代码 48～52 行用 sklearn.decomposition.MiniBatchSparsePCA 对数据降维。

1．PCA

```
Class sklearn.decomposition.PCA(n_components=None, copy=True, whiten=False, svd_solver='auto', tol=0.0, iterated_power='auto', random_state=None)
```

PCA 的部分参数简介如下。

- n_components：int、float、None 或者 str 类型，表示 PCA 降维后的特征维度数目；也可以指定主成分的方差和所占最小比例阈值，PCA 类根据样本特征方差来决定降维后的特征维度数目；如果 n_components ＝＝“mle”及 svd_solver==“full”，用 Minka 的 MLE 算法来猜测维度。
- copy：bool 类型，默认值为 True，表示在运行算法时是否将原始数据复制一份。
- whiten：bool 类型，可选，默认值为 False，表示白化。
- svd_solver：str 类型，{"auto","full","arpack","randomized"}，表示指定奇异值分解 SVD 的方法。默认值为“auto”，PCA 类选择一个合适的 SVD 算法来降维。

PCA 方法如表 5-1 所示。

表 5-1 PCA 方法

方 法 名	含 义
fit(self, X[, y])	用数据 X 拟合 PCA 模型
fit_transform(self, X[, y])	用数据 X 拟合 PCA 模型，并应用降维后的数据
get_covariance(self)	利用生成模型计算数据协方差
get_params(self[, deep])	获得该估计器的参数
get_precision(self)	利用生成模型计算数据精度矩阵
inverse_transform(self, X)	将降维后的数据转换成原始空间的数据
score(self, X[, y])	返回所有样本的平均对数似然
score_samples(self, X)	返回每个样本的对数似然
set_params(self, **params)	设置该估计器的参数
transform(self, X)	对 X 应用降维

代码 5-3（ch5_3_PCA1.py）：

```
import numpy as np
from sklearn.decomposition import PCA
X = np.array([[-1, -1], [-2, -1], [-3, -2], [1, 1], [2, 1], [3, 2]])
pca = PCA(n_components=2)
pca.fit(X)
print(pca)
print(pca.explained_variance_ratio_)
print(pca.singular_values_)

pca = PCA(n_components=2, svd_solver='full')
pca.fit(X)
print(pca)
print(pca.explained_variance_ratio_)
print(pca.singular_values_)

pca = PCA(n_components=1, svd_solver='arpack')
pca.fit(X)
print(pca)
print(pca.explained_variance_ratio_)
print(pca.singular_values_)
```

【运行结果】

```
PCA(copy=True, iterated_power='auto', n_components=2, random_state=None,
    svd_solver='auto', tol=0.0, whiten=False)
[0.99244289 0.00755711]
[6.30061232 0.54980396]
PCA(copy=True, iterated_power='auto', n_components=2, random_state=None,
    svd_solver='full', tol=0.0, whiten=False)
[0.99244289 0.00755711]
[6.30061232 0.54980396]
PCA(copy=True, iterated_power='auto', n_components=1, random_state=None,
    svd_solver='arpack', tol=0.0, whiten=False)
[0.99244289]
[6.30061232]
```

代码 5-4（ch5_4_PCA2.py）：将 iris 数据集降维到二维并绘制图形（见图 5-3），相同颜色代表相同的类别。

```python
import matplotlib.pyplot as plt
from sklearn import datasets
from sklearn.decomposition import PCA

iris = datasets.load_iris()
X = iris.data
y = iris.target
target_names = iris.target_names

pca = PCA(n_components=2)
X_r = pca.fit(X).transform(X)
# Percentage of variance explained for each components
print('explained variance ratio (first two components): %s'
      % str(pca.explained_variance_ratio_))

plt.figure()
colors = ['navy', 'turquoise', 'darkorange']
lw = 2
for color, i, target_name in zip(colors, [0, 1, 2], target_names):
    plt.scatter(X_r[y == i, 0], X_r[y == i, 1], color=color, alpha=.8, lw=lw,
                label=target_name)
plt.legend(loc='best', shadow=False, scatterpoints=1)
plt.title('PCA of IRIS dataset')
plt.show()
```

【运行结果】

```
explained variance ratio (first two components): [0.92461872 0.05306648]
```

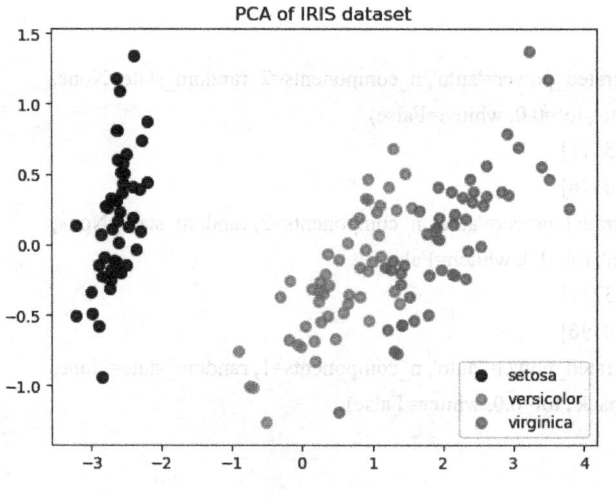

扫二维码观看彩图

图 5-3　iris 数据集降维示意图

2. KernelPCA

```
Class sklearn.decomposition.KernelPCA(n_components=None, kernel='linear', gamma=None, degree=3, coef0=1, kernel_params=None, alpha=1.0, fit_inverse_transform=False, eigen_solver='auto', tol=0, max_iter=None, remove_zero_eig=False, random_state=None, copy_X=True, n_jobs=None)
```

KernelPCA 的部分参数简介如下。

- n_components 参数：int 型，默认值为 None，表示成分个数，如果为 None，保留所有非 0 成分。
- Kernel 参数："linear""poly""rbf""sigmoid""cosine"或"precomputed"，表示核函数，默认值为 linear。
- gamma 参数：float 型，默认值为 a/n_features，表示选用 rbf、poly 和 Sigmoid 核函数时的核系数，其他核函数忽略此参数。

KernelPCA 方法如表 5-2 所示。

表 5-2　KernelPCA 方法

方 法 名	含 义
fit(self, X[, y])	用数据 X 拟合 KernelPCA 模型
fit_transform(self, X[, y])	用数据 X 拟合 KernelPCA 模型，并转化 X
get_params(self[, deep])	获得该估计器的参数
inverse_transform(self, X)	将降维后的数据 X 转回成原始空间的数据
set_params(self, **params)	设置该估计器的参数
transform(self, X)	转换数据 X

代码 5-5（ch5_5_ KernelPCA.py）：

```
from sklearn.datasets import load_digits
from sklearn.decomposition import KernelPCA
X, _ = load_digits(return_X_y=True)
transformer = KernelPCA(n_components=7, kernel='linear')
```

```
X_transformed = transformer.fit_transform(X)
print(X_transformed.shape)
```

【运行结果】

```
(1797, 7)
```

3. IncrementalPCA

```
Class sklearn.decomposition.IncrementalPCA(n_components=None, whiten=False, copy=True, batch_size=None)
```

IncrementalPCA 的部分参数简介如下。

- n_components：int 型或者 None，默认值为 None，表示需要的成分个数，如果为 None，n_components 设为 min(n_samples,n_features)。
- whiten：bool 类型，可选，表示是否进行白化。
- batch_size：int 型或者 None，默认值为 None，表示指定每个批次训练时，使用的样本数量，当使用 fit()法时会用到该参数。

IncrementalPCA 方法如表 5-3 所示。

表 5-3　IncrementalPCA 方法

方 法 名	含 义
fit(self, X[, y])	用数据 X 拟合 IncrementalPCA 模型，使用“batch_size”样本数的小批量数据
fit_transform(self, X[, y])	用数据 X 拟合 IncrementalPCA 模型，并转化 X
get_covariance(self)	利用生成模型计算数据协方差
get_params(self[, deep])	获得该估计器的参数
get_precision(self)	利用生成模型计算数据精度矩阵
inverse_transform(self, X)	将降维后的数据 X 转回成原始空间的数据
partial_fit(self, X[, y, check_input])	用数据 X 增量拟合 IncrementalPCA 模型
set_params(self, **params)	设置该估计器的参数
transform(self, X)	对 X 应用降维

代码 5-6（ch5_6_ IncrementalPCA.py）：

```
from sklearn.datasets import load_digits
from sklearn.decomposition import IncrementalPCA
from scipy import sparse
X, _ = load_digits(return_X_y=True)
transformer = IncrementalPCA(n_components=7, batch_size=200)
# either partially fit on smaller batches of data
print(transformer.partial_fit(X[:100, :]))
# or let the fit function itself divide the data into batches
X_sparse = sparse.csr_matrix(X)
X_transformed = transformer.fit_transform(X_sparse)
print(X_transformed.shape)
```

【运行结果】

```
IncrementalPCA(batch_size=200, copy=True, n_components=7, whiten=False)
(1797, 7)
```

4. SparsePCA

```
Class sklearn.decomposition.SparsePCA(n_components=None, alpha=1, ridge_alpha=0.01, max_iter=1000, tol=1e-08, method='lars', n_jobs=None, U_init=None, V_init=None, verbose=False, random_state=None, normalize_components='deprecated')
```

SparsePCA 的部分参数简介如下。

- ■ n_components：int 类型，表示要抽取的稀疏原子个数。
- ■ alpha：float 类型，表示稀疏度的控制参数。值越大，成分越稀疏。

SparsePCA 方法如表 5-4 所示。

表 5-4 SparsePCA 方法

方 法 名	含 义
fit(self, X[, y])	用数据 X 拟合 SparsePCA 模型
fit_transform(self, X[, y])	用数据 X 拟合 SparsePCA 模型，然后转化 X
get_params(self[, deep])	获得该估计器的参数
set_params(self, **params)	设置该估计器的参数
transform(self, X)	数据在稀疏成分上的最小二乘投影

代码 5-7（ch5_7_SparsePCA.py）：

```python
import numpy as np
from sklearn.datasets import make_friedman1
from sklearn.decomposition import SparsePCA
X, _ = make_friedman1(n_samples=200, n_features=30, random_state=0)
transformer = SparsePCA(n_components=5, random_state=0)
transformer.fit(X)
X_transformed = transformer.transform(X)
print(X_transformed.shape)
# most values in the components_ are zero (sparsity)
print(np.mean(transformer.components_ == 0))
```

【运行结果】

```
(200, 5)
0.9666666666666667
```

5. MiniBatchSparsePCA

```
Class sklearn.decomposition.MiniBatchSparsePCA(n_components=None, alpha=1, ridge_alpha=0.01, n_iter=100, callback=None, batch_size=3, verbose=False, shuffle=True, n_jobs=None, method='lars', random_state=None, normalize_components='deprecated')
```

MiniBatchSparsePCA 的部分参数简介如下。

- ■ n_components：int 类型，表示要抽取的稀疏原子个数。
- ■ n_iter：int 类型，表示完成每次批处理的迭代次数。

MiniBatchSparsePCA 方法如表 5-5 所示。

表 5-5 MiniBatchSparsePCA 方法

方 法 名	含 义
fit(self, X[, y])	用数据 X 拟合 MiniBatchSparsePCA 模型
fit_transform(self, X[, y])	用数据 X 拟合 MiniBatchSparsePCA 模型，然后转化 X
get_params(self[, deep])	获得该估计器的参数
set_params(self, **params)	设置该估计器的参数
transform(self, X)	数据在稀疏成分上的最小二乘投影

代码 5-8（ch5_8_MiniBatchSparsePCA.py）：

```
import numpy as np
from sklearn.datasets import make_friedman1
from sklearn.decomposition import MiniBatchSparsePCA
X, _ = make_friedman1(n_samples=200, n_features=30,
                      random_state=0)
transformer = MiniBatchSparsePCA(n_components=5,
                                 batch_size=50,
                                 random_state=0)
transformer.fit(X)
X_transformed = transformer.transform(X)
print(X_transformed.shape)
# most values in the components_ are zero (sparsity)
print(np.mean(transformer.components_ == 0))
```

【运行结果】

```
(200, 5)
0.94
```

5.2.3 NMF

代码 54～57 行用 sklearn.decomposition.NMF 对数据进行降维。

```
Class sklearn.decomposition.NMF(n_components=None, init=None, solver='cd', beta_loss='frobenius', tol=0.0001, max_iter=200, random_state=None, alpha=0.0, l1_ratio=0.0, verbose=0, shuffle=False)
```

NMF 的部分参数简介如下。

- n_components：int 类型或者 None，表示成分个数，如果没有设置，则保留所有的特征。
- init：None 或者"random""nndsvd""nndsvda""nndsvdar""custom"，默认值为 None，表示初始化程序使用的方法。
- alpha：double 类型，默认值为 0，表示乘以正则项的常数，如果设置为 0 则没有正则项。
- l1_ratio：double 类型，默认值为 0，表示正则化混合参数，取值范围为[0,1]。

NMF 方法如表 5-6 所示。

表 5-6 NMF 方法

方 法 名	含 义
fit(self, X[, y])	学习数据 X 的 NMF 模型
fit_transform(self, X[, y, W, H])	学习数据 X 的 NMF 模型，并返回转换后的数据
get_params(self[, deep])	获得该估计器的参数
inverse_transform(self, W)	将降维后的数据转换成原始空间的数据
set_params(self, **params)	设置该估计器的参数
transform(self, X)	根据拟合的 NMF 模型对数据 X 进行转换

代码 5-9（ch5_9_NMF.py）：

```
import numpy as np
X = np.array([[1, 1], [2, 1], [3, 1.2], [4, 1], [5, 0.8], [6, 1]])
from sklearn.decomposition import NMF
model = NMF(n_components=2, init='random', random_state=0)
W = model.fit_transform(X)
H = model.components_
print(W)
print(H)
```

【运行结果】

```
[[0.         0.46880684]
 [0.55699523 0.3894146 ]
 [1.00331638 0.41925352]
 [1.6733999  0.22926926]
 [2.34349311 0.03927954]
 [2.78981512 0.06911798]]
[[2.09783018 0.30560234]
 [2.13443044 2.13171694]]
```

W 矩阵可以理解为从原始数据提出来的特征矩阵，H 矩阵是系数矩阵。

5.2.4 FastICA

代码 59～62 行用 sklearn.decomposition.FastICA 对数据进行降维。

```
Class sklearn.decomposition.FastICA(n_components=None, algorithm='parallel', whiten=True, fun='logcosh', fun_args=None, max_iter=200, tol=0.0001, w_init=None, random_state=None)
```

FastICA 的部分参数简介如下。

■ n_components：int 类型，可选，表示成分个数，如果没有设置，则保留所有的特征。

■ algorithm：{"parallel","deflation"}，表示 FastICA 中使用的并行或紧缩算法。

FastICA 方法如表 5-7 所示。

表 5-7　FastICA 方法

方　法　名	含　义
fit(self, X[, y])	用数据 X 拟合 FastICA 模型
fit_transform(self, X[, y])	用数据 X 拟合 FastICA 模型，从 X 中恢复源数据
get_params(self[, deep])	获得该估计器的参数
inverse_transform(self, X[, copy])	将源数据转回混合数据（应用混合矩阵）
set_params(self, **params)	设置该估计器的参数
transform(self, X[, copy])	从 X 中恢复源数据（应用分解矩阵）

代码 5-10（ch5_10_FastICA.py）：

```
from sklearn.datasets import load_digits
from sklearn.decomposition import FastICA
X, _ = load_digits(return_X_y=True)
transformer = FastICA(n_components=7,
                      tol=0.01,random_state=0)
X_transformed = transformer.fit_transform(X)
print(X_transformed.shape)
```

【运行结果】

```
(1797, 7)
```

5.2.5 FactorAnalysis

代码 64～67 行用 sklearn.decomposition.FactorAnalysis 对数据进行降维。代码 70～96 行用于绘制图形。

```
Class sklearn.decomposition.FactorAnalysis(n_components=None, tol=0.01, copy=True, max_iter=1000, noise_variance_init=None, svd_method='randomized', iterated_power=3, random_state=0)
```

FactorAnalysis 的部分参数简介如下。

- n_components：int 类型，None，表示转换后数据的因子数量，如果为 None，则因子数量为特征数量。
- svd_method：{"lapack","randomized"}，表示使用的 SVD 分解方法。

FactorAnalysis 方法如表 5-8 所示。

表 5-8　FactorAnalysis 方法

方　法　名	含　义
fit(self, X[, y])	采用基于奇异值分解的方法，用数据 X 拟合 FactorAnalysis 模型
fit_transform(self, X[, y])	用数据 X 拟合 FactorAnalysis 模型，然后转化 X
get_covariance(self)	利用 FactorAnalysis 模型计算数据协方差
get_params(self[, deep])	获得该估计器的参数

续表

方 法 名	含 义
get_precision(self)	利用 FactorAnalysis 模型计算数据精度矩阵
score(self, X[, y])	计算样本的平均对数似然
score_samples(self, X)	计算每个样本的对数似然
set_params(self, **params)	设置该估计器的参数
transform(self, X)	使用模型对数据 X 应用降维

代码 5-11（ch5_11_FactorAnalysis.py）：

```
from sklearn.datasets import load_digits
from sklearn.decomposition import FactorAnalysis
X, _ = load_digits(return_X_y=True)
transformer = FactorAnalysis(n_components=7, random_state=0)
X_transformed = transformer.fit_transform(X)
print(X_transformed.shape)
```

【运行结果】

```
(1797, 7)
```

5.3 支撑知识及示例

5.3.1 特征降维简介

特征降维是无监督学习的另一个应用，也可称为特征抽取或数据压缩，在遇到以下情况时可以采用：

（1）训练样本的特征维度非常高，而往往又无法借助自己的领域知识人工构建有效特征。

（2）需要对超过三维数据展现时也可采用，特征降维可有效重构低维度特征，为数据展现提供了可能。

特征降维问题是选取数据具有代表性的特征，在保持数据多样性（Variance）的基础上，规避掉大量的特征冗余和噪声。当然，这个过程也有可能会损失一些有用的信息，损失的信息会影响模型性能，对比于损失的少部分模型性能，特征降维可以节省大量的模型训练时间。权衡之下，有时特征降维带来的模型综合效率会更为实用。

5.3.2 主成分分析

PCA 视频

在特征降维的方法中，主成分分析（Principal Component Analysis，PCA）应用较为广泛，利用正交变换把由线性相关变量表示的观测数据转换为少数几个由线性无关变量表示的数据，线性无关的变量称为主成分。PCA 的主要思想是将 n 维特征映射到 k 维上，这 k 维是全新的正交特征（主成分），是在原有 n 维特征的基础上重新构造出来的 k 维特征。首先对给定数据进行规范化，使数据每一个特征的平均值为 0，方差为 1；接着对数据进行正交变换，原来由线性相关变量表示的数据，通过正交变换变成由若干个线性无关的新特征表示的数据。

新特征是可能的正交变换中方差和最大的，也是最大可能保存信息的新特征，因为方差可以表示新特征信息的大小，并将这些新特征依次称为第一主成分、第二主成分等。通过这种方式获得的新特征，大部分方差都包含在前面 k 个坐标轴中，后面的坐标轴所含的方差几乎为 0。于是，可以只保留包含绝大部分方差的维度特征，而忽略包含方差几乎为 0 的特征维度，实现对数据特征的降维处理。事实上，原始数据的特征之间很有可能存在相关性，这个相关性增加了分析的难度，通过主成分分析，将由少数的、不相关的 k 维特征代替原来相关的 n 维特征，且最大可能保留了原有数据的大部分信息。

公式化表示为：假设 x 是 m 维随机变量，均值为 μ，协方差矩阵为 $\sum$，由 m 维随机变量 x 到 m 维随机变量 y 的线性变换 $y_i=\boldsymbol{\alpha}_i^{\mathrm{T}}\boldsymbol{x}=\sum_{k=1}^{m}\alpha_{ki}x_k,\ i=1,2,\cdots,m$，其中 $\boldsymbol{\alpha}_i^{\mathrm{T}}=(\alpha_{1i},\alpha_{2i},\cdots,\alpha_{mi})$，且满足 $\boldsymbol{\alpha}_i^{\mathrm{T}}\boldsymbol{\alpha}_i=1, i=1,2,\cdots,m$ 和 $\mathrm{cov}(y_i,y_j)=0(i\neq j)$，变量 y_1 是 x 的所有线性变换中方差最大的；y_2 是与 y_1 不相关的 x 的所有线性变换中方差最大的；一般地，y_i 是与 $y_1,y_2\cdots,y_m$ 为 x 的第一主成分、第二主成分、…、第 m 主成分。

主成分分析主要步骤（保留前 k 个主成分）。

（1）去除平均值。

（2）计算协方差矩阵。

（3）计算协方差矩阵的特征值和特征向量。

（4）将特征值从大到小排序。

（5）保留最上面的 k 个特征向量。

（6）将数据转换到上述的 k 个特征向量构建的新空间中。

核主成分分析（Kernel principal component analysis，KPCA）是对 PCA 的改进，使用核技巧对非线性数据进行降维处理，可应用于特征降维、特征提取及故障检测。KPCA 的主要过程是：首先将原始数据非线性映射到高维空间；在此高维空间中使用标准 PCA 将其映射到另外一个低维空间中。KPCA 比 PCA 多了一步映射到高维空间的操作，到高维空间以后的特征降维操作与 PCA 类似。

IncrementalPCA 也是对 PCA 的改进，主要是为了解决单机内存限制的。样本数量过大时无法直接拟合数据，IncrementalPCA 先将数据分成多个 batch，然后对每个 batch 依次调用 partial_fit，一步步得到最终的样本降维特征。

SparsePCA 和 MiniBatchSparsePCA 也是对 PCA 的改进，使用 L1 正则化将非主要成分的影响降为 0，仅使用相对比较主要的成分进行 PCA 降维，避免了噪声对 PCA 降维的影响。SparsePCA 和 MiniBatchSparsePCA 之间的区别是 MiniBatchSparsePCA 通过使用一部分样本特征和给定的迭代次数来进行 PCA 降维，以解决大样本时特征分解过慢的问题。

5.3.3 非负矩阵分解

非负矩阵分解（Nonnegative Matrix Factorization，NMF）方法使分解后的所有分量均为非负值，并且同时实现非线性的维数约减，用于模式识别、计算机视觉和图像工程等研究领域，例如，对卫星发回的图像进行处理，以自动辨别太空中的垃圾碎片；使用 NMF 算法对天文望远镜拍摄到的图像进行分析，有助于天文学家识别星体。NMF 方法能很好地与图像分析处理相结合，因为图像本身包含大量的数据，计算机一般将图像的信息按照矩阵的形式进行存放，针对图像的识别、分析和处理也是在矩阵的基础上进行的。

NMF 基本思想为：对于任意给定的一个非负矩阵 $\boldsymbol{X}$，寻找到一个非负矩阵 $\boldsymbol{W}$ 和一个非负矩阵 $\boldsymbol{H}$，满足条件 $\boldsymbol{X}\approx\boldsymbol{WH}$，从而将一个非负的矩阵分解为左右两个非负矩阵的乘积。其中，$\boldsymbol{X}$ 为原始矩阵，$\boldsymbol{W}$ 矩阵为基矩阵，$\boldsymbol{H}$ 矩阵为系数矩阵或权重矩阵。用系数矩阵 $\boldsymbol{H}$ 代替原始矩阵，就可以实现对原始矩阵进行降维，从而得到特征降维后的数据矩阵。假设非负矩阵 $\boldsymbol{X}$ 是 $m\times n$ 矩阵，非负矩阵 $\boldsymbol{W}$ 和 $\boldsymbol{H}$ 分别为 $m\times k$ 矩阵和 $k\times n$ 矩阵，假设 $k<\min(m,n)$，即 $\boldsymbol{W}$ 和 $\boldsymbol{H}$ 的维数小于原始矩阵 $\boldsymbol{X}$ 的维数，所以对非负矩阵的分解就是对原数据的压缩。例如，非负矩阵分解用于话题分析时，需要对单词-文本矩阵（$\boldsymbol{X}$）进行非负矩阵分解，将左矩阵（$\boldsymbol{W}$）作为话题向量空间，将右矩阵（$\boldsymbol{H}$）作为文本在话题向量空间的表示。

由 $\boldsymbol{X}\approx\boldsymbol{WH}$ 可知，矩阵 $\boldsymbol{X}$ 的第 j 列向量 x_j 满足：

$$x_j \approx Wh_j = [\omega_1\,\omega_2 \cdots \omega_k]\begin{bmatrix} h_{1j} \\ h_{2j} \\ \cdots \\ h_{kj} \end{bmatrix} = \sum_{l=1}^{k} h_{lj} w_l,\ j=1,2,\cdots,n \tag{5-1}$$

其中，h_j 是矩阵 $\boldsymbol{H}$ 的第 j 列，w_l 是矩阵 $\boldsymbol{W}$ 的第 l 列，h_{lj} 是 h_j 的第 l 个元素，$l=1,2,\cdots,k$。从式（5-1）中可以看出，矩阵 $\boldsymbol{X}$ 的第 j 列 x_j 可以由矩阵 $\boldsymbol{W}$ 的 k 个列 w_l 的线性组合逼近，线性组合的系数是矩阵 $\boldsymbol{H}$ 的第 j 列 h_j 的元素。矩阵 $\boldsymbol{W}$ 的列向量为一组基，矩阵 $\boldsymbol{H}$ 的列向量为线性组合系数。

5.3.4 独立成分分析

独立成分分析（Independent Component Correlation Algorithm，ICA）是一种用于将多元信号分离为独立成分的计算方法。一个常见的示例是如何“聆听”多人中一个人语音的“鸡尾酒会问题”：在嘈杂的室内环境中，同时存在着多种不同的声源，在声波的传递过程中，不同声源所发出的声波之间，以及直达声和反射声之间会在传播介质中相叠加而形成复杂的混合声波。因此，在到达听者外耳道的混合声波中已经不存在独立的与各个声源相对应的声波了。然而，在这种声学环境下，听者却能够听懂自己所关注的目标语句。听者是如何从所接收到的混合声波中分离出不同说话人的言语信号进而听懂目标语句的呢？

假设在酒会中有 n 个人同时说话，用 n 个声音接收器用来记录声音，从 n 个麦克风中得到了一组数据 $\{X^{(i)}(x_1^{(i)},x_2^{(i)},\cdots,x_n^{(i)});i=1,\cdots,m\}$，$i$ 表示采样的时间顺序，即共得到了 m 组 n 维的采样，目标是从这 m 组采样数据中分辨出每个人说话的信号。对于 n 个信号源 $\boldsymbol{s}(s_1,s_2,\cdots,s_n)^{\mathrm{T}}$，$s\in R^n$，每一维都是一个人的声音信号，且声音信号独立。$\boldsymbol{A}$ 是一个未知的混合矩阵（Mixing Matrix），用来组合叠加信号 $\boldsymbol{s}$，那么 $\boldsymbol{X}=\boldsymbol{As}$，其中 $\boldsymbol{X}$ 是一个矩阵，对于每个列向量 $\boldsymbol{x}^{(i)}=\boldsymbol{As}^{(i)}$，$\boldsymbol{x}^{(i)}$ 是观察到的数据，目标是求出源数据 $\boldsymbol{s}^{(i)}$。令 $\boldsymbol{W}=\boldsymbol{A}^{-1}$（解混矩阵），那么根据 $\boldsymbol{s}^{(i)}=\boldsymbol{A}^{-1}\boldsymbol{x}^{(i)}=\boldsymbol{Wx}^{(i)}$ 可以求出 $\boldsymbol{s}^{(i)}$。想求出 $\boldsymbol{s}^{(i)}$，需要得到解混矩阵 $\boldsymbol{W}$。$\boldsymbol{W}$ 可以依据先验知识来求解，例如利用最大似然估计法，可以得到公式：

$$W := W + \alpha \left(\begin{bmatrix} 1-2g\left(w_1^{\mathrm{T}} x^{(i)}\right) \\ 1-2g\left(w_2^{\mathrm{T}} x^{(i)}\right) \\ \cdots \\ 1-2g\left(w_n^{\mathrm{T}} x^{(i)}\right) \end{bmatrix} x^{(i)\mathrm{T}} + (W^{\mathrm{T}})^{-1} \right) \tag{5-2}$$

在使用ICA算法之前，需要对数据进行必要的预处理。最基础也是最有必要的预处理是对 $\boldsymbol{X}$ 中心化，即用原始数据减去其均值，使得 $\boldsymbol{X}$ 的均值为0。用中心化后的数据估计完混合矩阵 $\boldsymbol{A}$ 之后，把 $\boldsymbol{s}$ 的均值向量加回到 $\boldsymbol{s}$ 中心估计值以完成完全估计。ICA另一个有用的预处理策略是对观测数据进行白化处理，即在应用中心化之后，对观测数据 $\boldsymbol{X}$ 进行线性变换，得到白化后的新向量，新向量的元素是不相关的且方差是一致的。

5.3.5 因子分析

因子分析是统计学中一种常用的降维方法，目的在于用更少的、未观测到的特征（因子，Factor）描述观测到的、相关的特征（因子）。例如，学生的各科成绩之间存在着一定的相关性，从而推想是否存在某些潜在的共性因子。因子分析可在许多特征中找出隐藏的具有代表性的因子，将相同本质的特征归入一个因子，可减少特征的数目。因子分析法从研究指标相关矩阵内部的依赖关系出发，把一些信息重叠、具有错综复杂关系的变量归结为少数几个不相关的综合因子的一种多元统计分析方法。其基本思想是：根据相关性大小把特征进行分组，使得同组内的特征之间相关性较高，但不同组的特征不相关或相关性较低，每组特征代表一个基本结构，即公共因子。其数学模型为：

$$X = AF + \varepsilon, \text{ or} \begin{cases} x_1 = a_{11}f_1 + a_{12}f_2 + a_{13}f_3 + \ldots + a_{1k}f_k + \varepsilon_1 \\ x_2 = a_{21}f_1 + a_{22}f_2 + a_{23}f_3 + \ldots + a_{2k}f_k + \varepsilon_2 \\ x_3 = a_{31}f_1 + a_{32}f_2 + a_{33}f_3 + \ldots + a_{3k}f_k + \varepsilon_3 \\ \quad\cdots \\ x_p = a_{p1}f_1 + a_{p2}f_2 + a_{p3}f_3 + \ldots + a_{pk}f_k + \varepsilon_p \end{cases} \tag{5-3}$$

其中，$\boldsymbol{F}$ 表示因子变量，a_{ij} 表示因子载荷（第 i 个原始特征与第 j 个因子的相关系数），$\boldsymbol{A}$ 表示因子载荷矩阵，ε 表示特殊因子。

因子分析法的主要步骤如下。

（1）对数据样本进行标准化处理。

（2）计算样本的相关矩阵。

（3）求相关矩阵的特征根和特征向量。

（4）根据系统要求的累积贡献率确定主因子的个数。

（5）计算因子载荷矩阵。

（6）确定因子模型。

（7）根据上述计算结果，对系统进行分析。

因子分析法与主成分分析法都属于因素分析法，也都基于统计分析方法，但两者的区别为：主成分分析法通过坐标变换提取主成分，将一组具有相关性的特征变换为一组独立的特征，将主成分表示为原始观察特征的线性组合；而因子分析法则要构造因子模型，将原始观察特征分解为因子的线性组合。

案例 6 在线旅行社酒店价格异常检测

6.1 案例描述

6.1.1 案例简介

Expedia 是全球最大的在线旅行社（Online Travel Agency，OTA），每天为数百万旅游购物者提供搜索服务。在这个竞争激烈的市场中，用户与酒店库存的匹配非常重要。在用户的实际经历中，偶尔会存在相同目的地、相同酒店、相同房型，价格却不相同的情况，甚至出现价格高得让人无法接受的现象。本案例通过创建模型自动地检测酒店价格的异常数据来给客户提供服务，案例来源于：https://towardsdatascience.com/time-series-of-price-anomaly-detection-13586cd5ff46，并在此基础上做了一些修改。

6.1.2 数据介绍

数据来源于 Kaggle 竞赛平台提供的数据集（网址为 https://www.kaggle.com/c/expedia-personalized-sort/data），数据集包括用户在 Expedia 网站上搜索酒店的相关信息，如国家、地区、房型、入住天数、入住时间等 54 列特征。由于 Expedia 提供的数据集非常大（训练集 train.csv-2.19G，测试集 test.csv-1.39G），本案例选取了部分数据行：具有最多数据的某个酒店（prop_id=104517）、某个国家（visitor_location_country_id=219）、某个房型（srch_room_count=1），以及部分特征列 date_time、price_usd、srch_booking_window、srch_saturday_night_bool。数据集的部分特征含义如表 6-1 所示。

表 6-1　Expedia 部分特征描述表

特征名称	数据类型	特征描述
prop_id	Integer	酒店的 ID
visitor_location_country_id	Integer	顾客所在国家的 ID
srch_room_count	Integer	搜索中指定酒店的房间数
date_time	Date/time	查询的日期和时间
price_usd	Float	酒店价格(美元)
srch_booking_window	Integer	从查询日期开始的酒店未来住宿天数
srch_saturday_night_bool	Boolean	住宿从周四晚上开始，小于等于 4 个晚上的（必须包含周六晚上）则为 1，否则为 0

6.1.3 案例实现

类似图 1-1 和图 1-2 的方法，打开安装好的 PyCharm，在当前路径（此处为 ABookMachineLearning）上单击右键，选择“New”→“Python File”命令，新建一个 Python 文件并命名为 ch6_1_Expedia_Outlier_Detection，在文件 ch6_1_Expedia_Outlier_Detection 中输入完整代码如下。

代码 6-1（ch6_1_Expedia_Outlier_Detection.py）：

```
import pandas as pd
from pylab import mpl
mpl.rcParams['font.sans-serif'] = ['SimHei']

expedia = pd.read_csv('./data/train.csv')
df = expedia.loc[expedia['prop_id'] == 104517]
df = df.loc[df['srch_room_count'] == 1]
df = df.loc[df['visitor_location_country_id'] == 219]
df = df[['date_time', 'price_usd', 'srch_booking_window', 'srch_saturday_night_bool']]
print(df.info())
#将 date_time 的类型设置为 datetime
df['date_time'] = pd.to_datetime(df['date_time'])
df = df.sort_values('date_time')
print(df['price_usd'].describe())
df = df.loc[df['price_usd'] < 5584]
print(df['price_usd'].describe())

import matplotlib.pyplot as plt
#可视化时间序列
df.plot(x='date_time', y='price_usd', figsize=(10,6))
plt.title('价格-时间序列图')
plt.xlabel('时间')
plt.ylabel('价格(美元)')
plt.show()

from sklearn.preprocessing import StandardScaler
data = df[['price_usd', 'srch_booking_window', 'srch_saturday_night_bool']]
X = data.values
#标准化处理,均值为 0,标准差为 1
X_std = StandardScaler().fit_transform(X)
data = pd.DataFrame(X_std)

from sklearn.decomposition import PCA
#将特征维度降到 2
pca = PCA(n_components=2)
data = pca.fit_transform(data)
# 降维后将 2 个新特征进行标准化处理
scaler = StandardScaler()
np_scaled = scaler.fit_transform(data)
```

```
data = pd.DataFrame(np_scaled)

from sklearn.cluster import KMeans
kmeans = KMeans(n_clusters=10).fit(data)
df['cluster'] = kmeans.predict(data)
df.index = data.index
df['principal_feature1'] = data[0]
df['principal_feature2'] = data[1]

import numpy as np
# 计算每个数据点到其聚类中心的距离
def getDistanceByPoint(data, model):
    distance = pd.Series()
    for i in range(0,len(data)):
        Xa = np.array(data.loc[i])
        Xb = model.cluster_centers_[model.labels_[i]]
        distance.at[i] = np.linalg.norm(Xa - Xb)
    return distance

#异常值比例
outliers_fraction = 0.01
#每个点到聚类中心的距离
distance = getDistanceByPoint(data, kmeans)
#根据异常值比例 outliers_fraction 计算异常值的数量
number_of_outliers = int(outliers_fraction*len(distance))
#设定异常值的阈值
threshold = distance.nlargest(number_of_outliers).min()
#根据阈值来判断是否为异常值
df['anomaly1'] = (distance >= threshold).astype(int)
#数据可视化
fig, ax = plt.subplots(figsize=(10,6))
colors = {0:'blue', 1:'red'}
ax.scatter(df['principal_feature1'], df['principal_feature2'],
           c=df["anomaly1"].apply(lambda x: colors[x]))
plt.title('Expedia 数据由 PCA 产生的两个主成分')
plt.xlabel('主成分 1')
plt.ylabel('主成分 2')
plt.show()

df = df.sort_values('date_time')
df['date_time_int'] = df.date_time.astype(np.int64)
fig, ax = plt.subplots(figsize=(10,6))
a = df.loc[df['anomaly1'] == 1, ['date_time_int', 'price_usd']] #anomaly
ax.plot(df['date_time_int'], df['price_usd'], color='blue', label='正常值')
ax.scatter(a['date_time_int'],a['price_usd'], color='red', label='异常值')
plt.title('依据 Kmeans 判定的异常值')
plt.xlabel('Date Time Integer')
plt.ylabel('价格(美元)')
plt.show()
```

```

from sklearn.ensemble import IsolationForest
data = df[['price_usd', 'srch_booking_window', 'srch_saturday_night_bool']]
scaler = StandardScaler()
np_scaled = scaler.fit_transform(data)
data = pd.DataFrame(np_scaled)
# 训练孤立森林模型
model =   IsolationForest(contamination=outliers_fraction)
model.fit(data)
#返回 1 表示正常值，-1 表示异常值
df['anomaly2'] = pd.Series(model.predict(data))
fig, ax = plt.subplots(figsize=(10,6))
a = df.loc[df['anomaly2'] == -1, ['date_time_int', 'price_usd']] #异常值
ax.plot(df['date_time_int'], df['price_usd'], color='blue', label = '正常值')
ax.scatter(a['date_time_int'],a['price_usd'], color='red', label = '异常值')
plt.title('依据 IsolationForest 判定的异常值')
plt.xlabel('Date Time Integer')
plt.ylabel('价格(美元)')
plt.show()

from sklearn.svm import OneClassSVM
data = df[['price_usd', 'srch_booking_window', 'srch_saturday_night_bool']]
scaler = StandardScaler()
np_scaled = scaler.fit_transform(data)
data = pd.DataFrame(np_scaled)
# 训练 oneclassSVM 模型
model = OneClassSVM(nu=outliers_fraction, kernel="rbf", gamma=0.01)
model.fit(data)
df['anomaly3'] = pd.Series(model.predict(data))
fig, ax = plt.subplots(figsize=(10, 6))
a = df.loc[df['anomaly3'] == -1, ['date_time_int', 'price_usd']]   # anomaly
ax.plot(df['date_time_int'], df['price_usd'], color='blue', label='正常值')
ax.scatter(a['date_time_int'], a['price_usd'], color='red', label='异常值')
plt.title('依据 OneClassSVM 判定的异常值')
plt.xlabel('Date Time Integer')
plt.ylabel('价格(美元)')
plt.show()

from sklearn.covariance import EllipticEnvelope
df_class0 = df.loc[df['srch_saturday_night_bool'] == 0, 'price_usd']
df_class1 = df.loc[df['srch_saturday_night_bool'] == 1, 'price_usd']
envelope0 =   EllipticEnvelope(contamination = outliers_fraction)
X_train = df_class0.values.reshape(-1,1)
envelope0.fit(X_train)
df_class0 = pd.DataFrame(df_class0)
df_class0['deviation'] = envelope0.decision_function(X_train)
df_class0['anomaly'] = envelope0.predict(X_train)
envelope1 =   EllipticEnvelope(contamination = outliers_fraction)
X_train = df_class1.values.reshape(-1,1)
```

```
envelope1.fit(X_train)
df_class1 = pd.DataFrame(df_class1)
df_class1['deviation'] = envelope1.decision_function(X_train)
df_class1['anomaly'] = envelope1.predict(X_train)
df_class = pd.concat([df_class0, df_class1])
df['anomaly4'] = df_class['anomaly']
fig, ax = plt.subplots(figsize=(10, 6))
a = df.loc[df['anomaly4'] == -1, ('date_time_int', 'price_usd')]
ax.plot(df['date_time_int'], df['price_usd'], color='blue')
ax.scatter(a['date_time_int'],a['price_usd'], color='red')
plt.title('依据 EllipticEnvelope 判定的异常值')
plt.xlabel('Date Time Integer')
plt.ylabel('价格(美元)')
plt.show()

```

【运行结果】

```
<class 'pandas.core.frame.DataFrame'>
Int64Index: 3049 entries, 2041 to 9917395
Data columns (total 4 columns):
date_time                       3049 non-null object
price_usd                       3049 non-null float64
srch_booking_window             3049 non-null int64
srch_saturday_night_bool        3049 non-null int64
dtypes: float64(1), int64(2), object(1)
memory usage: 119.1+ KB
None
count     3049.000000
mean       112.939023
std        113.374049
min          0.120000
25%         67.000000
50%        100.000000
75%        141.000000
max       5584.000000
Name: price_usd, dtype: float64
count     3048.000000
mean       111.144055
std         55.055161
min          0.120000
25%         67.000000
50%        100.000000
75%        141.000000
max        536.000000
Name: price_usd, dtype: float64
```

价格-时间序列图如图 6-1 所示，PCA 降维后的异常值示意图如图 6-2 所示，4 种方法的异常检测结果示意图如图 6-3 所示。

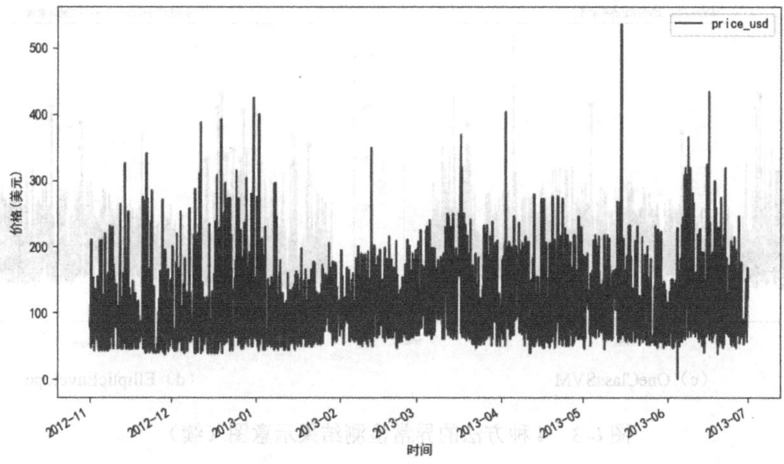

扫二维码
观看彩图

图 6-1　价格-时间序列图

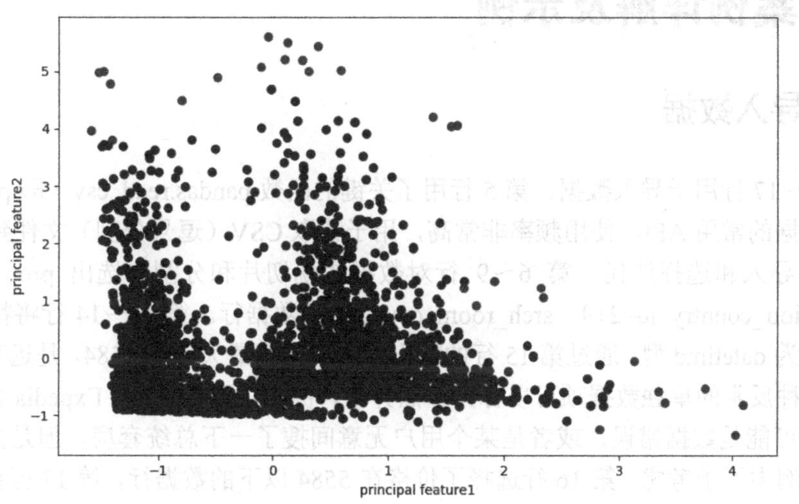

扫二维码
观看彩图

图 6-2　PCA 降维后的异常值示意图

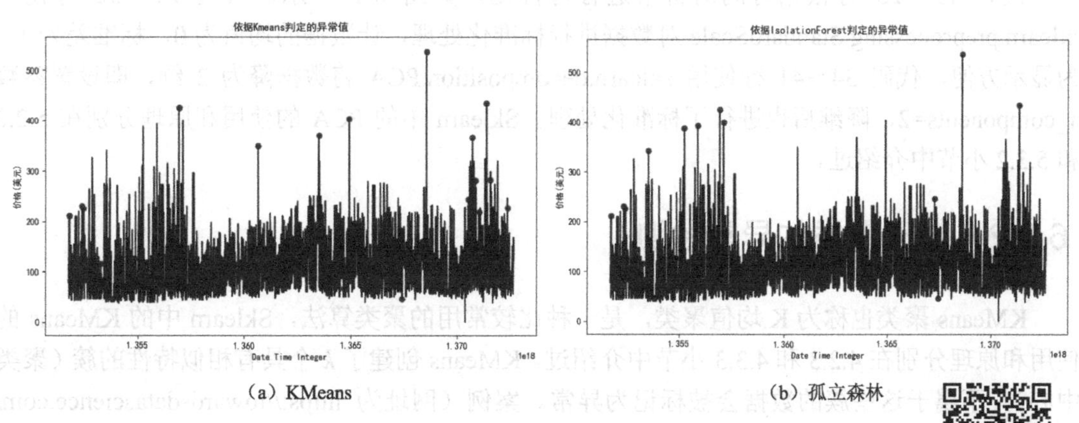

（a）KMeans　　（b）孤立森林

图 6-3　4 种方法的异常检测结果示意图

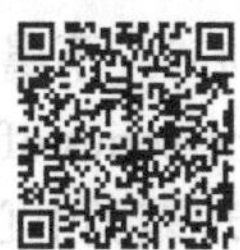

扫二维码观看彩图

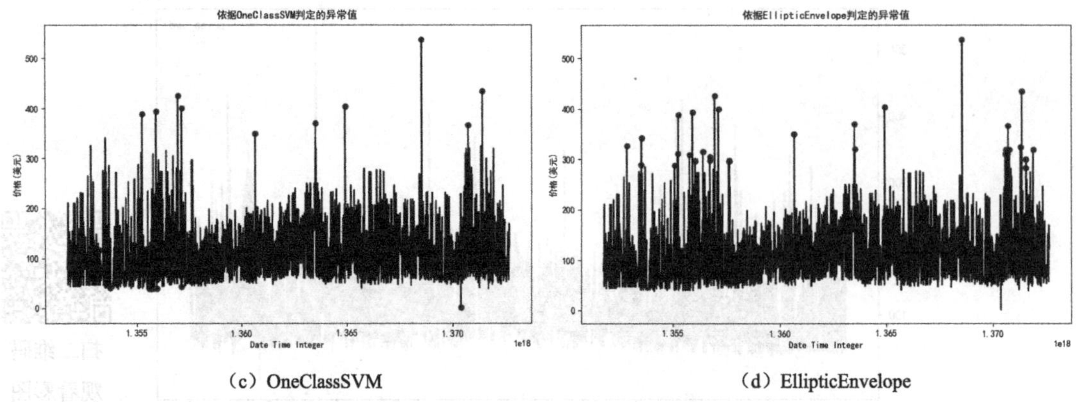

（c）OneClassSVM　　（d）EllipticEnvelope

图 6-3　4 种方法的异常检测结果示意图（续）

6.2　案例详解及示例

6.2.1　导入数据

代码 1～17 行用于导入数据，第 5 行用了关键的函数 pandas.read_csv（即 pd.read_csv），这是读取数据的常用 API，使用频率非常高，用于读取 CSV（逗号分割）文件到 DataFrame，也支持部分导入和选择迭代。第 6～9 行对数据实现切片和分割，选出 prop_id=104517、visitor_location_country_id=219、srch_room_count=1 的数据行。第 13～14 行将特征 date_time 的类型设置为 datetime 型。通过第 15 行的输出发现了价格最大值是 5584，是远高于平均值的异常值，这种反常的单独数据项可以称为单点异常，例如，巨额交易。Expedia 价格单点异常造成的原因可能是数据错误，或者是某个用户无意间搜了一下总统套房，但是并没有预订或者浏览，本例中不予考虑，第 16 行选择了价格在 5584 以下的数据行，第 17 行重新输出价格信息，价格最大值已经是 536，视为正常价格。

代码 19～25 行根据时间对价格进行可视化，如图 6-1 所示。代码 27～32 行使用 sklearn.preprocessing.StandardScale 对数据进行标准化处理，让数据的均值为 0，标准差为 1。为显示方便，代码 34～41 行使用 sklearn.decomposition.PCA 将数据降为 2 维，即设置参数 n_components=2，降维后也进行了标准化处理。Sklearn 中的 PCA 的使用和原理分别在 5.2.2 和 5.3.2 小节中介绍过。

6.2.2　基于聚类的异常检测

KMeans 聚类也称为 K 均值聚类，是一种比较常用的聚类算法，Sklearn 中的 KMeans 的使用和原理分别在 4.2.3 和 4.3.3 小节中介绍过。KMeans 创建了 k 个具有相似特性的簇（聚类中心），不属于这些簇的数据会被标记为异常。案例（网址为 https://towardsdatascience.com/time-series-of-price-anomaly-detection-13586cd5ff46）中聚类中心数从 1 至 20 逐个进行尝试，发现聚类中心数增加到 10 个时模型趋于稳定，故本案例中选取 k=10。

代码 43～48 行用 KMeans 对数据进行聚类处理，如果是正常数据将属于聚类，而异常数据不属于任何聚类或属于小聚类。代码50～58行利用函数计算每个数据点到其聚类中心的距离。代码60～89行使用以下步骤来查找和可视化异常值数据，图6-2中红色的点即是被认定的异常值，大约占总数据量的1%：

（1）计算每个数据点与其最近的聚类中心之间的距离。那些距离最大的点被认为是异常的。

（2）设置数据集中异常值的比例outliers_fraction为1%，不同的数据集情况可能不同，但作为起点可以设置outliers_fraction = 0.01，因为在标准满足正态分布的情况下，一般认定3个标准差以外的数据为异常值，3个标准差以内的数据占了总数据集的99%以上，剩下1%的数据可以视为异常值。

（3）根据异常值比例outliers_fraction，计算异常值的数量number_of_outliers。

（4）设置一个判定异常值的阈值threshold。

（5）通过阈值threshold判定数据是否为异常值。

代码70～78行对数据进行聚类视图的可视化（包含蓝色正常数据和红色异常数据），如图6-2所示。从图6-2中可以看出，异常数据大多位于聚类的外围，这与“异常数据不属于任何聚类或属于小聚类”相符。

代码80～89行对数据进行时序视图的可视化（包含蓝色正常数据和红色异常数据），如图6-3（a）所示。从图6-3（a）中可以看出，异常数据的价格大多位于价格区间的最高点和最低点处，这与常理相符。

6.2.3 基于孤立森林的异常检测

IsolationForest算法属于一种集成算法，可用于异常检测（离群点监测），即在大量数据中找出与其他数据规律不太符合的数据。IsolationForest算法不需要度量任何距离或者密度就可以实现异常检测，这与基于聚类或者基于距离的算法不同。代码90～108行使用sklearn.ensemble模块中的IsolationForest类进行异常检测并序列可视化，代码96行设置了一个异常值比例的参数contamination，该参数的作用类似于之前的outliers_fraction，代码97行使用fit()方法对孤立森林模型进行训练，代码99行使用predict方法检测数据中的异常值，返回1表示正常值，返回-1表示异常值。从可视化结果（见图6-3（b））中可以看出，使用孤立森林预测的异常值价格大多位于价格区间的最高点或最低点处。

IsolationForest算法每次选择划分特征和划分点（值）时都是随机的，而不是根据信息增益或者基尼指数来选择的。在建树过程中，如果一些样本很快就到达了叶子节点（即根到叶子的路径很短），那么这些样本很有可能是异常点。

```
Class sklearn.ensemble.IsolationForest(n_estimators=100, max_samples='auto', contamination='legacy', max_features=1.0, bootstrap=False, n_jobs=None, behaviour='old', random_state=None, verbose=0, warm_start=False)
```

IsolationForest的部分参数简介如下。

- n_estimators：int类型，可选，默认值为100，表示集成模型中基本估算器的数量。
- max_samples：int或者float类型，可选，默认值为“auto”，表示从***X***中抽取的，用于训练每个基本估算器的样本数量。如果是int类型的，则绘制max_samples样本；如果是float类型的，则绘制max_samples*X.shape[0]样本；如果是auto，则max_samples=min（256，n_samples）；如果max_samples大于提供的样本数，则所有样本将用于所有树（不是采样）。

- contamination：“auto”或者 float 类型，可选，默认值为“auto”，表示数据集的污染量，设置数据集中异常值数据的比例，在拟合时用于定义决策函数的阈值。
- max_features：int 或者 float 类型，可选，默认值为 1.0，表示从 ***X*** 中绘制以训练每个基本估计器的特征数。如果是 int 类型的，则绘制 max_features 特征；如果是 float 类型的，则绘制 max_features * X.shape [1]特征。
- bootstrap：boolean 类型，可选，默认值为 False。如果为 True，单棵树用替换采样训练数据的随机子集来训练；如果为 False，则执行不替换的采样。
- n_jobs：int 类型或者 None，可选，默认值为 None，表示训练和预测并行运行的作业数。
- random_state：int 类型，RandomState 实例，或者 None，可选，默认值为 None，如果是 int，random_state 是随机数生成器使用的种子；如果是 RandomState 实例，random_state 是随机数生成器；如果是 None，随机数生成器使用 np.random 的 RandomState 实例。
- verbose：int 类型，可选，默认值为 0，表示控制树生成过程的冗余程度。

IsolationForest 方法如表 6-2 所示。

表 6-2 IsolationForest 方法

方 法 名	含 义
decision_function(self, X)	数据 X 的平均异常分数
fit(self,X[,y,sample_weight])	拟合模型
fit_predict(self,X[,y])	对数据 X 执行拟合并返回 X 的标签
get_params(self[,deep])	获得该估计器的参数
predict(self,X)	预测特定样本是否为异常值
score_samples(self,X)	原始论文中定义的异常分数值的负数
set_params(self,**params)	设置获得该估计器的参数

IsolationForest 通过随机选择一个特征，然后在所选特征的最大值和最小值之间随机选择一个分割值来“划分”数据。由于递归分区可以用树结构表示，因此划分样本所需的拆分次数等于从根节点到终止节点的路径长度，当由随机树组成的森林为特定样本共同产生较短的路径长度时，这些样本很可能是异常的。

代码 6-2（ch6_2_IsolationForest1.py）：

```
from sklearn.ensemble import IsolationForest
X = [[-1.1], [0.3], [0.5], [100]]
clf = IsolationForest(random_state=0).fit(X)
print(clf.predict([[0.1], [0], [90]]))
```

【运行结果】

```
[1  1 -1]
```

代码 6-3（ch6_3_IsolationForest2.py）：

```
print(__doc__)

```

```
import numpy as np
import matplotlib.pyplot as plt
from sklearn.ensemble import IsolationForest

rng = np.random.RandomState(42)

# Generate train data
X = 0.3 * rng.randn(100, 2)
X_train = np.r_[X + 2, X - 2]
# Generate some regular novel observations
X = 0.3 * rng.randn(20, 2)
X_test = np.r_[X + 2, X - 2]
# Generate some abnormal novel observations
X_outliers = rng.uniform(low=-4, high=4, size=(20, 2))

# fit the model
clf = IsolationForest(max_samples=100, random_state=rng,
                      contamination='auto')
clf.fit(X_train)
y_pred_train = clf.predict(X_train)
y_pred_test = clf.predict(X_test)
y_pred_outliers = clf.predict(X_outliers)

# plot the line, the samples, and the nearest vectors to the plane
xx, yy = np.meshgrid(np.linspace(-5, 5, 50), np.linspace(-5, 5, 50))
Z = clf.decision_function(np.c_[xx.ravel(), yy.ravel()])
Z = Z.reshape(xx.shape)

plt.title("IsolationForest")
plt.contourf(xx, yy, Z, cmap=plt.cm.Blues_r)

b1 = plt.scatter(X_train[:, 0], X_train[:, 1], c='white',
                 s=20, edgecolor='k')
b2 = plt.scatter(X_test[:, 0], X_test[:, 1], c='green',
                 s=20, edgecolor='k')
c = plt.scatter(X_outliers[:, 0], X_outliers[:, 1], c='red',
                s=20, edgecolor='k')
plt.axis('tight')
plt.xlim((-5, 5))
plt.ylim((-5, 5))
plt.legend([b1, b2, c],
           ["training observations",
            "new regular observations", "new abnormal observations"],
           loc="upper left")
plt.show()
```

IsolationForest 示例如图 6-4 所示。

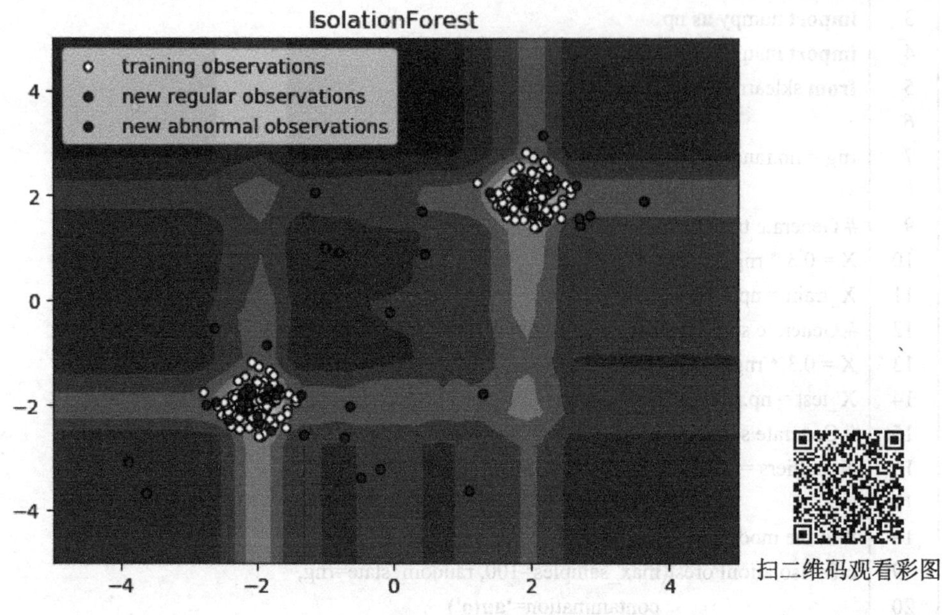

图 6-4 IsolationForest 示例

6.2.4 基于支持向量机的异常检测

支持向量机模型（Support Vector Machine，SVM）是监督学习中常用的一种方法，但是，OneClassSVM 算法可用于异常检测这样的无监督学习，可以学得一个用于异常检测的决策函数：将新数据分类为与训练集相似的正常值或不相似的异常值。SVM 是基于间隔最大思想的。基于 SVM 的异常检测的主要思想是找到一个函数，这个函数将数据密度较高的区域分类为正，将数据密度较低的区域分类为负。

代码 109～126 行使用 OneClassSVM 预测价格数据的异常值，从图 6-3（c）中可以看出，异常价格大多位于价格区间的最高点或最低点处，这与常理相符。代码 115 行训练 OneClassSVM 时设置训练误差的上界和支持向量的下界（nu=outliers_fraction，取值 0～1），即预估了数据中的异常数据占比；设置使用的核函数为“rbf”（kernel="rbf"），使用非线性函数将特征空间映射到更高维特征空间中；设置 rbf 核函数的一个参数 gamma=0.01，控制模型的“平滑度”。代码 117 行对数据进行预测分类，因为模型是单类模型，返回的结果为 1 和−1，1 代表正常数据，−1 代表异常数据。

```
Class sklearn.svm.OneClassSVM(kernel='rbf', degree=3, gamma='auto_deprecated', coef0=0.0, tol=0.001, nu=0.5, shrinking=True, cache_size=200, verbose=False, max_iter=-1, random_state=None)
```

OneClassSVM 的部分参数简介如下。

- kernel：string 类型，可选，默认值为“rbf”，表示指定算法中使用的核函数，可以选择“linear”“poly”“rbf”“sigmoid”“precomputed”或者一个调用。如果没有给出，将会使用默认的“rbf”核函数。如果设为一个调用，通常调用的是一个预先计算好的核矩阵。
- degree：int 类型，可选，默认值为 3，表示“poly”核函数的度，其他核函数忽略此参数。

- gamma：{"scale","auto"}，或者 float 类型，可选，默认值为“scale”表示“rbf”“poly”“sigmoid”核函数的核系数。
- coef0：float 类型，可选，默认值为 0.0，表示核函数的独立项，仅对“poly”和“sigmoid”核函数重要。
- tol：float 类型，可选，表示停止标准。
- nu：float 类型，可选，表示训练误差的上界和支持向量比例的下界，取值范围为(0, 1]，默认值为 0.5。

OneClassSVM 方法如表 6-3 所示。

表 6-3　OneClassSVM 方法

方 法 名	含 义
decision_function(self,X)	到分离超平面的符号距离
fit(self,X[,y,sample_weight])	探测样本集 X 的软边界
fit_predict(self,X[,y])	在样本 X 上执行拟合并返回 X 的标签。1 是正常样本，-1 是异常样本
get_params(self[,deep])	获得该估计器的参数
predict(self,X)	在样本 X 上执行分类。1 是正常样本，-1 是异常样本
score_samples(self,X)	样本的原始评分函数
set_params(self,**params)	设置该估计器的参数

代码 6-4（ch6_4_OneClassSVM.py）：

```
from sklearn.svm import OneClassSVM
X = [[0], [0.44], [0.45], [0.46], [1]]
clf = OneClassSVM(gamma='auto').fit(X)
print(clf.predict(X))
print(clf.score_samples(X) )
```

【运行结果】

```
[-1  1  1  1 -1]
[1.77987316 2.05479873 2.05560497 2.05615569 1.73328509]
```

6.2.5 基于高斯分布的异常检测

高斯分布也称为正态分布，基于高斯分布的异常检测是指基于数据正态分布的假设条件下进行异常值检测。这个假设不是适用于所有数据集的，因为不是所有的数据集都符合正态分布。Scikit-learn 的 EllipticEnvelope 模型假设数据服从的是多元高斯分布，在此基础上计算出数据总体分布的一些关键参数。

代码 127～152 行使用 EllipticEnvelope 预测异常值，从图 6-3（d）中可以看出，异常点价格大多位于价格区间的最高点处，在最低点处没有出现异常值。代码 128～129 行创建两个不同的数据集 search_saturday_night 和 search_Non_saturday_night；代码 130 行和 136 行在每个类别中应用 EllipticEnvelope（高斯分布），设置数据集中异常值的比例参数（contamination = outliers_fraction）参数；代码 134 行和 140 行使用 decision_function()计算给定数据的决策函数；代码 135 和 141 行使用 predict()方法预测数据是否为异常值（1 为正常值，-1 为异常值）。

Class sklearn.covariance.EllipticEnvelope(store_precision=True, assume_centered=False, support_fraction=None, contamination=0.1, random_state=None)

EllipticEnvelope 的部分参数简介如下。

- store_precision：boolean 类型，可选，默认值为 True，用于指定是否存储估计精度。
- contamination：（0,0.5）之间的 float 数，可选，默认值为 0.1，表示数据集的污染量，即数据集异常值的比例。

EllipticEnvelope 方法如表 6-4 所示。

表 6-4　EllipticEnvelope 方法

方 法 名	含　义
correct_covariance(self,data)	对原始最小协方差行列式估计应用修正
decision_function(self,X[,raw_values])	计算给定观测值的决策函数
error_norm(self,comp_cov[,norm,scaling,…])	计算两个协方差估计之间的均方误差
fit(self,X[,y])	拟合 EllipticeDevelope 模型
fit_predict(self,X[,y])	对 X 执行拟合并返回 X 的标签
get_params(self[,deep])	获得该估计器的参数
get_precision(self)	获取精度矩阵的方法
mahalanobis(self,X)	计算给定观测值的平方 Mahalanobis 距离
predict(self,X)	根据拟合模型预测 X 的标签（1 是正常样本，-1 是异常样本）
reweight_covariance(self,data)	重新加权原始最小协方差行列式估计
score(self,X,y[,sample_weight])	返回给定测试数据和标签的平均精度
score_samples(self,X)	计算负的 Mahalanobis 距离
set_params(self,**params)	设置该估计器的参数

代码 6-5（ch6_5_ EllipticEnvelope1.py）：

```
import numpy as np
from sklearn.covariance import EllipticEnvelope
true_cov = np.array([[.8, .3],[.3, .4]])
X = np.random.RandomState(0).multivariate_normal(mean=[0, 0],
                                                  cov=true_cov,
                                                  size=500)
cov = EllipticEnvelope(random_state=0).fit(X)
# predict returns 1 for an inlier and -1 for an outlier
print(cov.predict([[0, 0],[3, 3]]))
print(cov.covariance_)
print(cov.location_)
```

【运行结果】

```
[ 1 -1]
[[0.74118335 0.25357049]
 [0.25357049 0.30531502]]
[0.0813539  0.04279722]
```

下面的例子是异常检测在波士顿房价数据上的示例，说明了对真实数据集进行鲁棒协方差估计的必要性，不但可以用于异常值检测，还可以更好地理解数据结构。该例子从波士顿住房数据集中分别选取了两个特征说明使用异常值检测方法可以进行哪种分析，为了进行数据可视化，该例子处理的是二维的数据。

代码 6-6（ch6_6_ EllipticEnvelope2.py）：

```
print(__doc__)

# Author: Virgile Fritsch <virgile.fritsch@inria.fr>
# License: BSD 3 clause
import numpy as np
from sklearn.covariance import EllipticEnvelope
from sklearn.svm import OneClassSVM
import matplotlib.pyplot as plt
import matplotlib.font_manager
from sklearn.datasets import load_boston

# Get data
X1 = load_boston()['data'][:, [8, 10]]   # two clusters
X2 = load_boston()['data'][:, [5, 12]]   # "banana"-shaped

# Define "classifiers" to be used
classifiers = {
    "Empirical Covariance": EllipticEnvelope(support_fraction=1.,
                                             contamination=0.261),
    "Robust Covariance (Minimum Covariance Determinant)":
    EllipticEnvelope(contamination=0.261),
    "OCSVM": OneClassSVM(nu=0.261, gamma=0.05)}
colors = ['m', 'g', 'b']
legend1 = {}
legend2 = {}

# Learn a frontier for outlier detection with several classifiers
xx1, yy1 = np.meshgrid(np.linspace(-8, 28, 500), np.linspace(3, 40, 500))
xx2, yy2 = np.meshgrid(np.linspace(3, 10, 500), np.linspace(-5, 45, 500))
for i, (clf_name, clf) in enumerate(classifiers.items()):
    plt.figure(1)
    clf.fit(X1)
    Z1 = clf.decision_function(np.c_[xx1.ravel(), yy1.ravel()])
    Z1 = Z1.reshape(xx1.shape)
    legend1[clf_name] = plt.contour(
        xx1, yy1, Z1, levels=[0], linewidths=2, colors=colors[i])
    plt.figure(2)
    clf.fit(X2)
    Z2 = clf.decision_function(np.c_[xx2.ravel(), yy2.ravel()])
    Z2 = Z2.reshape(xx2.shape)
    legend2[clf_name] = plt.contour(
        xx2, yy2, Z2, levels=[0], linewidths=2, colors=colors[i])

legend1_values_list = list(legend1.values())
```

```
legend1_keys_list = list(legend1.keys())

# Plot the results (= shape of the data points cloud)
plt.figure(1)   # two clusters
plt.title("Outlier detection on a real data set (boston housing)")
plt.scatter(X1[:, 0], X1[:, 1], color='black')
bbox_args = dict(boxstyle="round", fc="0.8")
arrow_args = dict(arrowstyle="->")
plt.annotate("several confounded points", xy=(24, 19),
             xycoords="data", textcoords="data",
             xytext=(13, 10), bbox=bbox_args, arrowprops=arrow_args)
plt.xlim((xx1.min(), xx1.max()))
plt.ylim((yy1.min(), yy1.max()))
plt.legend((legend1_values_list[0].collections[0],
           legend1_values_list[1].collections[0],
           legend1_values_list[2].collections[0]),
           (legend1_keys_list[0], legend1_keys_list[1], legend1_keys_list[2]),
           loc="upper center",
           prop=matplotlib.font_manager.FontProperties(size=12))
plt.ylabel("accessibility to radial highways")
plt.xlabel("pupil-teacher ratio by town")

legend2_values_list = list(legend2.values())
legend2_keys_list = list(legend2.keys())

plt.figure(2)   # "banana" shape
plt.title("Outlier detection on a real data set (boston housing)")
plt.scatter(X2[:, 0], X2[:, 1], color='black')
plt.xlim((xx2.min(), xx2.max()))
plt.ylim((yy2.min(), yy2.max()))
plt.legend((legend2_values_list[0].collections[0],
           legend2_values_list[1].collections[0],
           legend2_values_list[2].collections[0]),
           (legend2_keys_list[0], legend2_keys_list[1], legend2_keys_list[2]),
           loc="upper center",
           prop=matplotlib.font_manager.FontProperties(size=12))
plt.ylabel("% lower status of the population")
plt.xlabel("average number of rooms per dwelling")
plt.show()
```

【运行结果】

波士顿房价数据异常检测如图 6-5 所示。

前面用基于聚类的异常检测、基于孤立森林的异常检测、基于支持向量机的异常检测和基于高斯分布的异常检测 4 种不同的方法进行了 Expedia 在线旅行社酒店价格的异常检测。因为异常检测属于无监督学习范畴，需要在实际的应用场景中测试出效果。

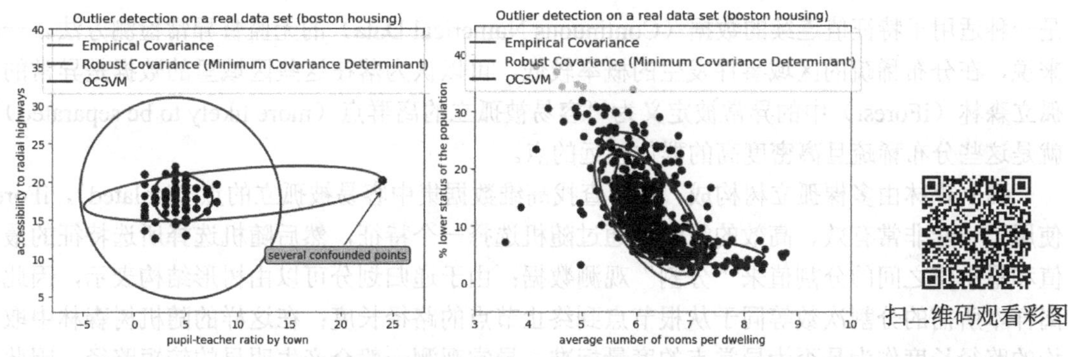

扫二维码观看彩图

图 6-5　波士顿房价数据异常检测

6.3　支撑知识

6.3.1　异常检测简介

异常检测（Anomaly Detection / Outlier Detection / Deviation Detection）指检测出和其他观测值差别非常大的、特殊的观测值。因为海量数据无法手动标记异常值，自动异常检测有时变得至关重要。自动异常检测具有广泛的应用，例如，信用卡欺诈检测、系统健康监测、故障检测及传感器网络中的事件检测系统等。以网络入侵为例，人们关注的不是常规网络访问，而是超出预料的突发活动。异常值可以是单变量和多变量：当查看单个特征空间中的值分布时，可以找到单变量异常值；多变量异常值可以在 n 维空间（n 个特征）中找到，观察 n 维空间中数据的分布对于人类来说非常困难，这时可以通过训练一个模型来自动检测。

6.3.2　基于聚类的异常检测

基于聚类的异常检测可以使用聚类算法（例如，KMeans）创建 k 个具有相似特性的数据簇，不属于这些簇的样本被标记为异常数据。通过聚类可以创建数据的模型，而异常点的存在会破坏该模型。如果一个数据是异常点（离群点），那么它不属于任何簇，或者是远离其他簇的小簇。基于聚类的异常值检测算法一般思路是：

（1）用聚类算法得到簇。

（2）计算每个点到聚类中心的距离。

（3）依据阈值判定该点是不是异常点。

如果采用 KMeans 聚类算法得到簇，难点在于聚类簇个数的选择，不同簇个数下产生的结果或效果不一样。K 值现在大多数还是通过对数据领域的理解与洞察手动来选择的；或者可以通过 elbow method 来选择 K 值；也可以根据机器学习任务后续的目的来选择 K 值。

6.3.3　基于孤立森林的异常检测

基于 iForest（Isolation Forest）孤立森林的异常检测是利用集成学习的思路来做异常检测，

是一种适用于特征值连续的数据（Continuous Numerical Data）的无监督异常检测方法。一般来说，在分布稀疏的区域事件发生的概率较低，可以认为落在这些区域里的数据是异常的。孤立森林（iForest）中的异常被定义为“容易被孤立的离群点（more likely to be separated）”，就是这些分布稀疏且离密度高的群体较远的点。

孤立森林由多棵孤立树构成，如何查找高维数据集中容易被孤立的点（isolated），iForest使用了一套非常有效、高效的策略：通过随机选择一个特征，然后随机选择所选特征的最大值和最小值之间的分割值来“分割”观测数据；由于递归划分可以由树形结构表示，因此隔离样本所需的分割次数等同于从根节点到终止节点的路径长度；在这样的随机树森林中取平均的路径长度作为是否为异常点的度量标准，异常观测一般会产生明显的较短路径。因此，当随机树的森林共同地为特定样本产生较短的路径长度时，这些样本就很有可能是异常的。例如，假设数据集中的样本只有1个特征，其值为[[0]，[1]，[2]，[3]，[4]，[100]]，从当前维度的最大值和最小值之间随机选择50作为切分点，则大于50的值分在右子树，小于50的值分在左子树，最终分成了两组，[[0]，[1]，[2]，[3]，[4]]和[[100]]，而在[[100]]这个样本组里只有一个样本，所以不再划分该组，[100]的路径长度（高度）很短，为1，可以判定为异常点。

孤立树（Isolation Tree）的定义：T为孤立树的一个节点存在两种情况，即①没有子节点的外部节点；②有两个子节点(T_l,T_r)和一个test的内部节点。在T中的test由一个属性值q和一个分割点p组成，$q<p$的点属于T_l，反之属于T_r。

样本点x在孤立树中的路径长度$h(x)$定义：样本点x从iTree的根节点到叶子节点经过的边的数量。

iForest（Isolation Forest）孤立森林算法大致可以分为“训练出t棵孤立树组成孤立森林”和“依据阈值判定是否为异常点”两个阶段。

第一个阶段训练出t棵孤立树组成孤立森林：

（1）$X=\{x_1,\cdots,x_n\}$为给定数据集，$\forall x_i \in X$，$x_i=(x_{i1},\cdots,x_{id})$，从$X$中随机抽取$\psi$个样本点构成$X$的子集$X'$放入根节点。

（2）从d个维度中随机指定一个维度q，在当前数据中随机产生一个切割点p，$\min(x_{ij}, j=q, x_{ij}\in X') < p < \max(x_{ij}, j=q, x_{ij}\in X')$。

（3）将当前数据划分为两个子空间：指定维度小于p的样本点放入左子节点，大于或等于p的放入右子节点。

（4）递归（2）和（3），直至所有的叶子节点都只有一个样本点或者孤立树（iTree）已经达到指定的高度。

（5）循环（1）至（4），直至生成t棵iTree孤立树。

第二阶段依据阈值判定是否为异常点，将每个样本点代入森林中的每棵孤立树，计算平均高度之后再计算每个样本点的异常值分数，再依据异常值分数判定样本是否为异常点：

（1）对于每一个数据点x_i，令其遍历每一棵孤立树（iTree），计算点x_i在森林中的平均高度$h(x_i)$，对所有点的平均高度做归一化处理。异常值分数的计算公式如下所示：

$$s(x,\psi)=2^{\frac{E(h(x))}{c(\psi)}} \tag{6-1}$$

其中，

$$c(\psi)=\begin{cases}2H(\psi-1)-\dfrac{2(\psi-1)}{\psi}, & \psi>2\\ 1, & \psi=2\\ 0, & \text{otherwise}\end{cases} \tag{6-2}$$

（2）获得每个测试数据的平均路径高度后，可以设置一个阈值，低于此阈值的测试数据即为异常。

6.3.4 基于支持向量机的异常检测

Scikit-learn 编程库中提供的 OneClassSVM 是基于支持向量机的无监督异常检测，与基于监督学习的支持向量机分类、支持向量机回归不同，OneClassSVM 不需要标记训练集的输出标签。OneClassSVM 只有一个类，属于该类的就返回结果“是”，不属于的就返回结果“不是”，即 OneClassSVM 中的训练样本只有一类，这一点与二分类问题不同，二分类训练集中样本有两个类别，训练得到的模型是一个二分类模型。

OneClassSVM 算法基本思想：寻找一个超球体找到样本中的正例，超球体将正例数据全部包在里面，识别一个新的数据点时，如果这个数据点落在超球体内，就属于这个类，否则就是异常点。

6.3.5 基于高斯分布的异常检测

Scikit-learn 编程库中提供的 EllipticEnvelope 是基于高斯分布数据集的异常检测方法，高斯分布也称为正态分布。高斯分布有两个参数，一个是数学期望 μ，另外一个是方差 σ^2（σ为标准差），假设数据只有 1 个特征，该特征值 X 作为横轴，出现在不同位置的概率作为 Y 轴，在二维坐标上画出的图形是一个“钟形”的图形，μ 描述了正态分布概率曲线的中心点，在中心点附近概率密度大，远离中心点概率密度小。

基于高斯分布数据集的异常检测方法一般步骤为：

（1）对训练集进行分布分析，得出训练集的概率密度函数，即得出训练集在各个维度上的数学期望 μ 和方差 σ^2。

（2）使用交叉验证的方法确定一个阈值 ε。

（3）当给定一个新的测试点，算出其在高斯分布上算出概率 p。

（4）依据概率和阈值进行判定，当 $p<\varepsilon$ 判定为异常点，其余为正常样本，正常样本服从高斯分布。

附录 A

VirtualBox 虚拟机软件与 Linux 的安装和配置

一、VirtualBox 虚拟机软件简介

所谓“虚拟机”（Virtual Machine，VM），就是通过运行在宿主计算机上的、通过软件模拟出的，可以安装操作系统、可以像普通计算一样使用、可以监控和管理的纯软件仿真的计算机，也称为虚拟机器、虚拟计算机、虚拟电脑。VirtualBox 是由 Oracle 公司提供的一款开源的虚拟机创建、管理和监控软件。在 VirtualBox 官网（www.virtualbox.org）上可以免费下载 VirtualBox 软件二进制版本的安装文件及 OSE 版本的源代码，如图 F1-1 所示。VirtualBox 可以方便地安装到 Windows、Mac OS X、Linux 或 UNIX（Solaris）等多种宿主机操作系统平台上；可以根据需要，灵活、简便地创建和管理多个、多种“虚拟机”，并安装和执行 Windows（从 Windows 3.1 到 Windows 10、Windows Server 2012，几乎所有的 Windows 系统都支持）、Mac OS X、Linux、OpenBSD、Solaris、IBM OS2，甚至 Android 等操作系统。与同性质的 VMware 及 Virtual PC 虚拟机软件相比较，VirtualBox 的独到之处包括远端桌面协定（RDP）、iSCSI 及对 USB 的支持。

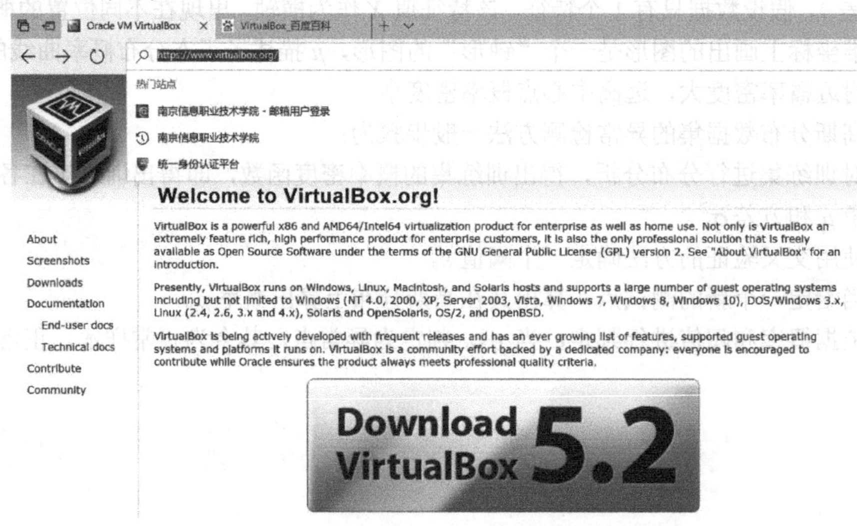

图 F1-1　从 VirtualBox 官网下载 VirtualBox 5.2

VirtuaBox 特别适合学生、学者和开发人员在只用一台计算机（台式机、笔记本，甚至平板电脑）的情况下，简单地创建多台虚拟机，安装各种操作系统，配置多种软件环境，进行学习、研究和开发。

【操作 1-1】 进入 VirtualBox 官网下载页面。单击图 F1-1 中的 Download Virtual Box 5.2 按钮，进入如图 F1-2 所示的安装文件选择下载页面。

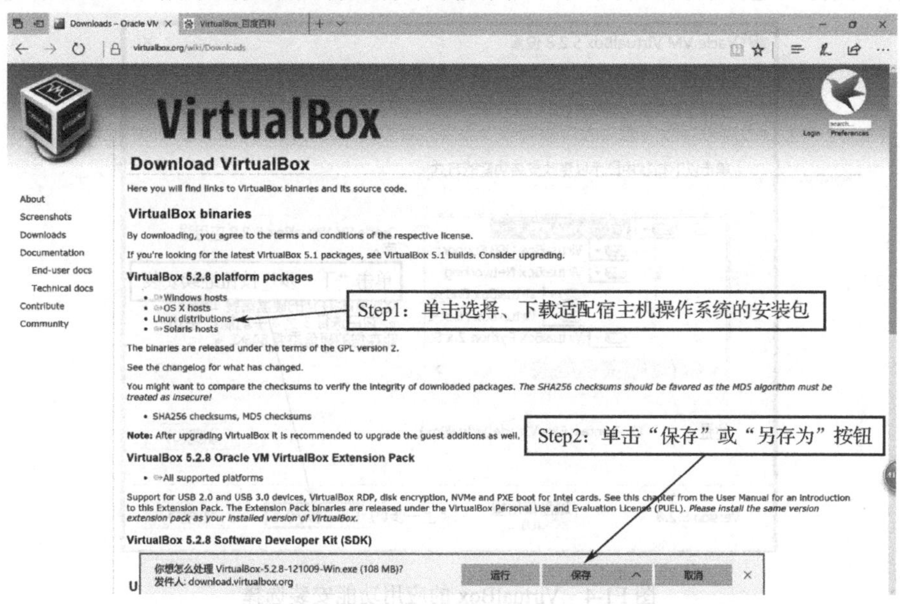

图 F1-2　选择 VirtualBox 二进制安装文件

【操作 1-2】　选择安装文件。根据将要安装 VirtualBox 的宿主机的操作系统情况，选择与 Windows、Mac OS X、Linux 或 Solaris 相匹配的安装文件。如果宿主机是 Windows 操作系统，就选择“Windows Hosts”安装文件。

二、VirtualBox 的安装

【操作 2-1】　启动安装。在资源管理器中找到并双击运行前面下载的 VirtualBox 安装文件（如 VirtualBox-5.2.8-121009-Win.exe），启动安装进程，如图 F1-3 所示。

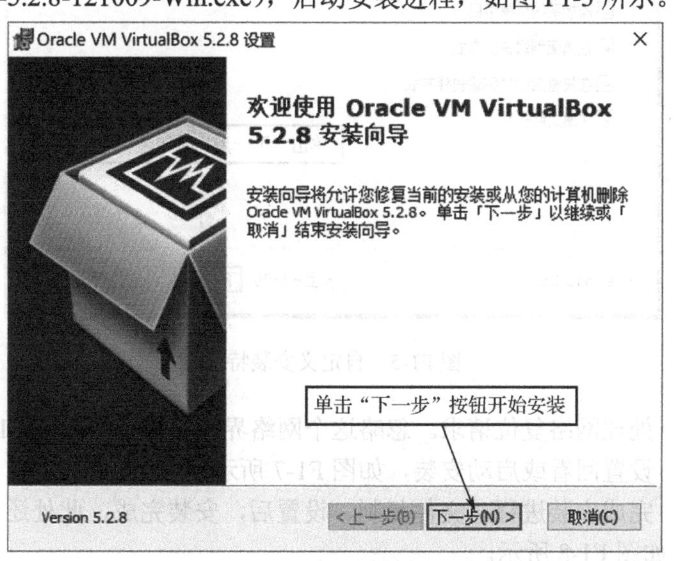

图 F1-3　VirtualBox 的主安装界面

【操作 2-2】 选择 VirtualBox 的应用功能（参见图 F1-4）。包括 USB 支持、网络设置和 Python 语言支持，选择默认安装即可。

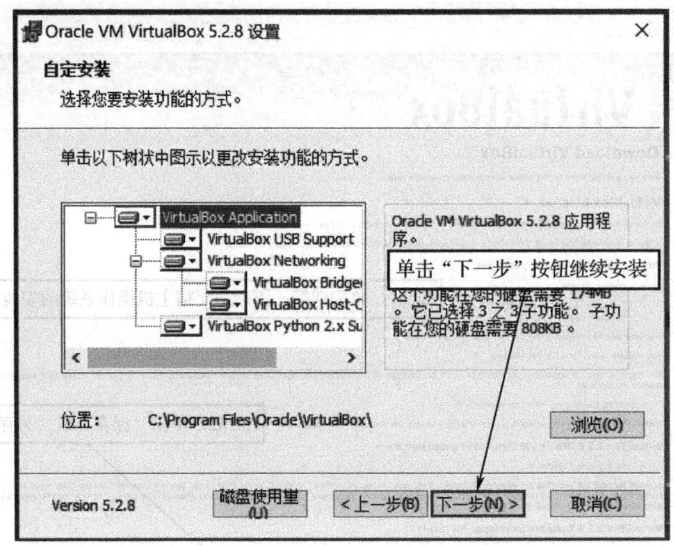

图 F1-4 VirtualBox 的应用功能安装选择

【操作 2-3】 自定义安装特征。主要是 VirtualBox 主界面的启动方式等选项，默认全部选择，如图 F1-5 所示。

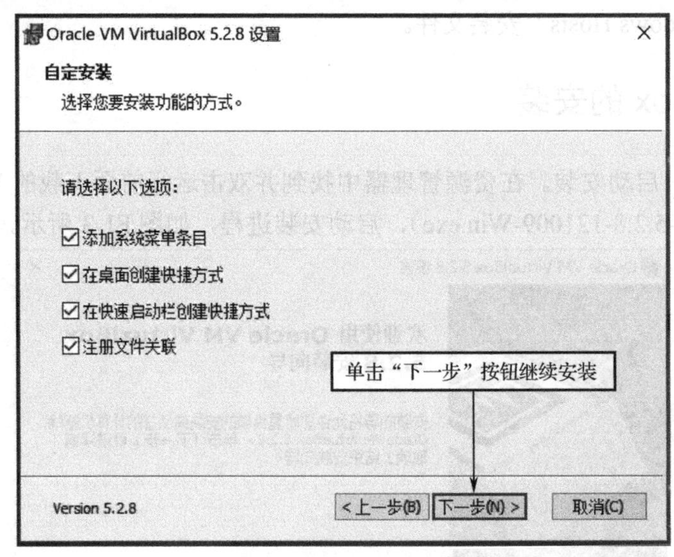

图 F1-5 自定义安装特征

【操作 2-4】 处理网络复位请求。忽略这个网络界面的警告，如图 F1-6 所示。

【操作 2-5】 设置回看或启动安装，如图 F1-7 所示。

【操作 2-6】 完成安装进程。文件复制、设置后，安装完成，此处还可以选择“安装后引导×××”选项，如图 F1-8 所示。

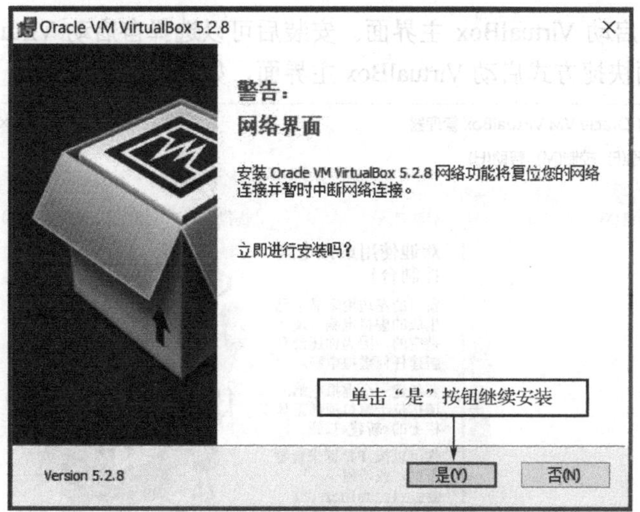

图 F1-6　网络中断警告

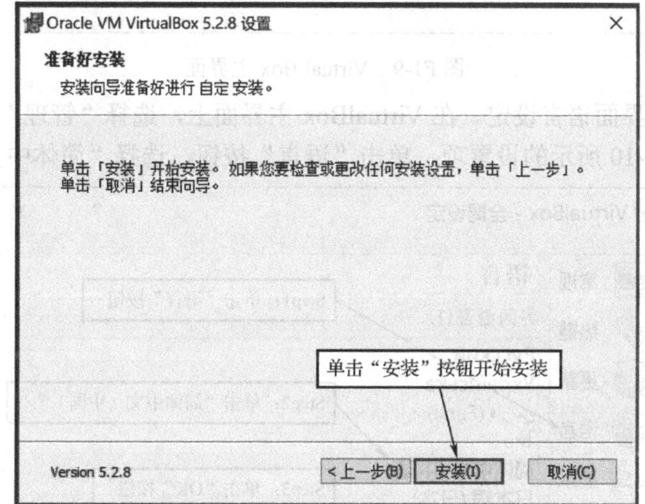

图 F1-7　设置回看或启动安装

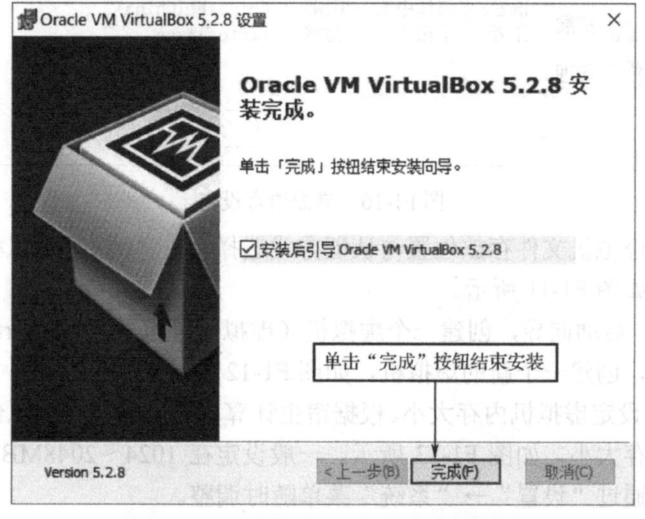

图 F1-8　文件复制、设置后，安装完成

【操作 2-7】 启动 VirtualBox 主界面。安装后可以选择自启动 VirtualBox，也可以通过“开始”菜单、桌面快捷方式启动 VirtualBox 主界面，如图 F1-9 所示。

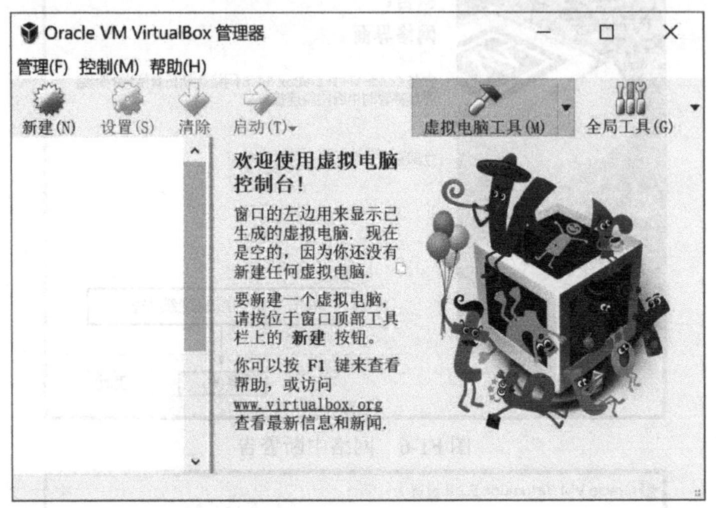

图 F1-9 Virtual Box 主界面

【操作 2-8】 界面语言设定。在 VirtualBox 主界面上，选择“管理”→“全局设定”子菜单，弹出如图 F1-10 所示的设置项，单击“语言”按钮，选择“简体中文（中国)”。

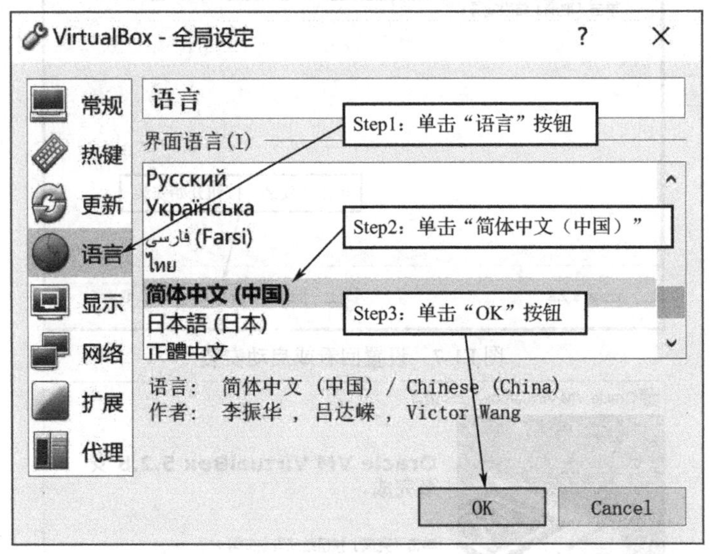

图 F1-10 界面语言设定

【操作 2-9】 虚拟机文件存放位置与认证方式选择。创建、选择虚拟机文件的存放位置，选择认证库形式，如图 F1-11 所示。

【操作 2-10】 启动向导，创建一个虚拟机（虚拟计算机）。单击 VirtualBox 主界面左上角的“新建”按钮，创建一个新的虚拟机，如图 F1-12 所示。

【操作 2-11】 设定虚拟机内存大小。根据宿主计算机内存的大小和拟创建虚拟机的数量，设定该虚拟机的内存大小，如图 F1-13 所示。一般设定在 1024～2048MB 就可以了，后续还可以根据使用情况通过“设置”→“系统”菜单随时调整。

【操作 2-12】 创建虚拟硬盘，如图 F1-14 所示。

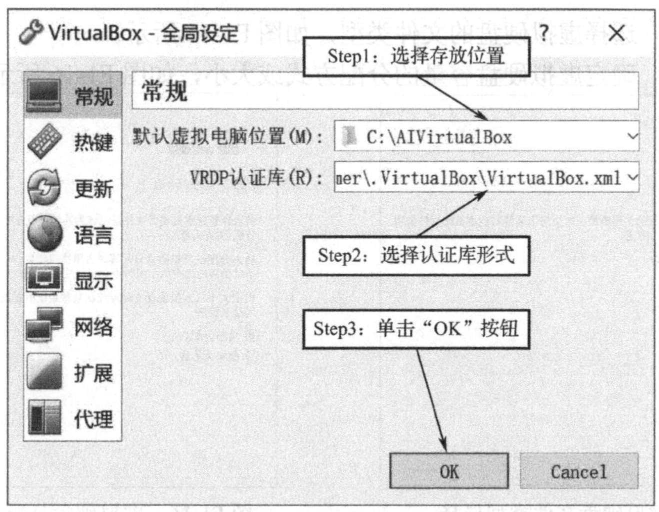

图 F1-11　虚拟机文件存放位置与认证方式选择

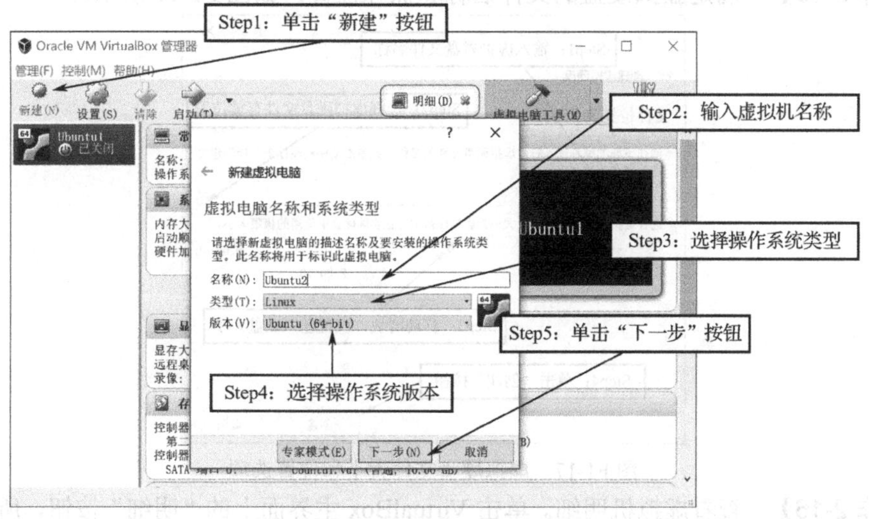

图 F1-12　虚拟机初始设置

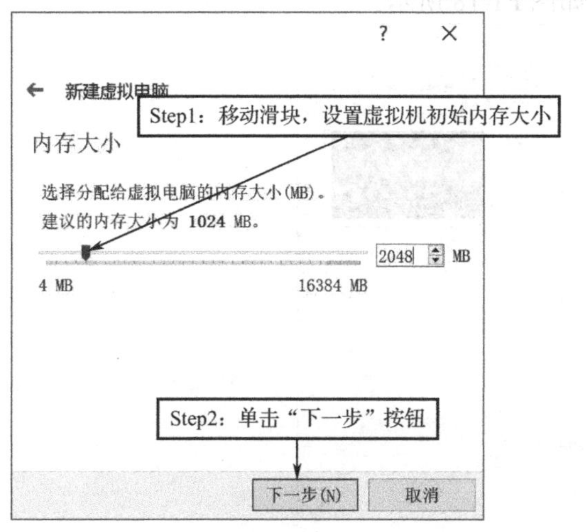

图 F1-13　虚拟机内存初始大小设置

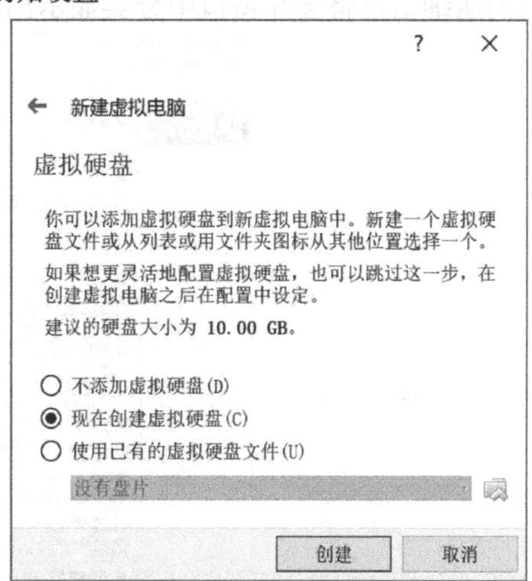

图 F1-14　虚拟硬盘选项

【操作 2-13】 选择虚拟硬盘的文件类型，如图 F1-15 所示。

【操作 2-14】 确定虚拟硬盘容量的分配方式或大小，如图 F1-16 所示。

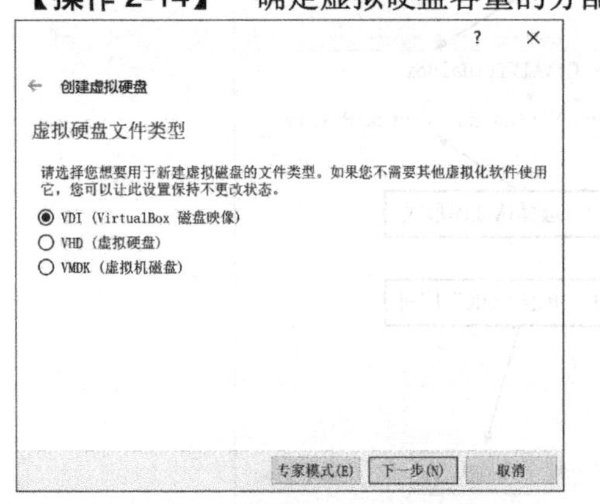

图 F1-15　虚拟硬盘文件类型选择

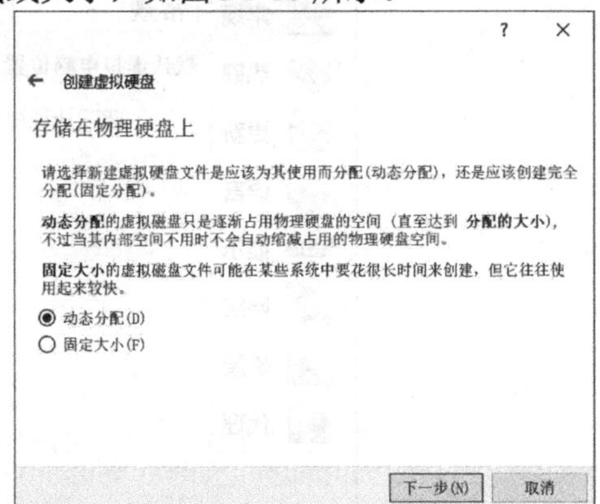

图 F1-16　虚拟硬盘分配方式或大小选项

【操作 2-15】 确定虚拟硬盘的文件名称和保存位置，如图 F1-17 所示。

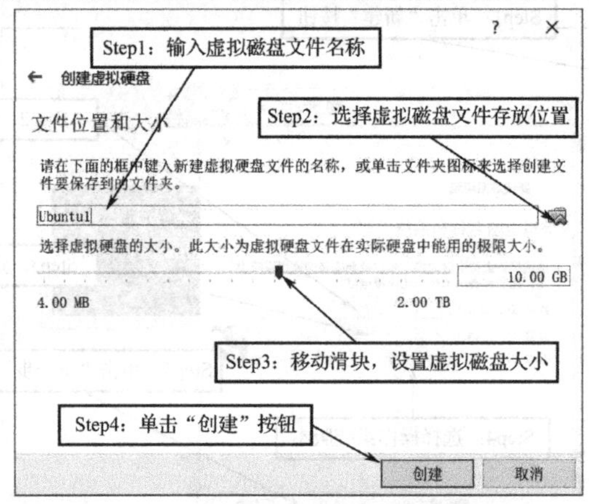

图 F1-17　虚拟硬盘文件大小和位置选项

【操作 2-16】 查看虚拟机明细。单击 VirtualBox 主界面上的“明细”按钮，所创建的虚拟机的明细信息将会在窗口中分类显示出来，如图 F1-18 所示。

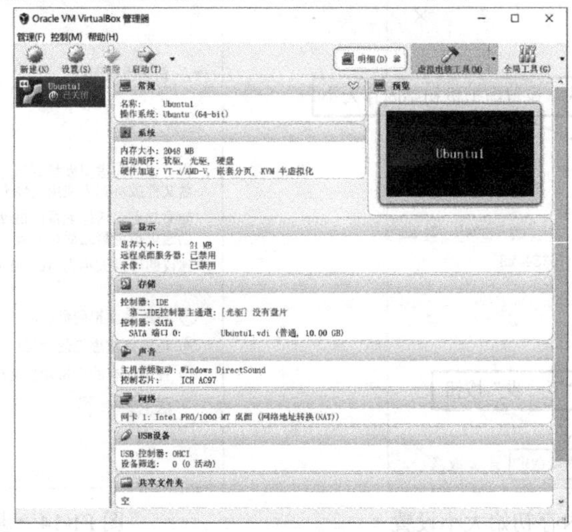

图 F1-18　查看虚拟机明细

【操作 2-17】 查看 Ubuntu1 虚拟机的相关文件。如图 F1-19 所示给出了通过前述步骤创建虚拟机后所产生的相关文件名称和存放位置。这些文件包含虚拟机的全部设置、软件等信息，可以方便地实现虚拟机的备份、移动、复制、恢复等功能。

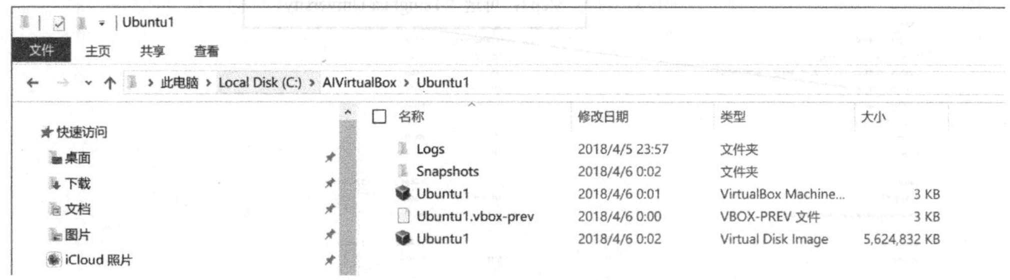

图 F1-19　虚拟机相关文件样例

三、下载 Ubuntu 14.04 操作系统光盘镜像安装文件

Ubuntu（中文名称：乌班图、优般图或友帮拓）是一个以桌面应用为主的开源 GNU/Linux 操作系统，基于 Debian GNU/Linux，支持 x86、amd64（即 x64）和 PowerPC 架构，由全球化的专业开发团队（Canonical Ltd.）打造。从 2004 年 10 月发布 4.10 版本到 2018 年 1 月发布 17.10 版本，经过短短十几年的发展，衍生出一大批桌面、服务器和移动端系列操作系统产品，在全球获得广泛应用。2014 年 4 月发布的 14.04 LTS 是一个比较稳定的桌面应用 Linux 操作系统版本，许多开源工具和平台都对其有比较好的支持。本书就以 Ubuntu 14.04 为例具体介绍其下载和安装方法。

【操作 3-1】 进入 Ubuntu 官网（www.ubuntu.com/download/alternative-downloads），如图 F1-20 所示。光盘镜像安装文件大小有 1GB 左右，国内外许多的镜像网站（与官网内容一致）都可下载，选择国内的镜像网站下载速度会快一些，具体操作如图 F1-20 至图 F1-22 所示。

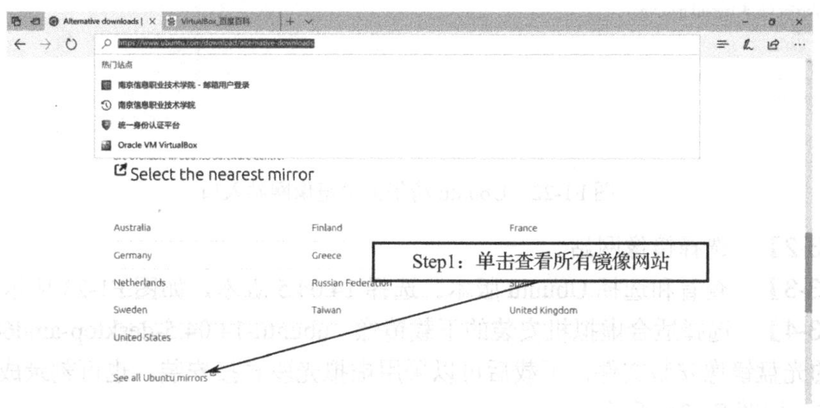

图 F1-20　Ubuntu 官网

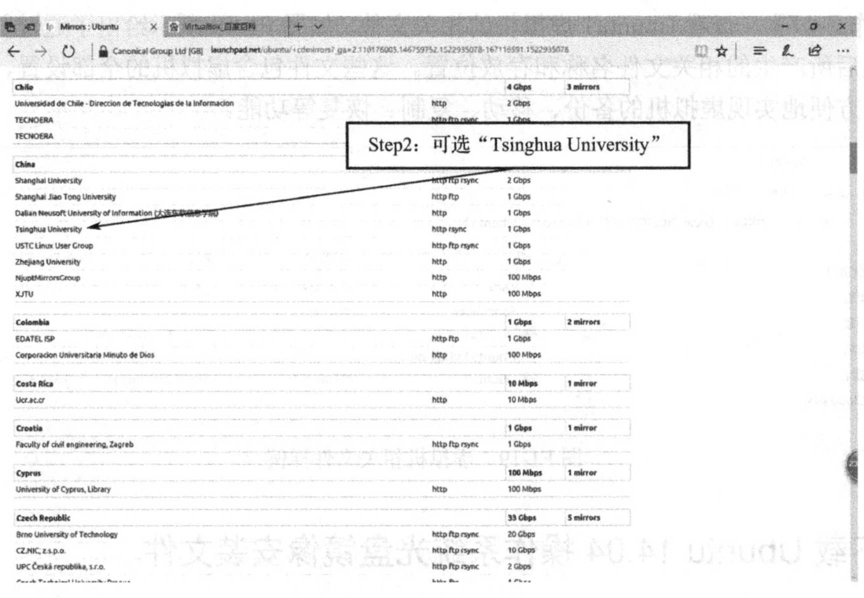

图 F1-21　Ubuntu 镜像网站

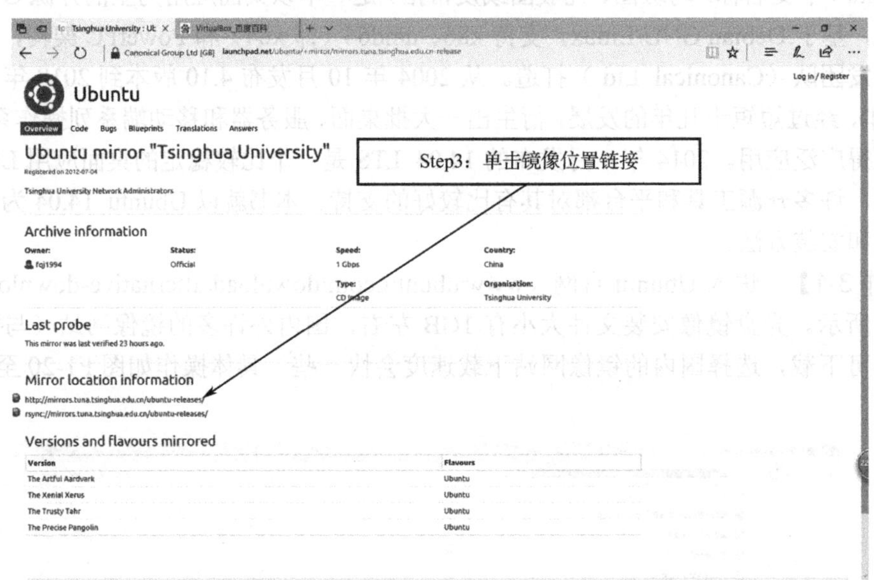

图 F1-22　Ubuntu 清华大学镜像网站入口

【操作 3-2】　选择镜像网站。

【操作 3-3】　查看和选择 Ubuntu 版本。选择 14.04.5 版本，如图 F1-23 所示。

【操作 3-4】　选择适合虚拟机安装的下载镜像。ubuntu-14.04.5-desktop-amd64.iso 是桌面版、64 位的光盘镜像安装文件，下载后可以采用虚拟光驱直接安装，也可刻录成光盘、U 盘保存和安装，如图 F1-24 所示。

【操作 3-5】　查看下载的镜像文件，为后续正式安装做好准备。在 Windows 资源管理器中查看和确认成功下载的 Ubuntu 光盘镜像安装文件的名称、位置、大小，如图 F1-25 所示。

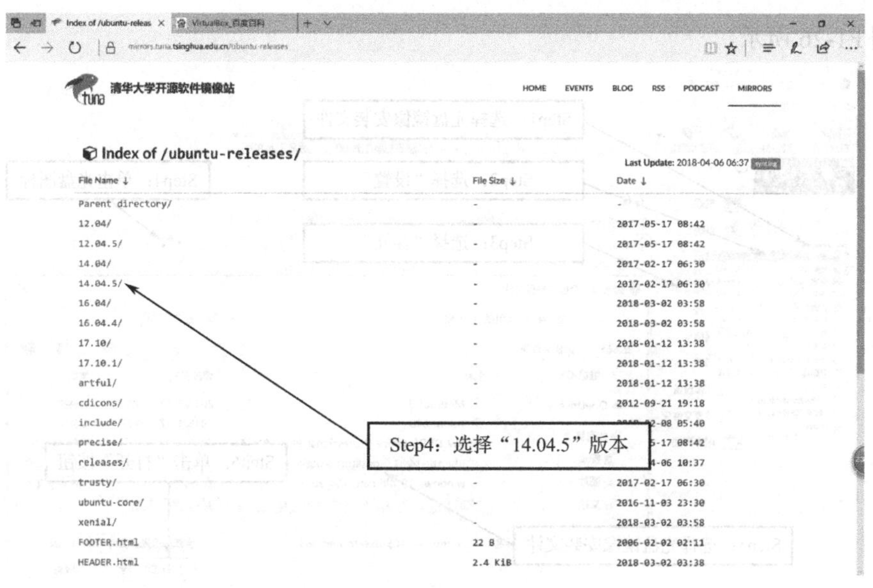

图 F1-23　Ubuntu 发布的版本信息

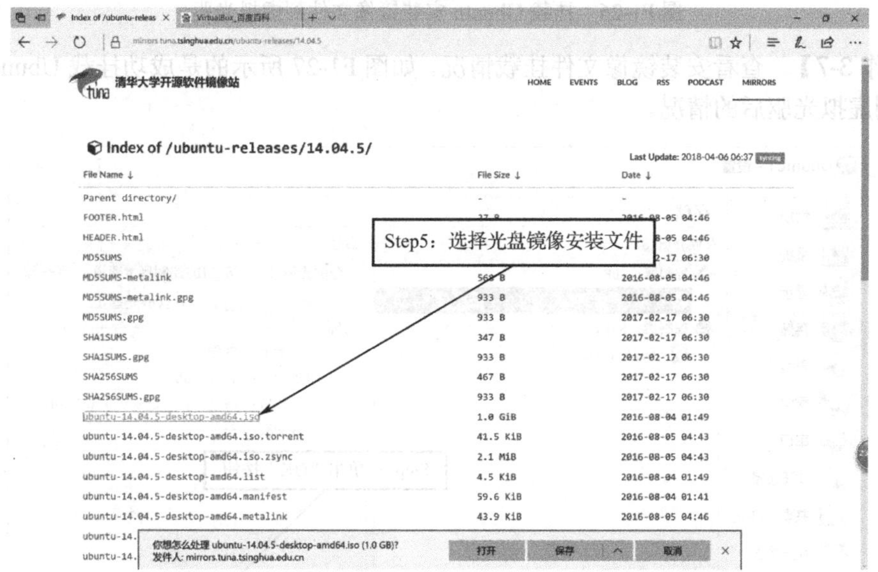

图 F1-24　Ubuntu14.04.5 光盘镜像安装文件选择

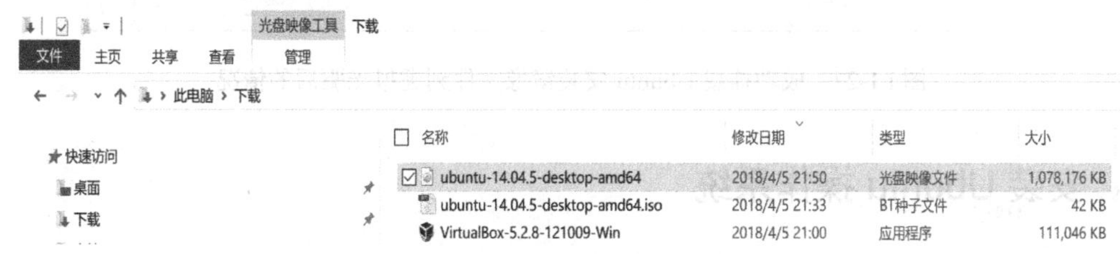

图 F1-25　查看下载的 Ubuntu 光盘镜像安装文件

【操作 3-6】 挂载 Ubuntu 安装镜像文件到虚拟光驱。通过“开始”菜单或桌面快捷方式重新启动 VirtualBox，进入 VirtualBox 的主界面，将下载的光盘镜像安装文件（如 ubuntu-14.04.5-desktop-amd64.iso）挂载到所创建的虚拟机（如前面创建的 Ubuntu1 虚拟机）

上，如图 F1-26 所示。

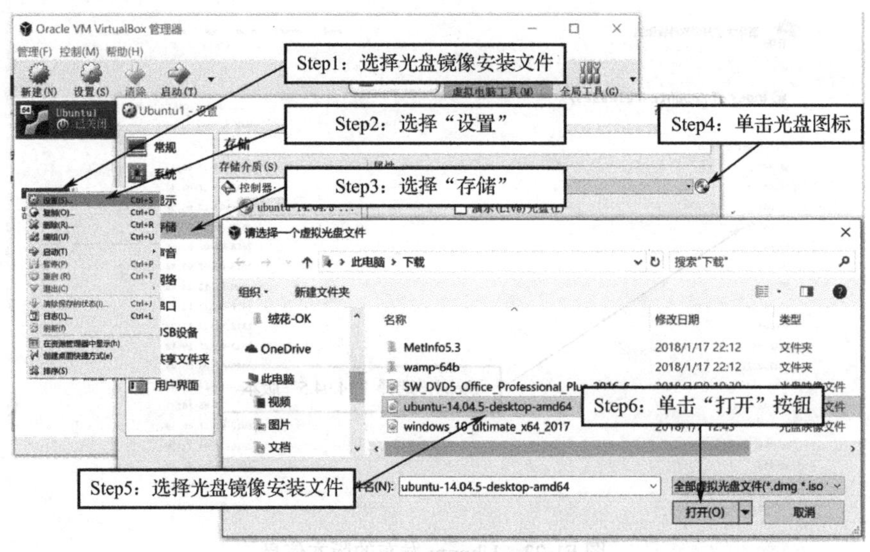

图 F1-26　挂载 Ubuntu 安装镜像文件到虚拟光驱

【操作 3-7】　查看安装镜像文件挂载情况。如图 F1-27 所示的是成功挂载 Ubuntu 安装镜像文件到虚拟光驱后的情况。

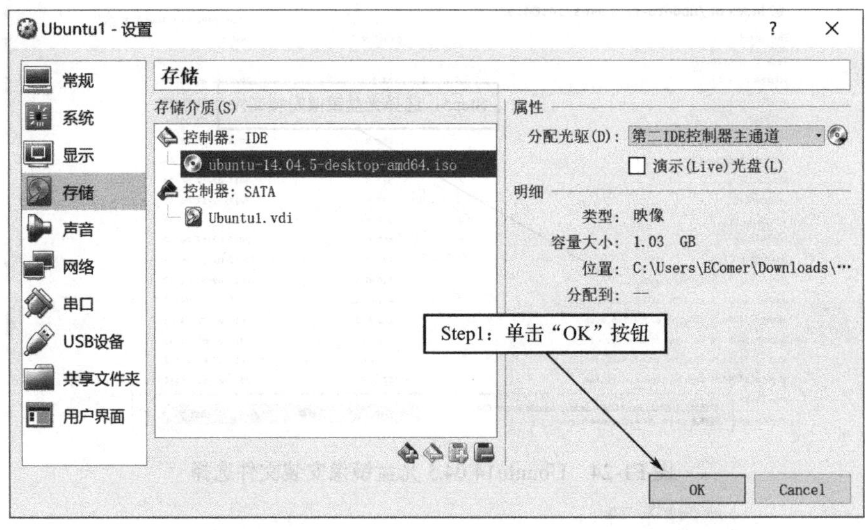

图 F1-27　成功挂载 Ubuntu 安装镜像文件到虚拟光驱后的情况

四、安装 Ubuntu 操作系统

【操作 4-1】　启动 Ubuntu1 虚拟机。虚拟机可以通过主界面上的“控制”菜单进行各种控制，也可以在左侧虚拟机列表中通过鼠标右键单击虚拟机名称后，在弹出的快捷菜单中对虚拟机进行控制，包括设置、启动、暂停、退出、显示等。简单的启动可以方便地通过“启动”按钮即可实现，如图 F1-28 所示。

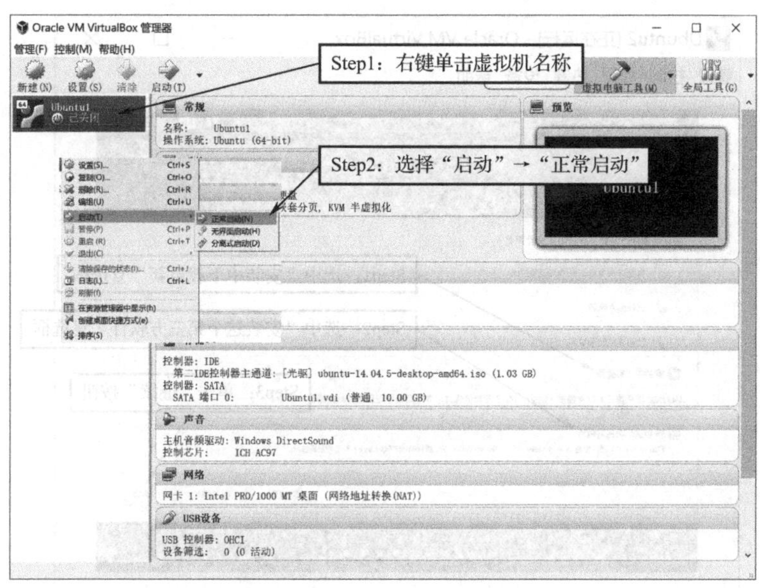

图 F1-28　VirtualBox 虚拟机控制

【操作 4-2】　选择“中文（简体）”并单击“安装 Ubuntu”按钮启动安装向导。第一次启动虚拟机时，由于前面已经在虚拟光驱上挂载了可以引导系统的 Ubuntu 安装镜像文件，系统会自动启动安装向导，如图 F1-29 所示。

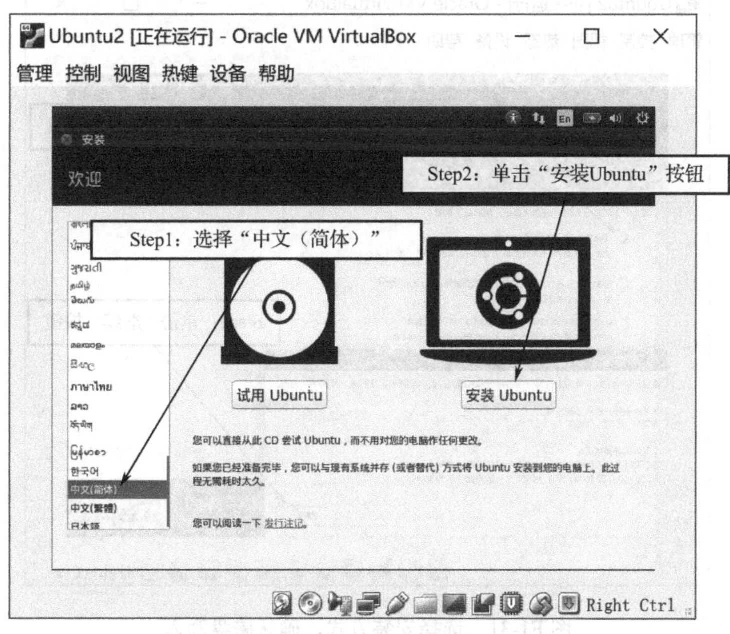

图 F1-29　Ubuntu 语言选择与启动安装

【操作 4-3】　选择“安装中下载更新”和“安装这个第三方软件”选项。如果离线安装，即计算机没有直接接入 Internet，可以不更新、不安装第三方软件，可待系统安装结束后有机会接入 Internet 时再更新和安装，如图 F1-30 所示。

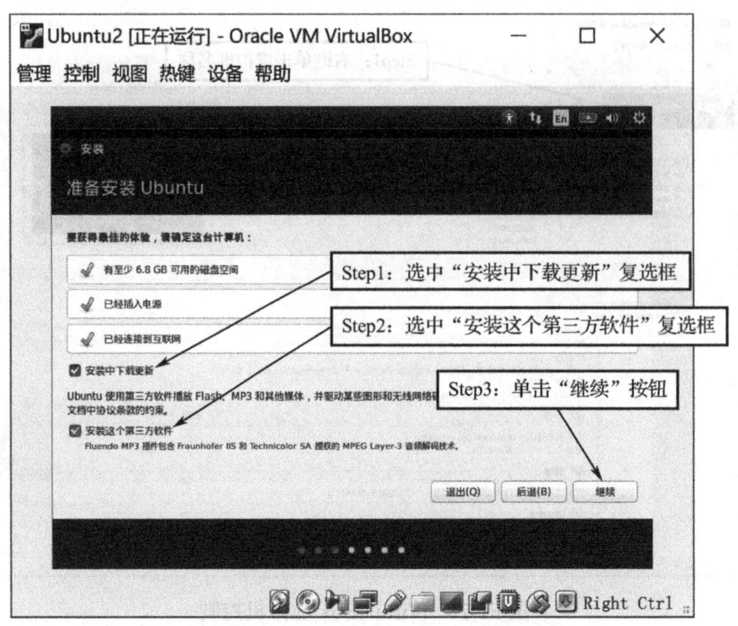

图 F1-30 更新与第三方软件安装选项

【操作 4-4】 选择安装方式，确认磁盘写入，如图 F1-31 所示。

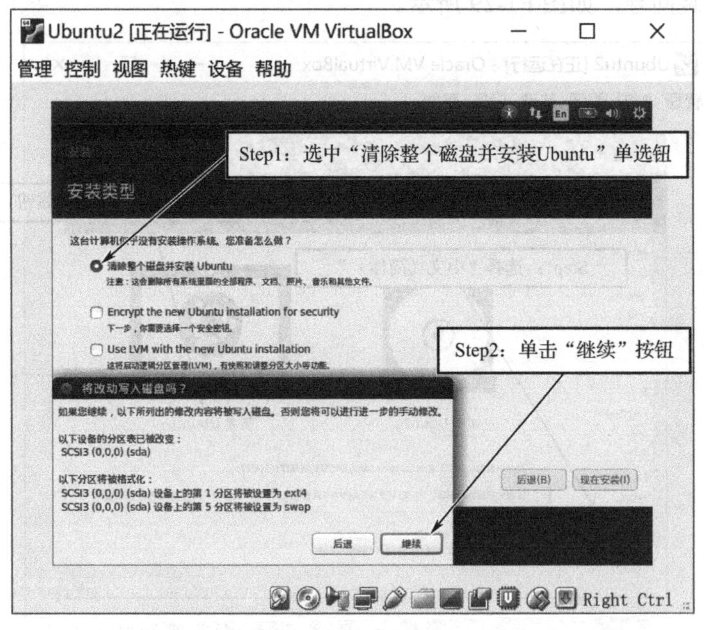

图 F1-31 选择安装方式，确认磁盘写入

【操作 4-5】 选择所在地区。明确所在地区，便于处理与国家、城市、语言等相关的事务，如图 F1-32 所示。

【操作 4-6】 选择键盘布局。一般为了便于操作，选择“英语（美国）”键盘布局，如图 F1-33 所示。

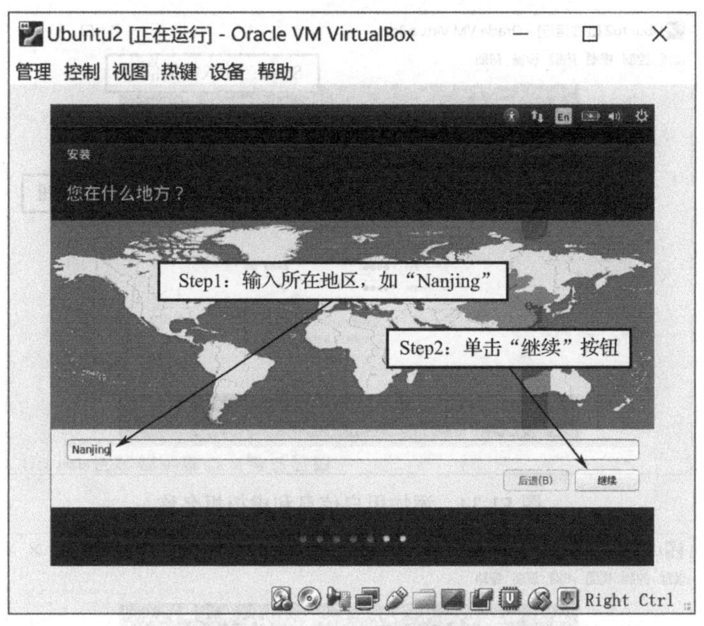

图 F1-32 国家、城市信息

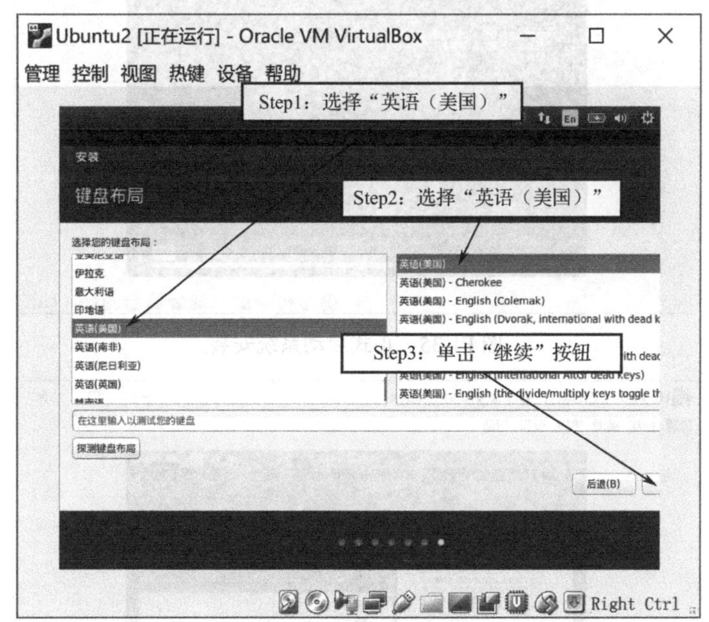

图 F1-33 选择键盘布局

【操作 4-7】 添加用户信息和虚拟机名称。名字、密码要用简洁、形象、容易记忆和录入的英文及数字，便于后续学习中的经常引用、录入和使用，如图 F1-34 所示。

【操作 4-8】 正式启动安装进程。由于安装文件比较多，还有下载的任务，所以安装过程需要几分钟到几十分钟不等。等待过程中，可以阅读、了解安装画面的提示和介绍信息，如图 F1-35 和图 F1-36 所示。

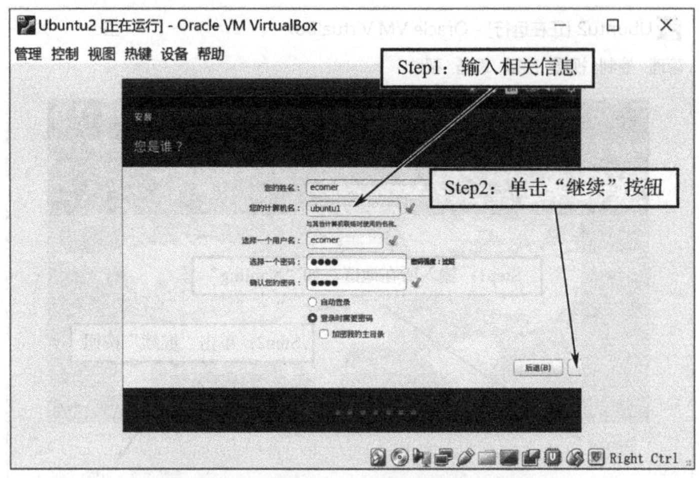

图 F1-34　添加用户信息和虚拟机名称

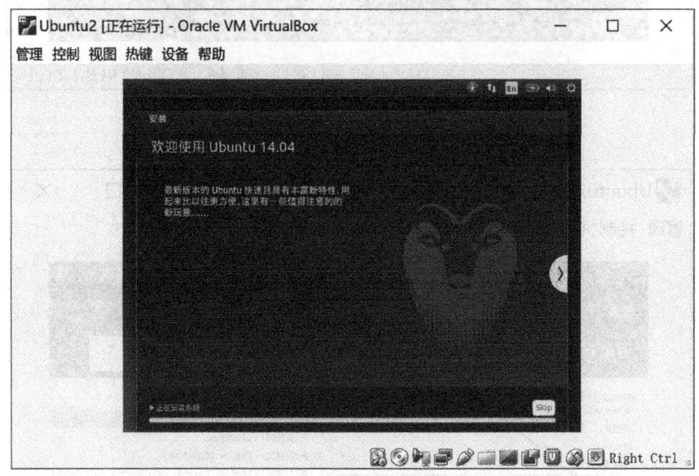

图 F1-35　正式启动系统安装

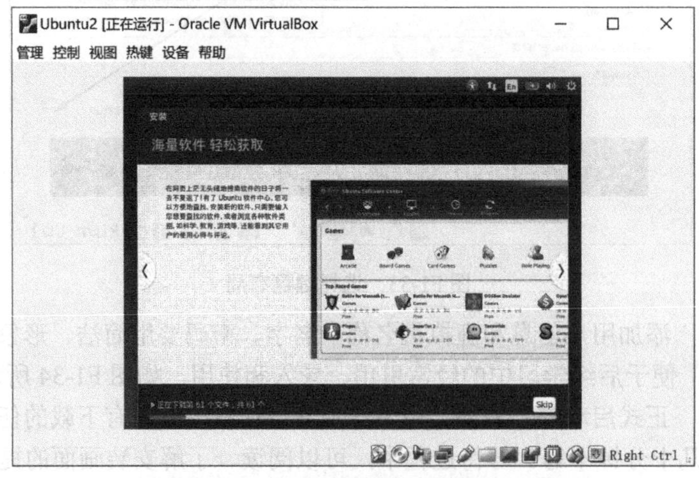

图 F1-36　系统安装过程中的文件下载

【操作 4-9】　安装完成，重启虚拟机系统。重启虚拟机还可以通过 VirtualBox 主界面的“控制”菜单进行，如图 F1-37 所示。

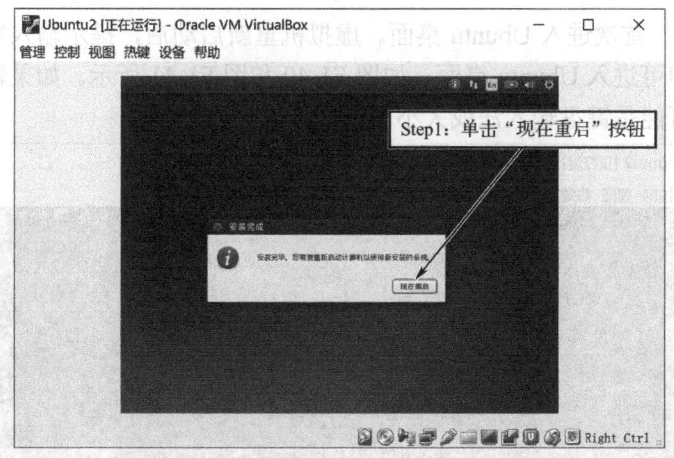

图 F1-37　安装完成，重启虚拟机系统

【操作 4-10】　按回车键强制重启虚拟机系统，如图 F1-38 所示。或者在 VirtualBox 主界面左侧通过鼠标右键单击虚拟机名称后，在弹出的快捷菜单中选择“重启”命令，完成 Ubuntu 的基本安装，如图 F1-39 所示。

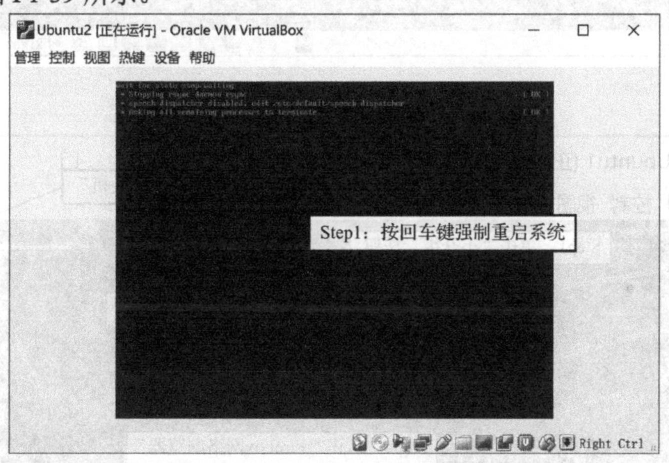

图 F1-38　Ubuntu 首次强制重启

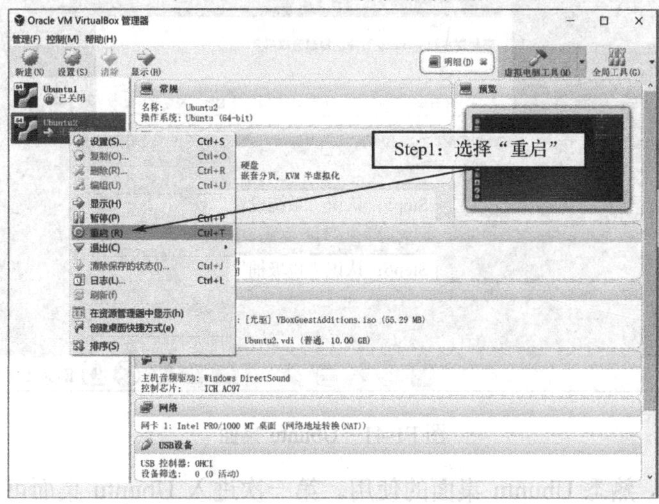

图 F1-39　虚拟机的控制与重启

【操作 4-11】 首次进入 Ubuntu 桌面。虚拟机重新启动后，提示输入登录密码，输入正确密码并回车后即可进入 Ubuntu 桌面，如图 F1-40 和图 F1-41 所示。如果输入正确密码，还提示错误，则有可能是键盘输入法或大小写错误。

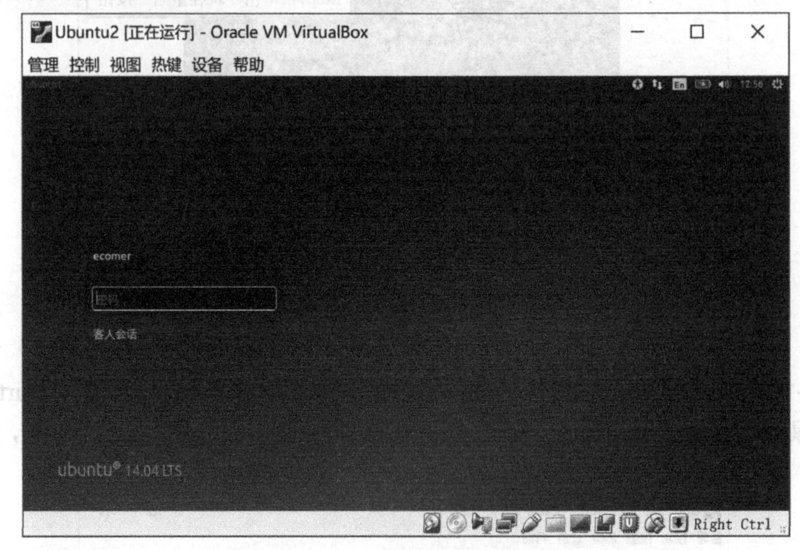

图 F1-40 Ubuntu 桌面登录界面

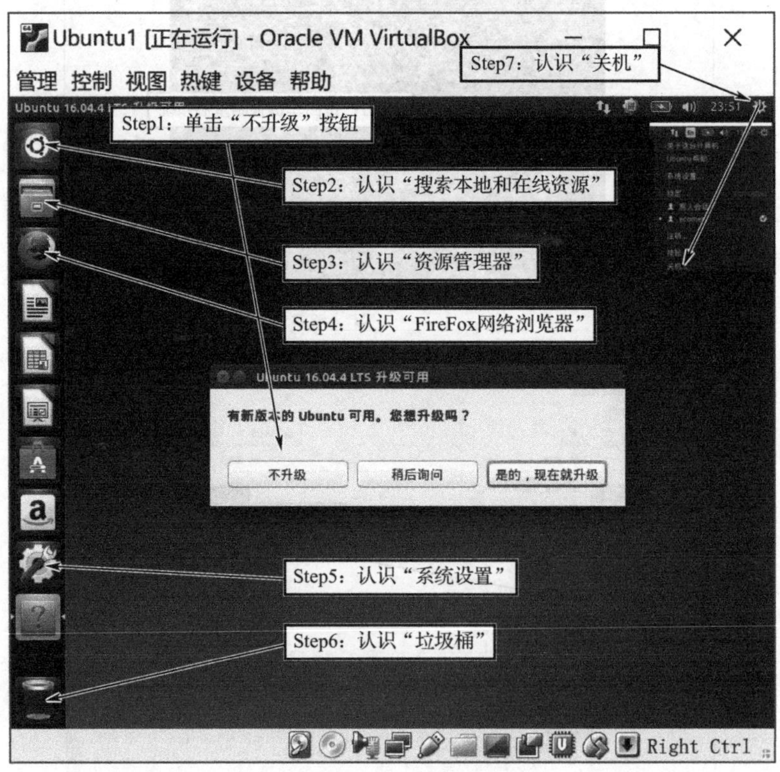

图 F1-41 Ubuntu 桌面

【操作 4-12】 熟悉 Ubuntu 桌面的使用。第一次进入 Ubuntu 桌面可以暂时不升级，先熟悉一下左侧的常用工具按钮，测试一下网络是否畅通，如图 F1-41 所示。

五、安装 VirtualBox 虚拟机软件的增强功能

上面的步骤完成后，Ubuntu 的安装也就基本完成了，只是还存在以下问题：

■ 屏幕分辨率不够。

■ 鼠标光标停顿延迟、呆板。

■ 无法与宿主机共享剪切板等。

这些问题可以通过安装 VirtualBox 虚拟机软件的增强功能来解决。

【操作 5-1】　启动增强功能安装。在启动的 Ubuntu1 虚拟机的主菜单上，选择“设备”→“安装增强功能”命令，如图 F1-42 所示。

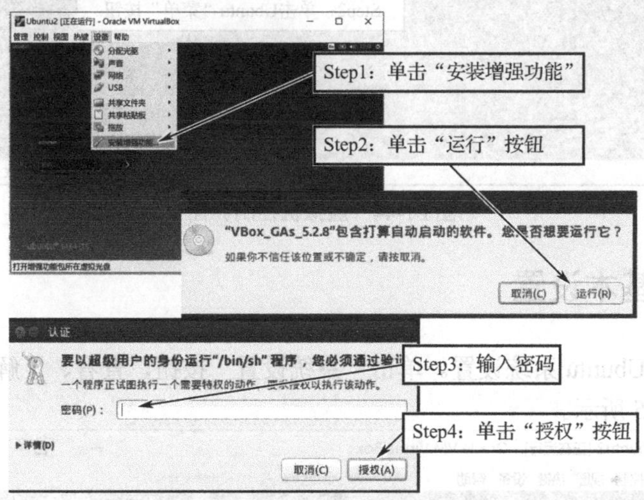

图 F1-42　Virtual Box 增强功能安装

【操作 5-2】　确认安装。安装进程如图 F1-43 所示，按回车键完成安装，返回 Ubuntu 桌面。

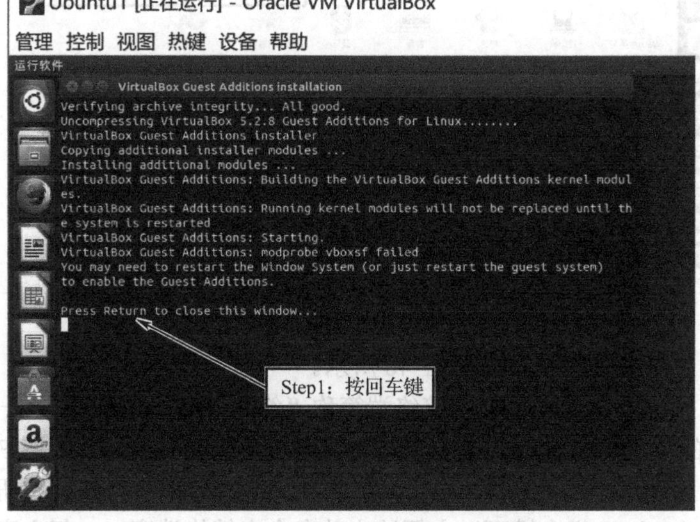

图 F1-43　Virtual Box 增强功能安装进程

【操作 5-3】 认识和熟悉 VirtualBox 虚拟机的“控制”菜单及 Ubuntu 系统菜单按钮，如图 F1-44 所示。

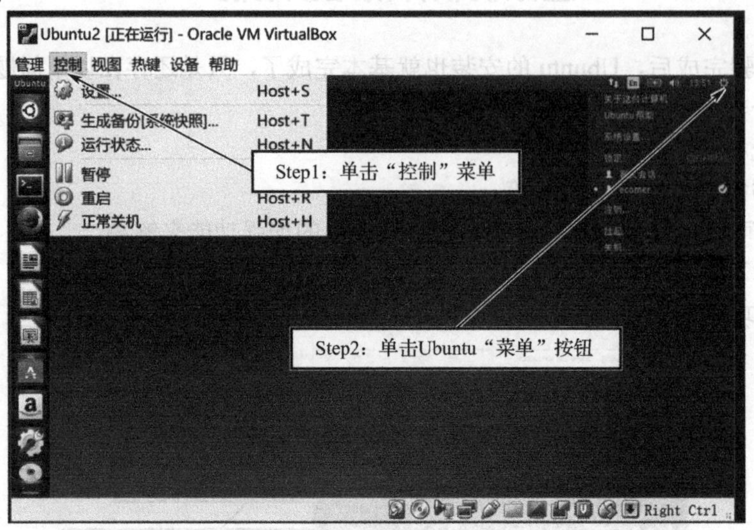

图 F1-44 虚拟机控制界面

六、Ubuntu 基本设置

【操作 6-1】 Ubuntu 系统设置。单击“系统设置”按钮，查看、了解各种设置入口与界面形式，如图 F1-45 所示。

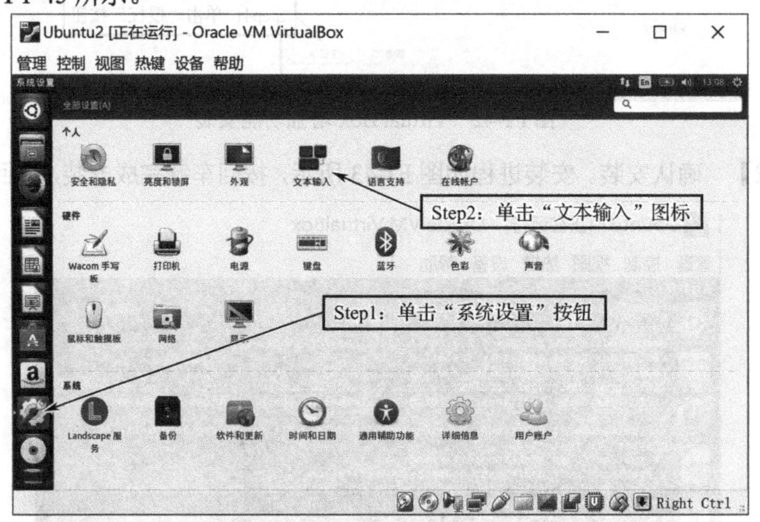

图 F1-45 Ubuntu 系统设置界面

【操作 6-2】 输入法设置，如图 F1-46 所示。

【操作 6-3】 字符终端设置。字符终端简称“终端（Terminal）”，是一种通过字符界面与系统进行交互的常用特殊输入/输出窗口。字符终端快捷方式的创建如图 F1-47 所示。

【操作 6-4】 启动与关闭字符终端。通过左侧工具条上的字符终端按钮可以启动一个终端窗口，通过 Ctrl+Alt+T 组合键可以方便地启动多个字符终端窗口，每个窗口用于执行不同的任务，如图 F1-48 所示。

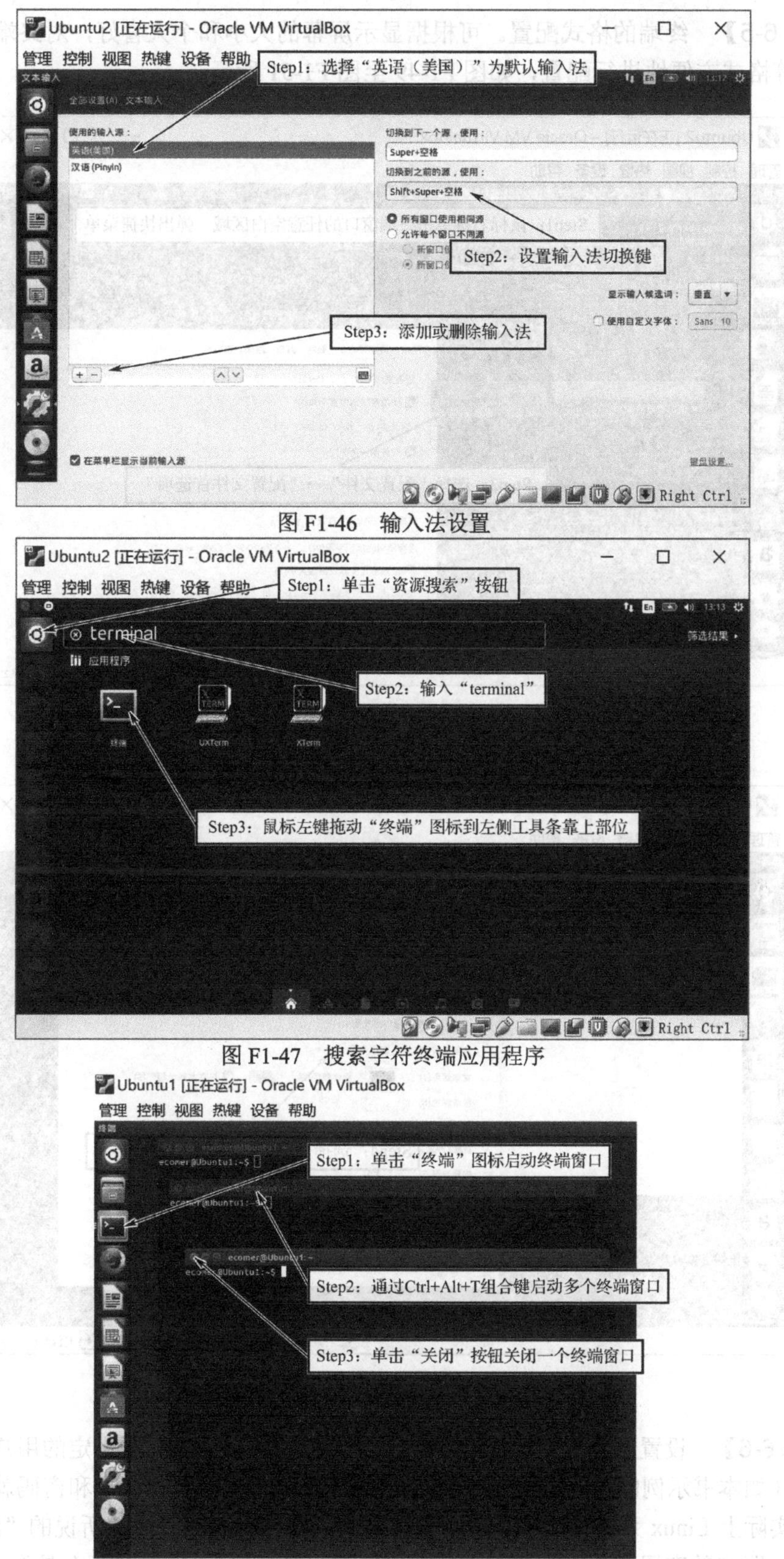

图 F1-46　输入法设置

图 F1-47　搜索字符终端应用程序

图 F1-48　终端窗口的打开与关闭

【操作 6-5】 终端的格式配置。可根据显示屏幕的大小和个人喜好，对终端的大小、颜色、字体等格式方便地进行配置，如图 F1-49 至图 F1-51 所示。

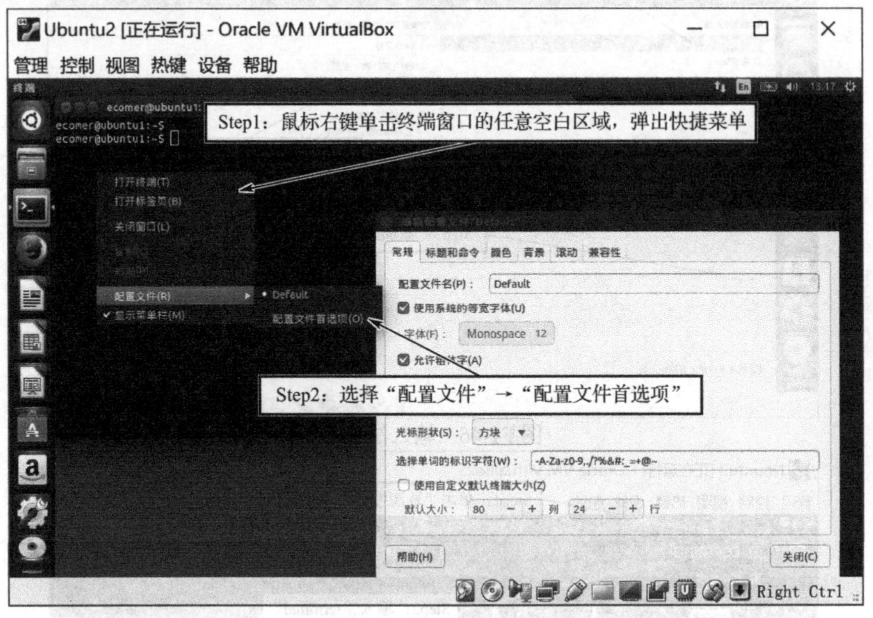

图 F1-49 启动终端配置窗口

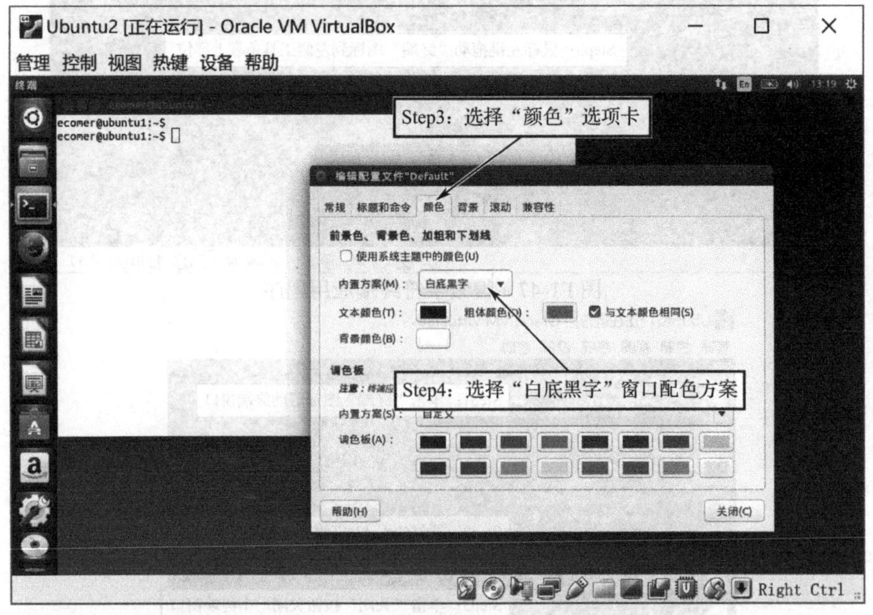

图 F1-50 终端窗口的颜色配置

【操作 6-6】 设置超级用户（root 用户）的密码。安装 Ubuntu 时设定的用户是管理员级别的账户（如本书示例的 ecomer 账户），开机进入桌面系统需要的账户和密码就是这个账户和密码。实际上 Linux 系统还内置了一个权限最大的账户 root，即通常所说的“超级用户”，安装时 root 账户的密码是随机的，可以通过管理员账户修改一次，终端命令是“sudo passwd”，如图F1-52所示。

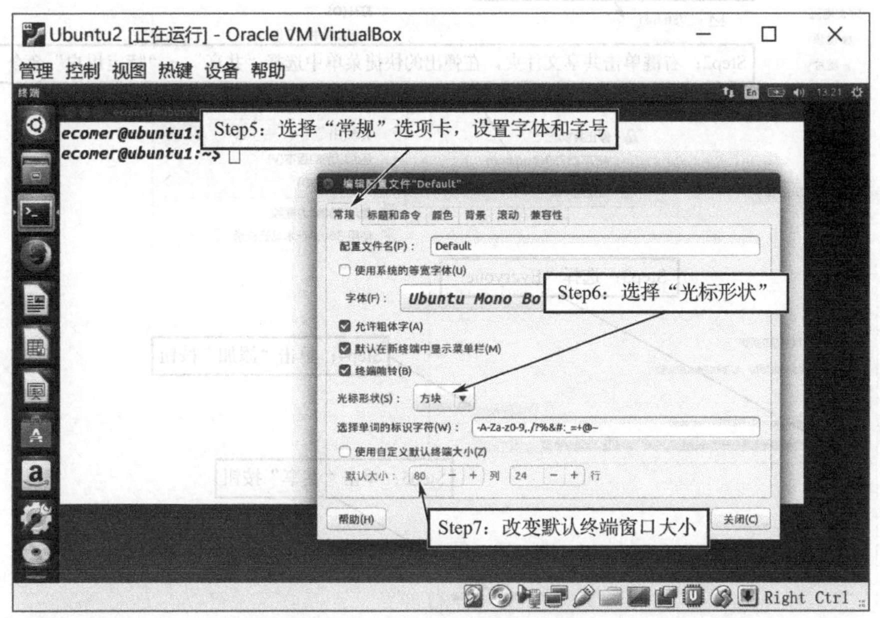

图F1-51　终端窗口的常规配置

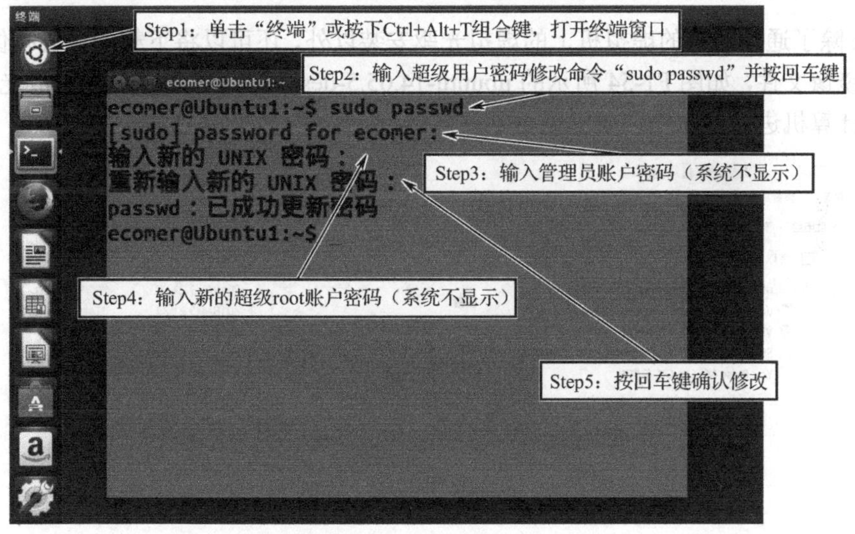

图F1-52　修改超级账户root的密码

七、宿主机与虚拟机的共享操作设置

VirtualBox提供了虚拟机与宿主机（主机）之间方便地进行共享的功能，包括共享文件夹、共享剪切板和文件拖放等。

【操作7-1】　文件夹共享。启动宿主机资源管理器，创建计划共享的文件夹，并设置权限，如图F1-53所示。

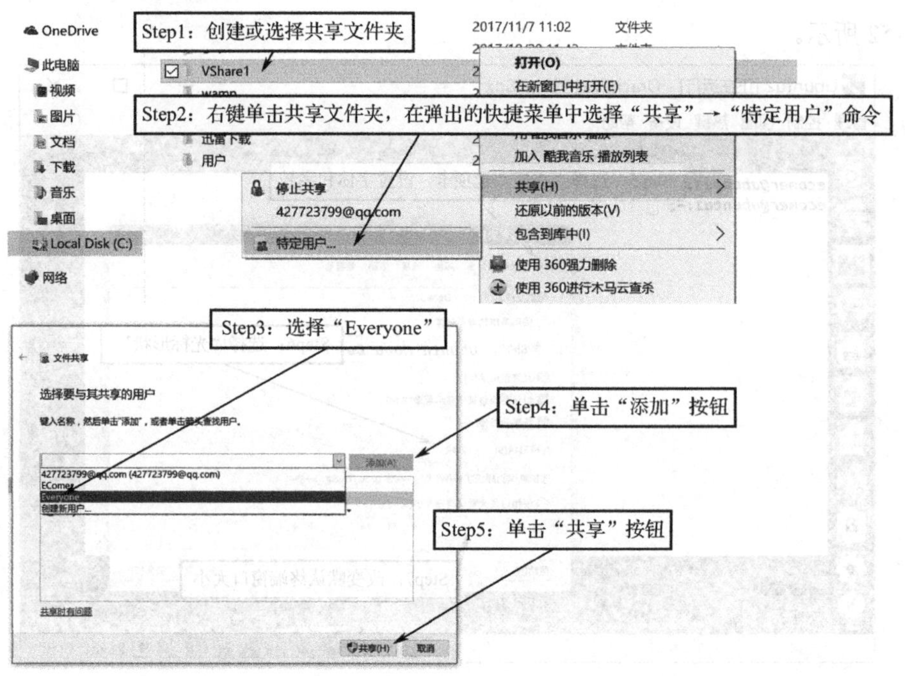

图 F1-53　文件夹共享

Linux 除了通过上述的虚拟机上的虚拟光驱安装以外，还可以将下载的光盘映像文件（也称为安装镜像文件，如图 F1-54 所示的 ubuntu-14.05.5-desktop-amd64.iso）刻录成光盘、U 盘，直接引导计算机进行独立安装或多重引导安装。

图 F1-54　将 ubuntu-14.05.5-desktop-amd64.iso 文件刻盘后直接安装

附录B

Linux（Ubuntu 14.4）的基本命令与使用

一、Linux 的目录结构

如图 F2-1 所示给出了 Linux 的基本目录结构和主要存放内容。这是一个从 UNIX 到 Linux 多年延续下来的文件组织结构，需要逐步了解和操作。“/”表示根目录，“/home”表示根目录下的 home 子目录，“/home/ecomer”表示 home 下的子目录 ecomer，依次类推。

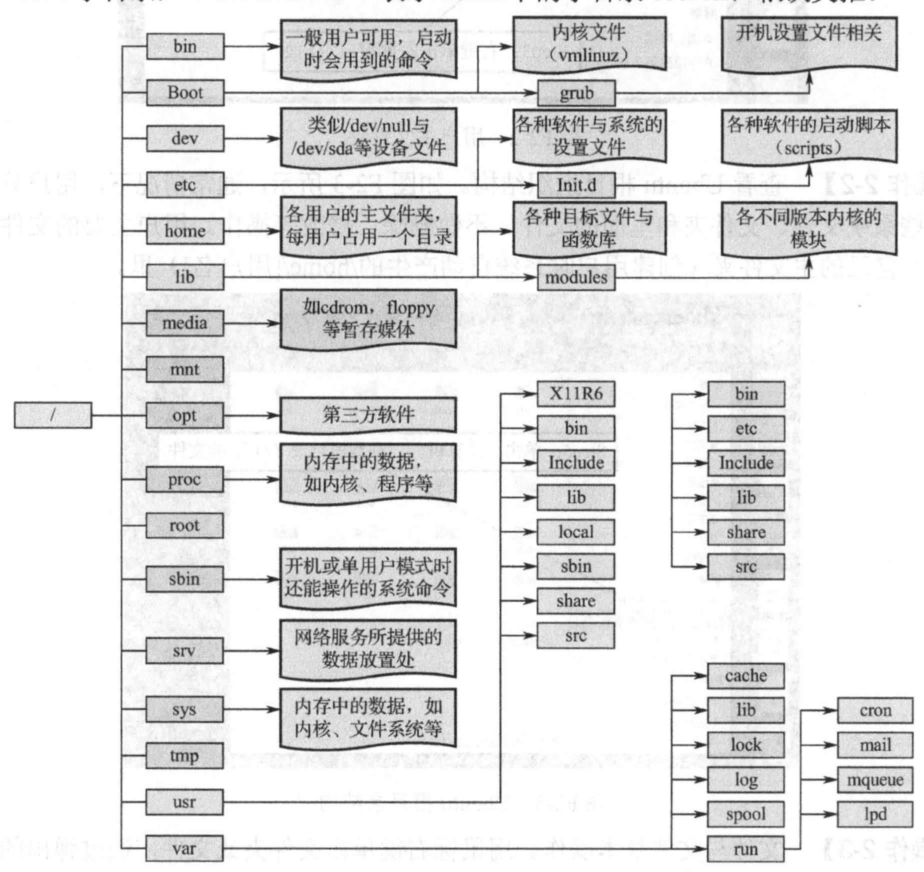

图 F2-1　Linux 的基本目录结构和主要存放内容

二、桌面图形界面文件管理

【操作 2-1】　查看用户主文件夹与新建文件夹。启动 Ubuntu1 虚拟机，登录进入 Ubuntu

桌面，单击左侧工具栏上的“文件”按钮，弹出文件管理窗口，如图 F2-2 所示。文件管理窗口由两部分构成：左侧为资源分类、分层组织窗口，右侧为下层细节显示窗口，缺省显示为当前用户的主文件夹（如/home/ecomer）内容。

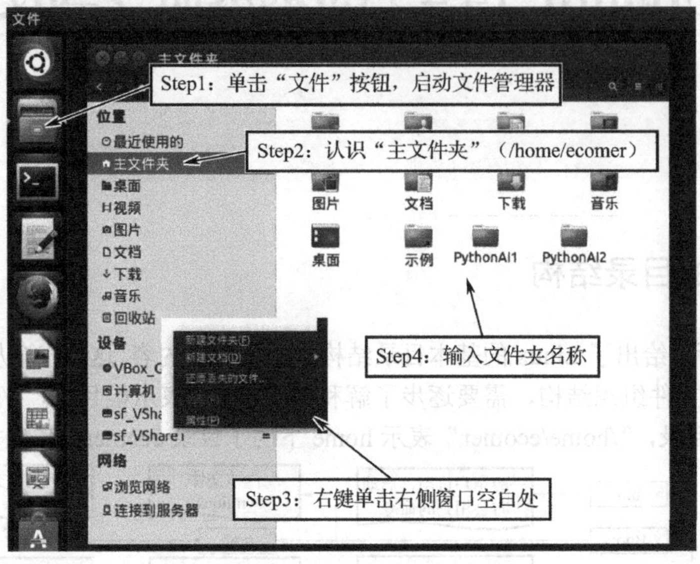

图 F2-2　用户主文件夹

【操作 2-2】　查看 Ubuntu 根目组织结构。如图 F2-3 所示，通常情况下，用户只浏览、查看这些系统文件、文件夹和里面的文件，不做删除、修改等操作。用户主要的文件操作权限限定在自己的主文件夹（创建用户时系统自动产生的/home/[用户名]）里。

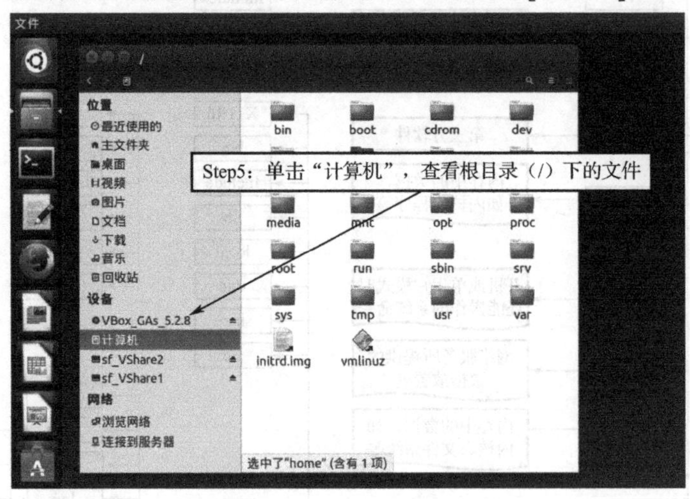

图 F2-3　Ubuntu 根目录结构

【操作 2-3】　文件与文件基本操作。用鼠标右键单击文件夹或文件，通过弹出的快捷菜单，可以方便地进行文件与文件夹的多项基本操作，如图 F2-4 至图 F2-7 所示。

三、Ubuntu 终端字符界面文件操作

【操作 3-1】　打开和关闭终端窗口。通过桌面工具按钮和 Ctrl+Alt+ T 组合键可以方便地

启动一到多个 Ubuntu 终端窗口，然后使用各种“字符命令”对系统进行控制和交互，如图 F2-8 所示。

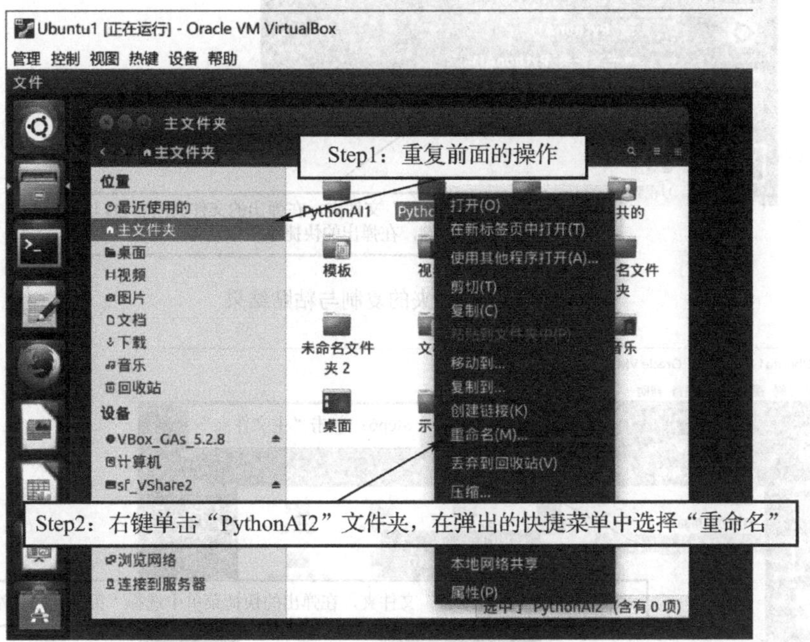

图 F2-4　文件与文件夹基本操作

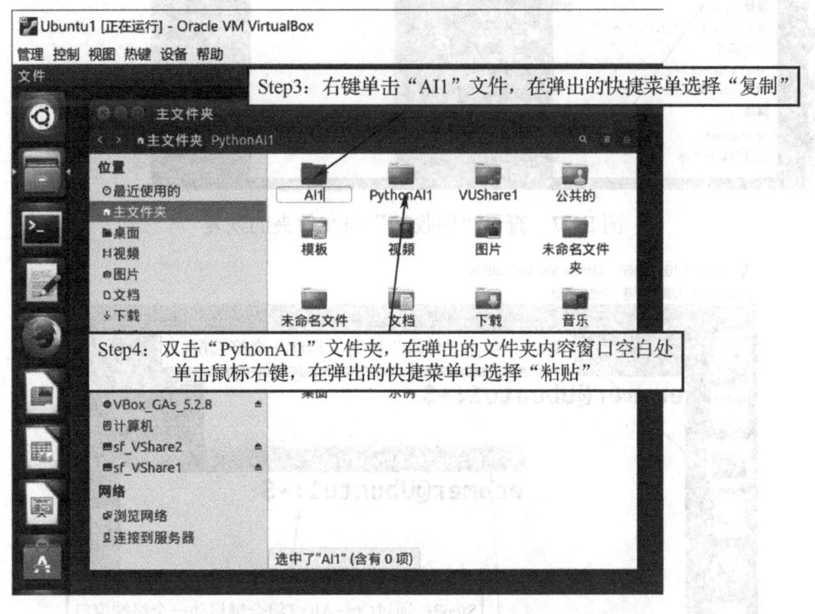

图 F2-5　文件夹的复制与粘贴

【操作 3-2】　路径切换与文件和文件夹查看。ls、cd、mkdir、rmdir 是 Linux 的基础常用命令，如图 F2-9 所示。

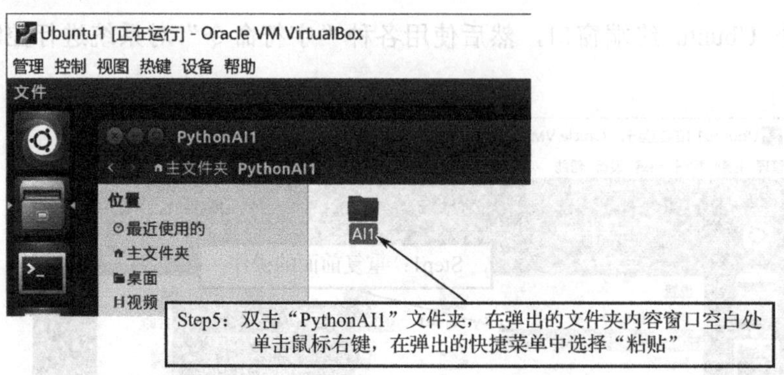

图 F2-6　文件夹的复制与粘贴结果

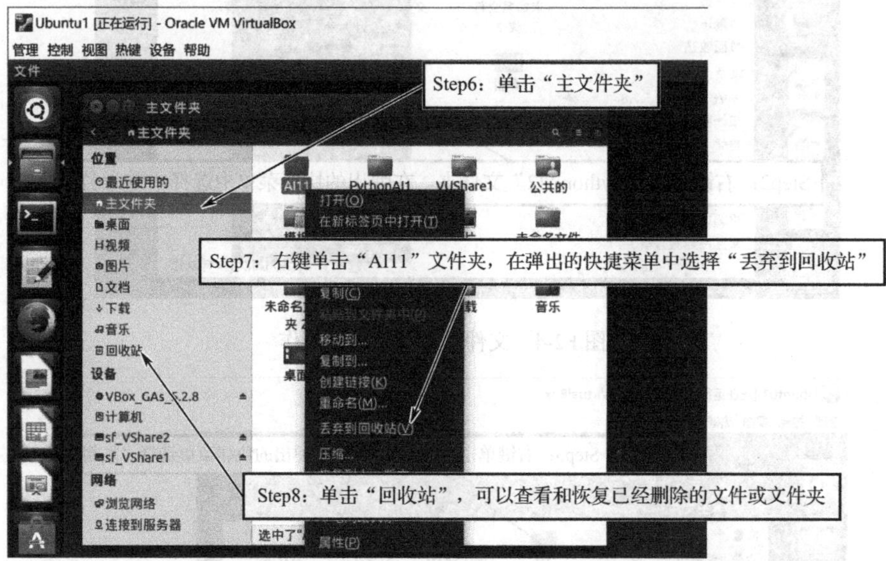

图 F2-7　查看“回收站”与文件夹的恢复

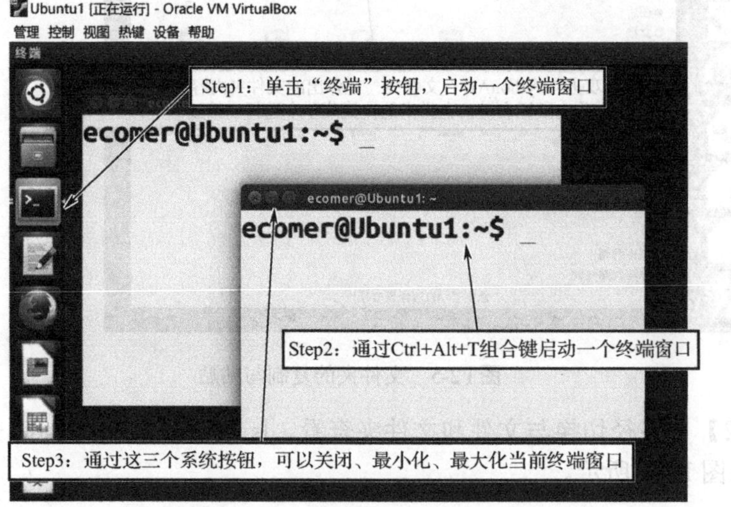

图 F2-8　终端窗口的启动与控制

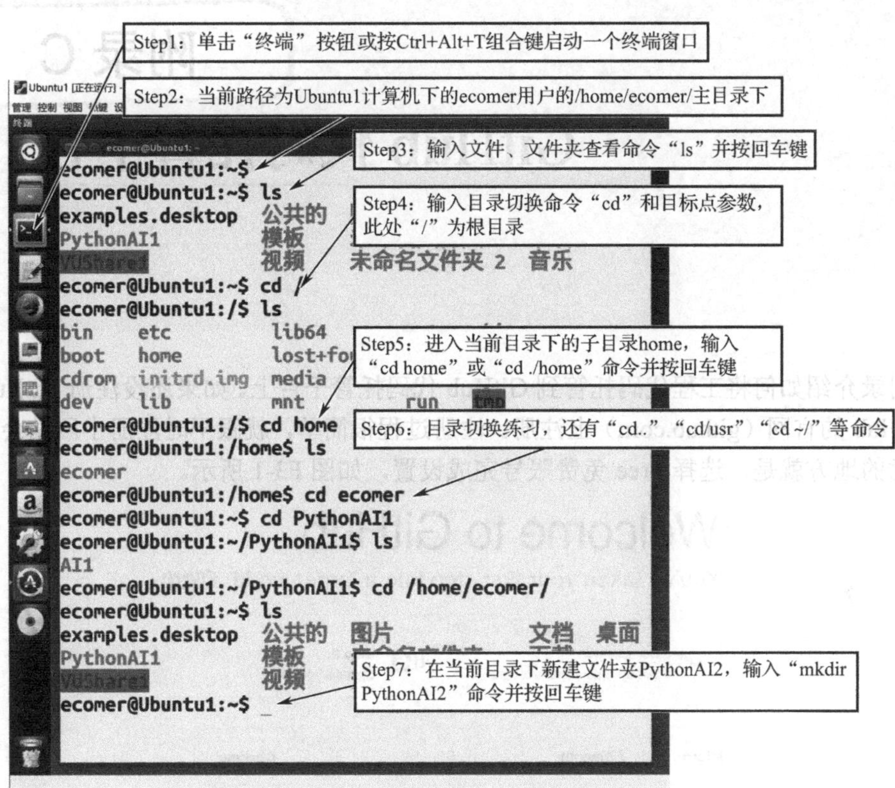

图 F2-9　基本 Linux 命令使用

【操作 3-3】　Ubuntu 系统查看与更新，如图 F2-10 所示。

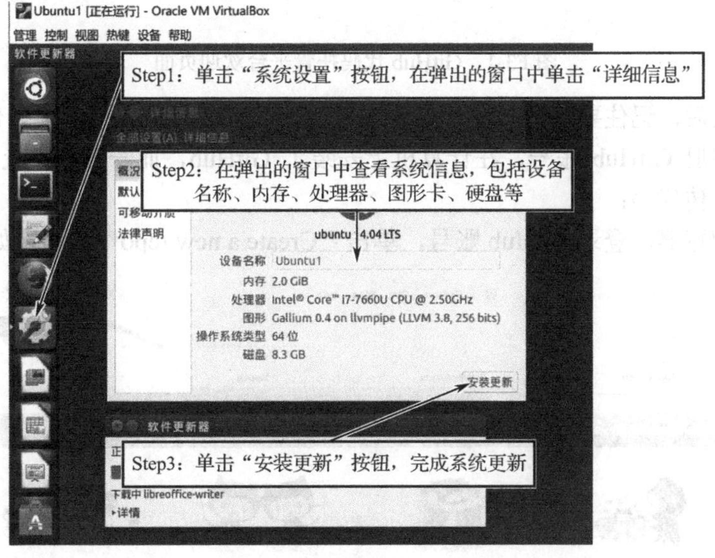

图 F2-10　系统查看与更新

附录 C

GitHub 代码托管平台

本附录介绍如何将工程代码托管到 GitHub 代码托管平台上。如果还没注册 GitHub 账号，请到 GitHub 的官网（github.com）上注册。注册过程很简单，就跟平时注册小网站会员一样，需要注意的地方就是，选择 Free 免费账号完成设置，如图 F3-1 所示。

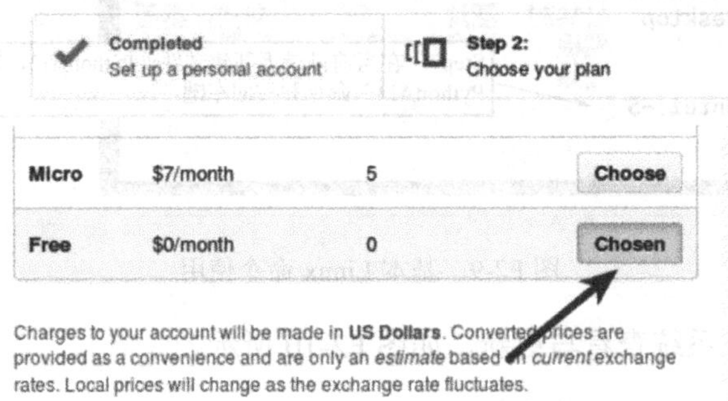

图 F3-1　GitHub 代码托管平台欢迎页面

注册完成之后，记住要验证邮箱！如果未验证邮箱，是无法完成后续操作的。

如果已经注册 GitHub 账号，在计算机上安装了 GitHub，而一直还没上传过代码，可以按照下述步骤上传代码：

（1）打开浏览器，登录 GitHub 账号，单击“Create a new repo”按钮，如图 F3-2 所示。

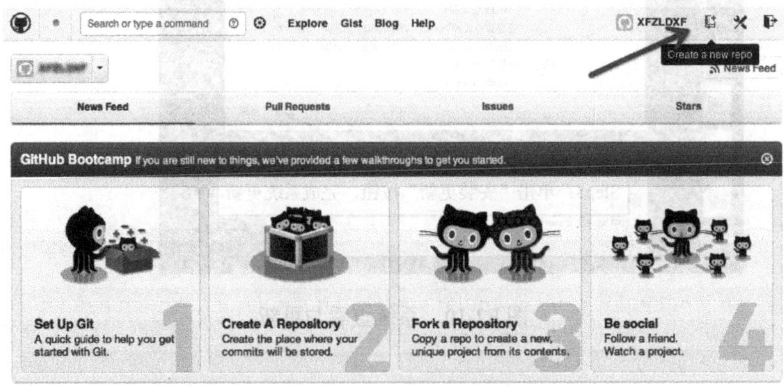

图 F3-2　登录 GitHub 账号

（2）跳转至下一个页面，填写 Repository name，如 TEST，在“Add.gitignore:”项中根据所使用的语言进行选择，其他的保持默认设置，然后单击“Create repository”按钮，如图 F3-3 所示。

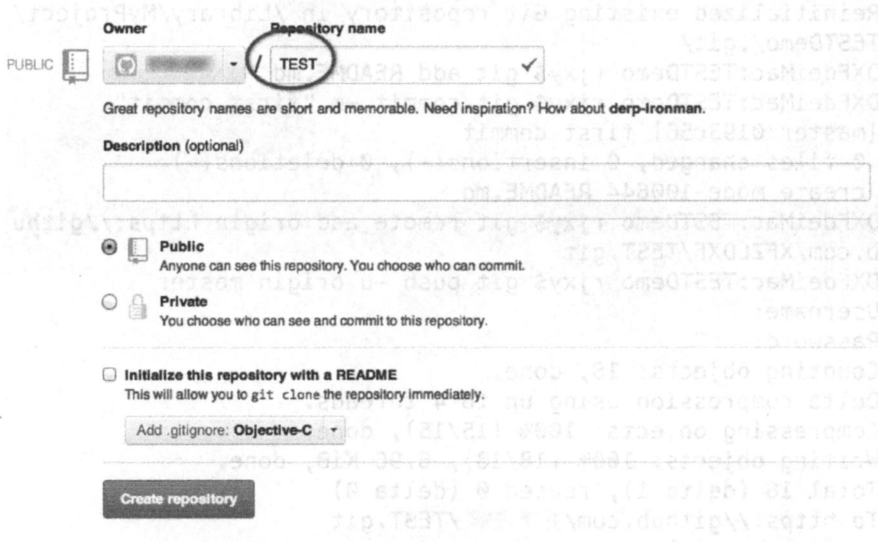

图 F3-3　填写 Repository name

然后 GitHub 自动生成关于托管本工程的简单命令行，HTTP、SSH 后面的链接是创建的远程仓库地址，如图 F3-4 所示。

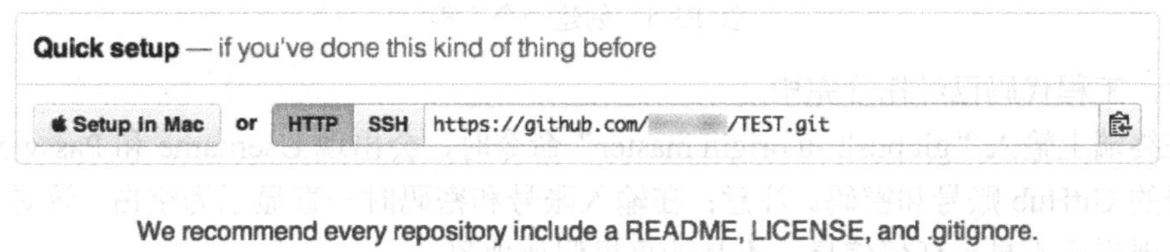

We recommend every repository include a README, LICENSE, and .gitignore.

Create a new repository on the command line

```
touch README.md
git init
git add README.md
git commit -m "first commit"
git remote add origin https://github.com/　　/TEST.git
git push -u origin master
```

Push an existing repository from the command line

```
git remote add origin https://github.com/　　/TEST.git
git push -u origin master
```

图 F3-4　自动生成关于托管本工程的简单命令行

（3）打开 xcode 创建一个工程，比如创建的工程名为 TESTDemo，然后打开终端，进入 TESTDemo 文件夹，输入“Create a new repository on the command line”提示的命令，如图 F3-5 所示。

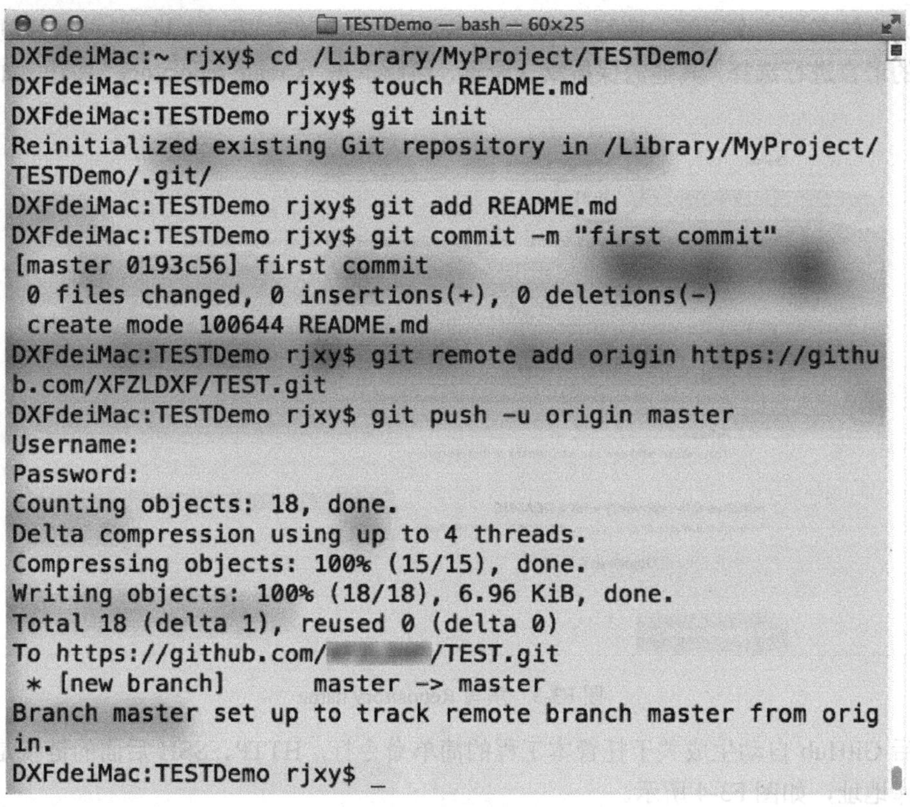

图 F3-5　创建一个工程

至此，工程代码已经托管完毕。

当在终端上输入“git push -u origin master”命令时，会出现 Username 和 Password，要求输入注册的 GitHub 账号和密码。注意：在输入账号和密码时一直显示为空白，这是为了防止用户隐私泄露而不显示任何信息，不是计算机假死现象。

（4）现在就可以在 GitHub 账号的“Repositories”中找到前面在终端上提交的 TESTDemo 代码工程，如图 F3-6 所示。

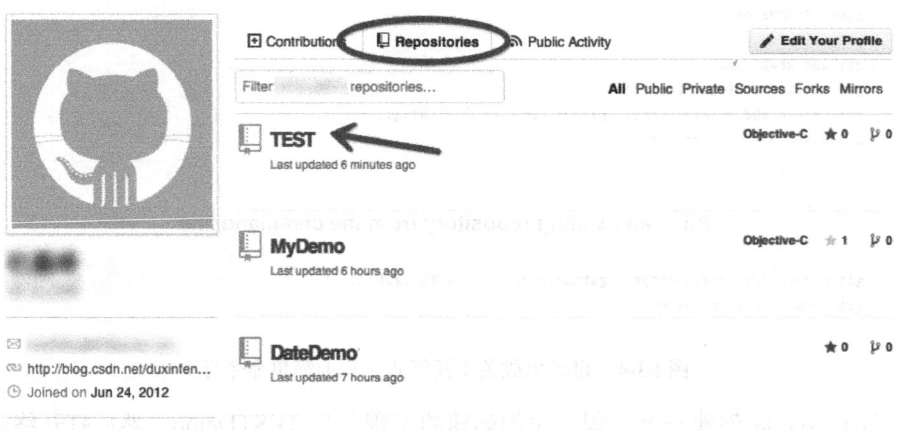

图 F3-6　查看提交的 TESTDemo 代码工程

打开 TEST，https://github.com/XFZLDXF/TEST.git 就是代码工程的链接，通过该链接就可以把这个工程里面的内容克隆到本地，如图 F3-7 所示。

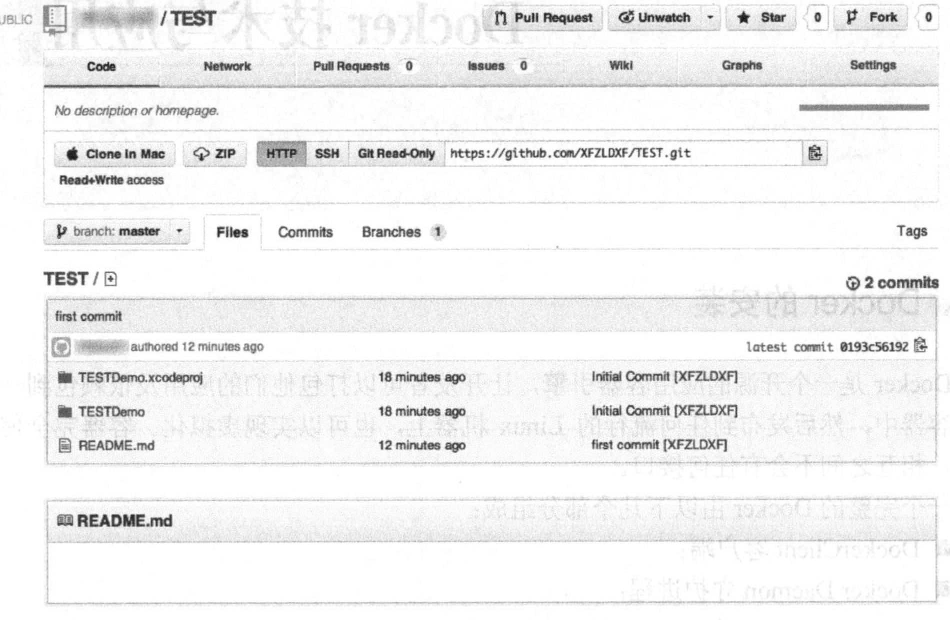

图 F3-7　将工程里面的内容克隆到本地

下面解释输入的命令。

- touch README.md：该文件是关于工程代码的介绍，类似于使用说明书。
- git init：初始化一个本地的 git 仓库，生成隐藏的.git 目录（隐藏的.git 目录可通过“ls -aF”命令查看）。
- git add README.md：把 README.md 文件添加到仓库中。
- git commit -m "first commit"：执行提交说明，在 Git 中这个是属于强制性的。
- git remote add origin https://github.com/XFZLDXF/TEST.git：添加本地仓库 origin 和指定远程仓库地址。
- git push origin master：推送本地仓库到远程指定的 master 分支上。

附录 D
Docker 技术与应用

 Docker 的安装

Docker 是一个开源的应用容器引擎，让开发者可以打包他们的应用及依赖包到一个可移植的容器中，然后发布到任何流行的 Linux 机器上，也可以实现虚拟化。容器完全使用沙箱机制，相互之间不会有任何接口。

一个完整的 Docker 由以下几个部分组成：

- DockerClient 客户端；
- Docker Daemon 守护进程；
- Docker Image 镜像；
- DockerContainer 容器。

在 Ubuntu 中可以进行 Docker 的安装，按照以下步骤操作即可。

（1）更新、安装依赖包。

更新包命令：sudo apt-get update

安装依赖包命令：sudo apt-get install apt-transport-https

ca-certificates

curl

software-properties-common

（2）添加官方密钥。

命令：curl -fsSL https://download.docker.com/Linux/ubuntu/gpg | sudo apt-key add -

（3）添加仓库。

命令：sudo add-apt-repository "deb[arch=amd64] https://download.docker.com/Linux/ubuntu $(lsb_release -cs) stable"

（4）安装 Docker。

①更新安装包，命令：sudo apt-get update

②安装最新版 Docker，命令：sudo apt-get install lxc-docker

③安装完成后，可以查看安装的 Docker 版本，命令：docker –v

二、Docker 中 TensorFlow 的安装

Docker 安装好之后，就可以在其中安装和使用深度学习框架 TensorFlow 了，步骤如下。

（1）下载 TensorFlow 镜像。

pull 命令：sudo docker pull TensorFlow/TensorFlow

（2）创建运行 TensorFlow 容器。

命令：docker run --name my-tensortflow -it -p 8888:8888 -v ~/TensorFlow:/test/data TensorFlow/TensorFlow

其中，

- docker run：运行镜像。
- --name：为创建容器名，即 my-tensortflow。
- -it：保留命令行运行。
- -p 8888:8888：将本地的 8888 端口映射到 http://localhost:8888。
- -v ~/TensorFlow:/test/data TensorFlow/TensorFlow：将本地的/TensorFlow 文件夹挂载到新建容器的 /test/data 下（这样创建的文件可以保存到本地~/TensorFlow），TensorFlow/TensorFlow 为指定的镜像，默认标签为 latest（即 TensorFlow/TensorFlow:latest）。

（3）开启 TensorFlow 容器。

①在浏览器的地址栏中输入 http:localhost:8888。

②将命令行生成的 token 贴在网页的 passwor or token 框里，单击“Login”按钮。

③在首页可以新建一个 Python 来测试。

（4）开启、关闭 TensorFlow 容器。

关闭命令：docker stop my-tensortflow

开启命令：docker start my-tensortflow

开启后在浏览器的地址栏中输入 http://localhost:8888/ 就可以登录了。

附录 E
人工智能的数学基础与工具

一、行列式

1. 行列式的定义

（1）二阶行列式

$$D=\begin{vmatrix}a_{11} & a_{12}\\ a_{21} & a_{22}\end{vmatrix}=a_{11}a_{22}-a_{21}a_{12}$$

（2）三阶行列式

由 9 个元素组成的一个算式，记为 D

$$D=\begin{vmatrix}a_{11} & a_{12} & a_{13}\\ a_{21} & a_{22} & a_{23}\\ a_{31} & a_{32} & a_{33}\end{vmatrix}=(-1)^{1+1}a_{11}\begin{vmatrix}a_{22} & a_{23}\\ a_{32} & a_{33}\end{vmatrix}+(-1)^{1+2}a_{12}\begin{vmatrix}a_{21} & a_{23}\\ a_{31} & a_{33}\end{vmatrix}+(-1)^{1+3}a_{13}\begin{vmatrix}a_{21} & a_{22}\\ a_{31} & a_{32}\end{vmatrix}$$

$$=a_{11}(a_{22}a_{33}-a_{23}a_{32})-a_{12}(a_{21}a_{33}-a_{23}a_{31})+a_{13}(a_{21}a_{32}-a_{22}a_{31})$$

$$=a_{11}a_{22}a_{33}-a_{11}a_{23}a_{32}-a_{12}a_{21}a_{33}+a_{12}a_{23}a_{31}+a_{13}a_{21}a_{32}-a_{13}a_{22}a_{31}$$

称为三阶行列式，其中$\begin{vmatrix}a_{22} & a_{23}\\ a_{32} & a_{33}\end{vmatrix}$是原行列式 D 中划去元素 a_{11} 所在的第一行、第一列后剩下的元素按原来顺序组成的二阶行列式，称它为元素 a_{11} 的余子式，记作 M_{11}，即 $M_{11}=\begin{vmatrix}a_{22} & a_{23}\\ a_{32} & a_{33}\end{vmatrix}$

类似地，记 $M_{12}=\begin{vmatrix}a_{21} & a_{23}\\ a_{31} & a_{33}\end{vmatrix}$，$M_{13}=\begin{vmatrix}a_{21} & a_{22}\\ a_{31} & a_{32}\end{vmatrix}$

并且令 $A_{ij}=(-1)^{i+j}M_{ij}$ （i，$j=1,2,3$）

称为元素 a_{ij} 的代数余子式。

因此，三阶行列式也可以表示为

$$D=\begin{vmatrix}a_{11} & a_{12} & a_{13}\\ a_{21} & a_{22} & a_{23}\\ a_{31} & a_{32} & a_{33}\end{vmatrix}=a_{11}A_{11}+a_{12}A_{12}+a_{13}A_{13}=\sum_{j=1}^{3}a_{1j}A_{1j}$$

而且它的值可以转化为二阶行列式计算而得到。

（3）n 阶行列式

由 n^2 个元素组成的一个算式，记为 D

$$D=\begin{vmatrix} a_{11} & a_{12} & \cdots & a_{1n} \\ a_{21} & a_{22} & \cdots & a_{2n} \\ \vdots & \vdots & & \vdots \\ a_{n1} & a_{n2} & \cdots & a_{nn} \end{vmatrix}$$

称为 n 阶行列式，简称行列式。其中 a_{ij} 称为 D 的第 i 行第 j 列的元素（$i, j=1, 2, \cdots, n$）。

当 $n=1$时，规定：

$$D=|a_{11}|=a_{11}$$

当 $n-1$ 阶行列式已定义，则 n 阶行列式

$$D=a_{11}A_{11}+a_{12}A_{12}+\cdots+a_{1n}A_{1n}=\sum_{j=1}^{n}a_{1j}A_{1j}$$

其中，A_{1j} 为元素 a_{1j} 的代数余子式。

此定义是 n 阶行列式 D 按第一行的展开式。通过二阶、三阶行列式的展开式可以推出，n 阶行列式的展开式中共有 $n!$乘积项，每个乘积项中含有 n 个取自不同行不同列的元素，并且带正号和带负号的项各占一半。

2. 行列式的性质

（1）转置行列式的概念

如果把 n 阶行列式

$$D=\begin{vmatrix} a_{11} & a_{12} & \cdots & a_{1n} \\ a_{21} & a_{22} & \cdots & a_{2n} \\ \vdots & \vdots & & \vdots \\ a_{n1} & a_{n2} & \cdots & a_{nn} \end{vmatrix}$$

中的行与列按原来的顺序互换，得到新的行列式

$$D^{\mathrm{T}}=\begin{vmatrix} a_{11} & a_{21} & \cdots & a_{n1} \\ a_{12} & a_{22} & \cdots & a_{n2} \\ \vdots & \vdots & & \vdots \\ a_{1n} & a_{2n} & \cdots & a_{nn} \end{vmatrix}$$

那么，称行列式 D^{T} 为 D 的转置行列式。显然 D 也是 D^{T} 的转置行列式。

（2）行列式的性质

性质 1　行列式 D 与它的转置行列式 D^{T} 相等，即 $D=D^{\mathrm{T}}$。

行列式中行与列所处的地位是一样的，所以，凡是对行成立的性质，对列也同样成立。

由性质 1 和 n 阶下三角形行列式的结论，可以得到 n 阶上三角形行列式的值等于它的对角线元素乘积，即

$$\begin{vmatrix} a_{11} & a_{12} & \cdots & a_{1n} \\ 0 & a_{22} & \cdots & a_{2n} \\ \vdots & \vdots & & \vdots \\ 0 & 0 & \cdots & a_{nn} \end{vmatrix}=a_{11}a_{22}\cdots a_{nn}$$

性质 2　如果将行列式的任意两行（或列）互换，那么行列式的值改变符号，即

$$\begin{vmatrix} a_{11} & a_{12} & \cdots & a_{1n} \\ \vdots & \vdots & & \vdots \\ a_{i1} & a_{i2} & \cdots & a_{in} \\ \vdots & \vdots & & \vdots \\ a_{j1} & a_{j2} & \cdots & a_{jn} \\ \vdots & \vdots & & \vdots \\ a_{n1} & a_{n2} & \cdots & a_{nn} \end{vmatrix} = -\begin{vmatrix} a_{11} & a_{12} & \cdots & a_{1n} \\ \vdots & \vdots & & \vdots \\ a_{j1} & a_{j2} & \cdots & a_{jn} \\ \vdots & \vdots & & \vdots \\ a_{i1} & a_{i2} & \cdots & a_{in} \\ \vdots & \vdots & & \vdots \\ a_{n1} & a_{n2} & \cdots & a_{nn} \end{vmatrix}$$

性质 3 行列式一行（或列）的公因子可以提到行列式记号的外面，即

$$\begin{vmatrix} a_{11} & a_{12} & \cdots & a_{1n} \\ \vdots & \vdots & & \vdots \\ ka_{i1} & ka_{i2} & \cdots & ka_{in} \\ \vdots & \vdots & & \vdots \\ a_{n1} & a_{n2} & \cdots & a_{nn} \end{vmatrix} = k\begin{vmatrix} a_{11} & a_{12} & \cdots & a_{1n} \\ \vdots & \vdots & & \vdots \\ a_{i1} & a_{i2} & \cdots & a_{in} \\ \vdots & \vdots & & \vdots \\ a_{n1} & a_{n2} & \cdots & a_{nn} \end{vmatrix}$$

推论 如果行列式中有一行（或列）的全部元素都是零，那么这个行列式的值为零。

性质 4 如果行列式中两行（或列）对应元素全部相同，那么行列式的值为零，即

$$\begin{array}{r} \\ \\ i\text{行} \\ \\ j\text{行} \\ \\ \\ \end{array}\begin{vmatrix} a_{11} & a_{12} & \cdots & a_{1n} \\ \vdots & \vdots & & \vdots \\ a_{i1} & a_{i2} & \cdots & a_{in} \\ \vdots & \vdots & & \vdots \\ a_{i1} & a_{i2} & \cdots & a_{in} \\ \vdots & \vdots & & \vdots \\ a_{n1} & a_{n2} & \cdots & a_{nn} \end{vmatrix} = 0$$

推论 行列式中如果两行（或列）对应元素成比例，那么行列式的值为零。

性质 5 行列式中一行（或列）的每一个元素如果可以写成两数之和，即

$$a_{ij} = b_{ij} + c_{ij} \qquad (j=1,2,\cdots,n)$$

那么，此行列式等于两个行列式之和，这两个行列式的第 i 行的元素分别是 $b_{i1},b_{i2},\cdots,b_{in}$ 和 $c_{i1},c_{i2},\cdots,c_{in}$，其他各行（或列）的元素与原行列式相应各行（或列）的元素相同，即

$$\begin{vmatrix} a_{11} & a_{12} & \cdots & a_{1n} \\ \vdots & \vdots & & \vdots \\ b_{i1}+c_{i1} & b_{i2}+c_{i2} & \cdots & b_{in}+c_{in} \\ \vdots & \vdots & & \vdots \\ a_{n1} & a_{n2} & \cdots & a_{nn} \end{vmatrix} = \begin{vmatrix} a_{11} & a_{12} & \cdots & a_{1n} \\ \vdots & \vdots & & \vdots \\ b_{i1} & b_{i2} & \cdots & b_{in} \\ \vdots & \vdots & & \vdots \\ a_{n1} & a_{n2} & \cdots & a_{nn} \end{vmatrix} + \begin{vmatrix} a_{11} & a_{12} & \cdots & a_{1n} \\ \vdots & \vdots & & \vdots \\ c_{i1} & c_{i2} & \cdots & c_{in} \\ \vdots & \vdots & & \vdots \\ a_{n1} & a_{n2} & \cdots & a_{nn} \end{vmatrix}$$

性质 6 在行列式中，把某一行（或列）的倍数加到另一行（或列）对应的元素上去，那么行列式的值不变，即

$$\begin{vmatrix} a_{11} & a_{12} & \cdots & a_{1n} \\ \vdots & \vdots & & \vdots \\ a_{i1} & a_{i2} & \cdots & a_{in} \\ \vdots & \vdots & & \vdots \\ a_{j1}+ka_{i1} & a_{j2}+ka_{i2} & \cdots & a_{jn}+ka_{in} \\ \vdots & \vdots & & \vdots \\ a_{n1} & a_{n2} & \cdots & a_{nn} \end{vmatrix} = \begin{vmatrix} a_{11} & a_{12} & \cdots & a_{1n} \\ \vdots & \vdots & & \vdots \\ a_{i1} & a_{i2} & \cdots & a_{in} \\ \vdots & \vdots & & \vdots \\ a_{j1} & a_{j2} & \cdots & a_{jn} \\ \vdots & \vdots & & \vdots \\ a_{n1} & a_{n2} & \cdots & a_{nn} \end{vmatrix}$$

性质7　行列式D等于它的任意一行或列中所有元素与它们各自的代数余子式乘积之和，即

$$D=\sum_{k=1}^{n}a_{ik}A_{ik} \text{ 或 } D=\sum_{k=1}^{n}a_{kj}A_{kj}$$

其中，$i,j=1,2,\cdots,n$，换句话说，行列式可以按任意一行或列展开。

性质 8　行列式D中任意一行（或列）的元素与另一行（或列）对应元素的代数余子式乘积之和等于零，即当$i\neq j$时，

$$\sum_{k=1}^{n}a_{ik}A_{jk}=0 \text{ 或 } \sum_{k=1}^{n}a_{ki}A_{kj}=0$$

（3）行列式的计算

行列式的基本计算方法常用的有两种：“降阶法”和“化三角形法”。

降阶法是选择零元素最多的行（或列），按这一行（或列）展开；或利用行列式的性质把某一行（或列）的元素化为仅有一个非零元素，然后再按这一行（或列）展开。

例 1　计算

$$D=\begin{vmatrix} 2 & 0 & 1 & -1 \\ -5 & 1 & 3 & -4 \\ 1 & -5 & 3 & -3 \\ 3 & 1 & -1 & 2 \end{vmatrix}$$

解：$$D\xlongequal{c_1\leftrightarrow c_3}-\begin{vmatrix} 1 & 0 & 2 & -1 \\ 3 & 1 & -5 & -4 \\ 3 & -5 & 1 & -3 \\ -1 & 1 & 3 & 2 \end{vmatrix}\xlongequal[r_4+r_1]{\substack{r_2-3r_1\\ r_3-3r_1}}-\begin{vmatrix} 1 & 0 & 2 & -1 \\ 0 & 1 & -11 & -1 \\ 0 & -5 & -5 & 0 \\ 0 & 1 & 5 & 1 \end{vmatrix}$$

$$\xlongequal{r_3\div(-5)}5\begin{vmatrix} 1 & 0 & 1 & -1 \\ 0 & 1 & -11 & -1 \\ 0 & 1 & 1 & 0 \\ 0 & 1 & 5 & 1 \end{vmatrix}$$

$$\xlongequal[r_4-r_2]{r_3-r_2}5\begin{vmatrix} 1 & 0 & 1 & -1 \\ 0 & 1 & -11 & -1 \\ 0 & 0 & 12 & 1 \\ 0 & 0 & 16 & 2 \end{vmatrix}\xlongequal{r_4-\frac{4}{3}r_3}5\begin{vmatrix} 1 & 0 & 1 & -1 \\ 0 & 1 & -11 & -1 \\ 0 & 0 & 12 & 1 \\ 0 & 0 & 0 & \frac{2}{3} \end{vmatrix}$$

$$=5\times8=40$$

Python 程序实现代码如下：

```
from numpy import *
E=mat([[2,0,1,-1],[-5,1,3,-4],[1,-5,3,-3],[3,1,-1,2]])
print(linalg.det(E))
```

二、矩阵

1. 矩阵的概念

矩阵是数的矩形阵表。

由 $m \times n$ 个元素 a_{ij} $(i=1,2,\cdots,m;j=1,2,\cdots,n)$ 排列成的一个 m 行 n 列（横称行，纵称列）有序矩形数表，并加圆括号或方括号标记：

$$\begin{pmatrix} a_{11} & a_{12} & \cdots & a_{1n} \\ a_{21} & a_{22} & \cdots & a_{2n} \\ \vdots & \vdots & & \vdots \\ a_{m1} & a_{m2} & \cdots & a_{mn} \end{pmatrix} \text{或} \begin{bmatrix} a_{11} & a_{12} & \cdots & a_{1n} \\ a_{21} & a_{22} & \cdots & a_{2n} \\ \vdots & \vdots & & \vdots \\ a_{m1} & a_{m2} & \cdots & a_{mn} \end{bmatrix}$$

称为 m 行 n 列矩阵，简称 $m \times n$ 矩阵。矩阵通常用大写加粗字母 $\boldsymbol{A}$、$\boldsymbol{B}$、$\boldsymbol{C}$……表示，例如上述矩阵可以记为 $\boldsymbol{A}$ 或 $\boldsymbol{A}_{m\times n}$，也可记为

$$\boldsymbol{A}=[a_{ij}]_{m\times n}$$

特别地，当 $m=n$ 时，称 $\boldsymbol{A}$ 为 n 阶矩阵，或 n 阶方阵。在 n 阶方阵中，从左上角到右下角的对角线称为主对角线，从右上角到左下角的对角线称为次对角线。

当 $m=1$ 或 $n=1$ 时，矩阵只有一行或只有一列，即

$$\boldsymbol{A}=\begin{bmatrix} a_{11} & a_{12} & \cdots & a_{1n} \end{bmatrix} \text{ 或 } \boldsymbol{A}=\begin{bmatrix} a_{11} \\ a_{21} \\ \vdots \\ a_{m1} \end{bmatrix}$$

分别称为行矩阵或列矩阵，亦称为行向量或列向量。

当 $m=n=1$ 时，矩阵为一阶方阵。一阶方阵可作为数对待，但决不可将数看作是一阶方阵。

注意：矩阵与行列式有着本质的区别。

（1）矩阵是一个数表；而行列式是一个算式，一个数字行列式通过计算可求得其值。

（2）矩阵的行数与列数可以相等，也可以不等；而行列式的行数与列数则必须相等。

（3）对于 n 阶方阵 $\boldsymbol{A}$，有时也需计算它对应的行列式（记为 $|\boldsymbol{A}|$ 或 $\det\boldsymbol{A}$），但方阵 $\boldsymbol{A}$ 和方阵行列式 $\det\boldsymbol{A}$ 是不同的概念。

若两个矩阵的行数与列数分别相等，则称它们是同型矩阵。

若矩阵 $\boldsymbol{A}=[a_{ij}]$ 与 $\boldsymbol{B}=[b_{ij}]$ 是同型矩阵，并且它们的对应元素相等，即

$$a_{ij}=b_{ij} \ (i=1,2,\cdots,m;j=1,2,\cdots,n)$$

则称矩阵 $\boldsymbol{A}$ 与矩阵 $\boldsymbol{B}$ 相等，记为 $\boldsymbol{A}=\boldsymbol{B}$。

矩阵按元素的取值类型可分为实矩阵（元素都是实数）、复矩阵（元素都是复数）和超矩阵（元素本身是矩阵或其他更一般的数学对象）。此处只讨论实矩阵。

2. 矩阵的运算

（1）矩阵的加法

设 $\boldsymbol{A}=[a_{ij}]$，$\boldsymbol{B}=[b_{ij}]$ 是两个 $m\times n$ 矩阵，规定：

$$\boldsymbol{A}+\boldsymbol{B}=[a_{ij}+b_{ij}]_{m\times n}=\begin{bmatrix} a_{11}+b_{11} & a_{12}+b_{12} & \cdots & a_{1n}+b_{1n} \\ a_{21}+b_{21} & a_{22}+b_{22} & \cdots & a_{2n}+b_{2n} \\ \vdots & \vdots & & \vdots \\ a_{m1}+b_{m1} & a_{m2}+b_{m2} & \cdots & a_{mn}+b_{mn} \end{bmatrix}$$

称矩阵 **A+B** 为 **A** 与 **B** 的和。

定义中蕴含了同型矩阵是矩阵相加的必要条件，故在确认记号 **A+B** 有意义时，即已承认了 **A** 与 **B** 是同型矩阵的事实。

若 $\boldsymbol{A}=[a_{ij}]$，$\boldsymbol{B}=[b_{ij}]$ 是两个 $m\times n$ 矩阵，由矩阵加法和负矩阵的概念，规定

$$\boldsymbol{A}-\boldsymbol{B}=\boldsymbol{A}+(-\boldsymbol{B})=[a_{ij}]+[-b_{ij}]=[a_{ij}-b_{ij}]$$

称 **A−B** 为 **A** 与 **B** 的差。

（2）矩阵的数乘

设 λ 是任意一个实数，$\boldsymbol{A}=[a_{ij}]$ 是一个 $m\times n$ 矩阵，规定

$$\lambda\boldsymbol{A}=[\lambda a_{ij}]_{m\times n}=\begin{bmatrix} \lambda a_{11} & \lambda a_{12} & \cdots & \lambda a_{1n} \\ \lambda a_{21} & \lambda a_{22} & \cdots & \lambda a_{2n} \\ \vdots & \vdots & & \vdots \\ \lambda a_{m1} & \lambda a_{m1} & \cdots & \lambda a_{mn} \end{bmatrix}$$

称矩阵 $\lambda\boldsymbol{A}$ 为数 λ 与矩阵 **A** 的数量乘积，或简称为矩阵的数乘。

由定义可知，用数 λ 乘以一个矩阵 **A**，需要用数 λ 乘以矩阵 **A** 的每一个元素。特别地，当 $\lambda=-1$ 时，即得到 **A** 的负矩阵 **−A**。

例 2　设 $\boldsymbol{A}=\begin{pmatrix} 1 & 3 & -2 \\ 1 & -1 & 4 \end{pmatrix}$，$\boldsymbol{B}=\begin{pmatrix} -3 & 1 & 2 \\ 2 & 3 & -1 \end{pmatrix}$，求 $\boldsymbol{A}-2\boldsymbol{B}$。

解　$\boldsymbol{A}-2\boldsymbol{B}=\begin{pmatrix} 1 & 3 & -2 \\ 1 & -1 & 4 \end{pmatrix}-2\begin{pmatrix} -3 & 1 & 2 \\ 2 & 3 & -1 \end{pmatrix}$

$$=\begin{pmatrix} 1 & 3 & -2 \\ 1 & -1 & 4 \end{pmatrix}-\begin{pmatrix} -6 & 2 & 4 \\ 4 & 6 & -2 \end{pmatrix}=\begin{pmatrix} 7 & 1 & -6 \\ -3 & -7 & 6 \end{pmatrix}$$

Python 程序实现代码如下：

```
from numpy import *
A=array([[1,3,-2],[1,-1,4]])
B=array([[-3,1,2],[2,3,-1]])
C=A-2*B
print(C)
```

（3）矩阵的乘法

设 **A** 是一个 $m\times s$ 矩阵，**B** 是一个 $s\times n$ 矩阵，**C** 是一个 $m\times n$ 矩阵，

$$A=\begin{bmatrix}a_{11}&a_{12}&\cdots&a_{1s}\\a_{21}&a_{22}&\cdots&a_{2s}\\\vdots&\vdots&&\vdots\\a_{m1}&a_{m2}&\cdots&a_{ms}\end{bmatrix},\quad B=\begin{bmatrix}b_{11}&b_{12}&\cdots&b_{1n}\\b_{21}&b_{22}&\cdots&b_{2n}\\\vdots&\vdots&&\vdots\\b_{s1}&b_{s2}&\cdots&b_{sn}\end{bmatrix},\quad C=\begin{bmatrix}c_{11}&c_{12}&\cdots&c_{1n}\\c_{21}&c_{22}&\cdots&c_{2n}\\\vdots&\vdots&&\vdots\\c_{m1}&c_{m2}&\cdots&c_{mn}\end{bmatrix}$$

其中，$c_{ij}=a_{i1}b_{1j}+a_{i2}b_{2j}+\cdots+a_{is}b_{sj}=\sum_{k=1}^{s}a_{ik}b_{kj}\ (i=1,2,\cdots,m;\ j=1,2,\cdots,n)$，则矩阵 C 称为矩阵 A 与 B 的乘积，记为 $AB=C$。

在矩阵的乘法定义中，要求左矩阵的列数与右矩阵的行数相等，否则不能进行乘法运算。乘积矩阵 $C=AB$ 中的第 i 行第 j 列个元素等于 A 的第 i 行元素与 B 的第 j 列对应元素的乘积之和，简称为行乘列法则。

例 3　已知 $A=\begin{pmatrix}1&0&3&-1\\2&1&0&2\end{pmatrix}$，$B=\begin{pmatrix}4&1&0\\-1&1&3\\2&0&1\\1&3&4\end{pmatrix}$，求 AB。

解　$c_{11}=1\times4+0\times(-1)+3\times2+(-1)\times1=9$

$c_{12}=1\times1+0\times1+3\times0+(-1)\times3=-2$

$c_{13}=1\times0+0\times3+3\times1+(-1)\times4=-1$

$c_{21}=2\times4+1\times(-1)+0\times2+2\times1=9$

$c_{22}=2\times1+1\times1+0\times0+2\times3=9$

$c_{23}=2\times0+1\times3+0\times1+2\times4=11$

$$AB=C=\begin{pmatrix}9&-2&-1\\9&9&11\end{pmatrix}$$

Python 程序实现代码如下：

```
from numpy import *
A=mat([[1,0,3,-1],[2,1,0,2]])
B=mat([[4,1,0],[-1,1,3],[2,0,1],[1,3,4]])
C=A*B
print(C)
```

因为矩阵 B 的列数与 A 的行数不等，所以乘积 BA 没有意义。

（4）矩阵的转置

将矩阵 A 的行与列按顺序互换所得到的矩阵，称为矩阵 A 的转置矩阵，记为 A^{T}，即

$$A=\begin{bmatrix}a_{11}&a_{12}&\cdots&a_{1n}\\a_{21}&a_{22}&\cdots&a_{2n}\\\vdots&\vdots&&\vdots\\a_{m1}&a_{m2}&\cdots&a_{mn}\end{bmatrix},\quad A^{\mathrm{T}}=\begin{bmatrix}a_{11}&a_{21}&\cdots&a_{m1}\\a_{12}&a_{22}&\cdots&a_{m2}\\\vdots&\vdots&&\vdots\\a_{1n}&a_{2n}&\cdots&a_{mn}\end{bmatrix}$$

矩阵的转置方法与行列式相类似，但是，若矩阵不是方阵，则矩阵转置后，行、列数都变了，各元素的位置也变了，所以通常 $A\neq A^{\mathrm{T}}$。

例 4　设 $\boldsymbol{A}=\begin{pmatrix}1 & 3 & -2\\0 & -1 & 4\end{pmatrix}$，$\boldsymbol{B}=\begin{pmatrix}1 & -1 & 7\\4 & 3 & 0\\2 & 1 & 2\end{pmatrix}$，求 $(\boldsymbol{AB})'$。

解　因为

$$\boldsymbol{AB}=\begin{pmatrix}1 & 3 & -2\\0 & -1 & 4\end{pmatrix}\begin{pmatrix}1 & -1 & 7\\4 & 3 & 0\\2 & 1 & 2\end{pmatrix}=\begin{pmatrix}9 & 6 & 3\\4 & 1 & 8\end{pmatrix}$$

于是

$$(\boldsymbol{AB})'=\begin{pmatrix}9 & 4\\6 & 1\\3 & 8\end{pmatrix}$$

Python 程序实现代码如下：

```
from numpy import *
A=mat([[1,3,-21],[0,-1,4]])
B=mat([[1,-1,7],[4,3,0],[2,1,2]])
C=A*B
print(C.T)
```

（5）矩阵的逆

对于矩阵 $\boldsymbol{A}$，若存在矩阵 $\boldsymbol{B}$，满足

$$\boldsymbol{AB}=\boldsymbol{BA}=\boldsymbol{E}$$

则称矩阵 $\boldsymbol{A}$ 为可逆矩阵，简称 $\boldsymbol{A}$ 可逆，称 $\boldsymbol{B}$ 为 $\boldsymbol{A}$ 的逆矩阵，记为 $\boldsymbol{A}^{-1}$，即 $\boldsymbol{A}^{-1}=\boldsymbol{B}$。

由定义可知，$\boldsymbol{A}$ 与 $\boldsymbol{B}$ 一定是同阶的方阵，而且 $\boldsymbol{A}$ 若可逆，则 $\boldsymbol{A}$ 的逆矩阵是唯一的。

由于在逆矩阵的定义中，矩阵 $\boldsymbol{A}$ 与 $\boldsymbol{B}$ 的地位是平等的，因此也可以称 $\boldsymbol{B}$ 为可逆矩阵，称 $\boldsymbol{A}$ 为 $\boldsymbol{B}$ 的逆矩阵，即 $\boldsymbol{B}^{-1}=\boldsymbol{A}$，也就是说，$\boldsymbol{A}$ 与 $\boldsymbol{B}$ 互为逆矩阵。

例 5　设 $\boldsymbol{A}=\begin{pmatrix}1 & 2 & 3\\2 & 2 & 1\\3 & 4 & 3\end{pmatrix}$，求 $\boldsymbol{A}$ 的逆矩阵。

解　$|\boldsymbol{A}|=2\neq 0$，因而 $\boldsymbol{A}^{-1}$ 存在。

计算

$$A_{11}=2，A_{12}=-3，A_{13}=2，$$
$$A_{21}=6，A_{22}=-6，A_{23}=2，$$
$$A_{31}=-4，A_{32}=5，A_{33}=-2，$$

得

$$\boldsymbol{A}^{*}=\begin{pmatrix}2 & 6 & -4\\-3 & -6 & 5\\2 & 2 & -2\end{pmatrix}$$

所以

$$A^{-1}=\frac{1}{2}\begin{pmatrix}2 & 6 & -4\\ -3 & -6 & 5\\ 2 & 2 & -2\end{pmatrix}=\begin{pmatrix}1 & 3 & -2\\ -\dfrac{3}{2} & -3 & \dfrac{5}{2}\\ 1 & 1 & -1\end{pmatrix}$$

Python 程序实现代码如下：

```
from numpy import *
A=mat([[1,2,3],[2,2,1],[3,4,3]])
print(A.I)
```

例 6　设 $\boldsymbol{A}=\begin{pmatrix}1 & 2 & -2\\ 2 & -3 & 2\\ -2 & -1 & 1\end{pmatrix}$，求 $\boldsymbol{A}^{-1}$。

解

$$(\boldsymbol{A}|\boldsymbol{E})=\left(\begin{array}{ccc:ccc}1 & 2 & -2 & 1 & 0 & 0\\ 2 & -3 & 2 & 0 & 1 & 0\\ -2 & -1 & 1 & 0 & 0 & 1\end{array}\right)\xrightarrow[r_3+2r_1]{r_2-2r_1}\left(\begin{array}{ccc:ccc}1 & 2 & -2 & 1 & 0 & 0\\ 0 & -7 & 6 & -2 & 1 & 0\\ 0 & 3 & -3 & 2 & 0 & 1\end{array}\right)$$

$$\xrightarrow{r_2+2r_3}\left(\begin{array}{ccc:ccc}1 & 2 & -2 & 1 & 0 & 0\\ 0 & -1 & 0 & 2 & 1 & 2\\ 0 & 3 & -3 & 2 & 0 & 1\end{array}\right)\xrightarrow[r_3+3r_2]{r_1+2r_2}\left(\begin{array}{ccc:ccc}1 & 0 & -2 & 5 & 2 & 4\\ 0 & -1 & 0 & 2 & 1 & 2\\ 0 & 0 & -3 & 8 & 3 & 7\end{array}\right)$$

$$\xrightarrow{r_1-\frac{2}{3}r_3}\left(\begin{array}{ccc:ccc}1 & 0 & 0 & -\dfrac{1}{3} & 0 & -\dfrac{2}{3}\\ 0 & -1 & 0 & 2 & 1 & 2\\ 0 & 0 & -3 & 8 & 3 & 7\end{array}\right)\xrightarrow[r_3\times\left(-\frac{1}{3}\right)]{r_2\times(-1)}\left(\begin{array}{ccc:ccc}1 & 0 & 0 & -\dfrac{1}{3} & 0 & -\dfrac{2}{3}\\ 0 & 1 & 0 & -2 & -1 & -2\\ 0 & 0 & 1 & -\dfrac{8}{3} & -1 & -\dfrac{7}{3}\end{array}\right),$$

所以

$$\boldsymbol{A}^{-1}=\begin{pmatrix}-\dfrac{1}{3} & 0 & -\dfrac{2}{3}\\ -2 & -1 & -2\\ -\dfrac{8}{3} & -1 & -\dfrac{7}{3}\end{pmatrix}。$$

Python 程序实现代码如下：

```
from numpy import *
A=mat([[1,2,-2],[2,-3,2],[-2,-1,1]])
print(A.I)
```

用初等行变换法求给定的 n 阶方阵 $\boldsymbol{A}$ 的逆矩阵 $\boldsymbol{A}^{-1}$，并不需要知道 $\boldsymbol{A}$ 是否可逆。在对矩阵 $[\boldsymbol{A}|\boldsymbol{E}]$ 进行初等行变换的过程中，若 $[\boldsymbol{A}|\boldsymbol{E}]$ 的左半部分出现了零行，说明矩阵 $\boldsymbol{A}$ 的行列式 $\det\boldsymbol{A}=0$，可以判定矩阵 $\boldsymbol{A}$ 不可逆。若 $[\boldsymbol{A}|\boldsymbol{E}]$ 中的左半部分能化成单位矩阵 $\boldsymbol{E}$，说明矩阵 $\boldsymbol{A}$ 的行列式 $\det\boldsymbol{A}\neq 0$，可以判定矩阵 $\boldsymbol{A}$ 是可逆的，而且这个单位矩阵 $\boldsymbol{E}$ 右边的矩阵就是 $\boldsymbol{A}$ 的逆矩阵 $\boldsymbol{A}^{-1}$，它是由单位矩阵 $\boldsymbol{E}$ 经过同样的初等行变换得到的。

三、n 维向量

1. n 维向量的定义

由 n 个数 $a_1, a_2, \cdots, a_n$ 组成的 n 元有序数组称为一个 n 维向量（Vector），这 n 个数称为该向量的 n 个分量，第 i 个数 a_i 称为 n 维向量的第 i 个分量。

向量一般用小写的粗体希腊字母 $\boldsymbol{\alpha}$、$\boldsymbol{\beta}$、$\boldsymbol{\gamma}$ 等表示，如 $\boldsymbol{\alpha}=\{a_i\}_n\ (i=1, 2, \cdots, n)$。

n 维向量写成一行称为行向量，即为行矩阵；n 维向量写成一列称为列向量，即为列矩阵。通常，我们将列向量记为

$$\boldsymbol{\alpha}=\begin{bmatrix} a_1 \\ a_2 \\ \vdots \\ a_n \end{bmatrix}$$

而将行向量记为列向量的转置，即

$$\boldsymbol{\alpha}^{\mathrm{T}}=\begin{bmatrix} a_1 & a_2 & \cdots & a_n \end{bmatrix}^{\mathrm{T}}$$

联想三维空间中的向量或点的坐标，能帮助我们直观理解向量的概念。当 $n>3$ 时，n 维向量没有直观的几何形象，但仍将 n 维实向量的全体 $\mathbf{R}^n$ 称为 n 维向量空间。

若干个同维数的列向量（或同维数的行向量）组成的集合称为向量组。

例如，矩阵

$$\boldsymbol{A}=\begin{bmatrix} a_{11} & a_{12} & \cdots & a_{1n} \\ a_{21} & a_{22} & \cdots & a_{2n} \\ \vdots & \vdots & & \vdots \\ a_{m1} & a_{m2} & \cdots & a_{mn} \end{bmatrix}$$

有 n 个 m 维列向量

$$\boldsymbol{\alpha}_1=\begin{bmatrix} a_{11} \\ a_{21} \\ \vdots \\ a_{m1} \end{bmatrix}, \quad \boldsymbol{\alpha}_2=\begin{bmatrix} a_{12} \\ a_{22} \\ \vdots \\ a_{m2} \end{bmatrix}, \quad \cdots, \quad \boldsymbol{\alpha}_n=\begin{bmatrix} a_{1n} \\ a_{2n} \\ \vdots \\ a_{mn} \end{bmatrix}$$

向量组 $\boldsymbol{\alpha}_1, \boldsymbol{\alpha}_2, \cdots, \boldsymbol{\alpha}_n$ 称为矩阵 $\boldsymbol{A}$ 的列向量组。同样，矩阵 $\boldsymbol{A}$ 又有 m 个 n 维行向量

$$\boldsymbol{\beta}_1=\begin{bmatrix} a_{11} & a_{12} & \cdots & a_{1n} \end{bmatrix},$$
$$\boldsymbol{\beta}_2=\begin{bmatrix} a_{21} & a_{22} & \cdots & a_{2n} \end{bmatrix},$$
$$\cdots$$
$$\boldsymbol{\beta}_m=\begin{bmatrix} a_{m1} & a_{m2} & \cdots & a_{mn} \end{bmatrix}$$

向量组 $\boldsymbol{\beta}_1, \boldsymbol{\beta}_2, \cdots, \boldsymbol{\beta}_m$ 称为矩阵 $\boldsymbol{A}$ 的行向量组。

反之，有限个向量所组成的向量组可以构成一个矩阵。m 个 n 维列向量组成的向量组 $\boldsymbol{\alpha}_1, \boldsymbol{\alpha}_2, \cdots, \boldsymbol{\alpha}_m$ 构成一个 $m\times n$ 矩阵

$$\boldsymbol{A}=\begin{bmatrix} \boldsymbol{\alpha}_1 & \boldsymbol{\alpha}_2 & \cdots & \boldsymbol{\alpha}_m \end{bmatrix}$$

m 个 n 维行向量组成的向量组 $\boldsymbol{\beta}_1,\boldsymbol{\beta}_2,\cdots,\boldsymbol{\beta}_m$ 构成一个 $m\times n$ 矩阵

$$\boldsymbol{A}=\begin{bmatrix}\boldsymbol{\beta}_1\\\boldsymbol{\beta}_2\\\vdots\\\boldsymbol{\beta}_m\end{bmatrix}$$

2. n 维向量间的线性关系

设向量组 $\boldsymbol{A}$：$\boldsymbol{\alpha}_1,\boldsymbol{\alpha}_2,\cdots,\boldsymbol{\alpha}_m$ 有 m 个 n 维向量，若有 m 个数 $k_1,k_2,\cdots,k_m$，使得

$$\boldsymbol{\alpha}=k_1\boldsymbol{\alpha}_1+k_2\boldsymbol{\alpha}_2+\cdots+k_m\boldsymbol{\alpha}_m$$

则称 $\boldsymbol{\alpha}$ 为 $\boldsymbol{\alpha}_1,\boldsymbol{\alpha}_2,\cdots,\boldsymbol{\alpha}_m$ 的线性组合，或称 $\boldsymbol{\alpha}$ 由 $\boldsymbol{\alpha}_1,\boldsymbol{\alpha}_2,\cdots,\boldsymbol{\alpha}_m$ 线性表示。

3. n 维向量间的线性相关与线性无关

设 $\boldsymbol{\alpha}_1,\boldsymbol{\alpha}_2,\cdots,\boldsymbol{\alpha}_m$ 为 m 个 n 维向量，若有不全为零的 m 个数 $k_1,k_2,\cdots,k_m$，使得关系式

$$k_1\boldsymbol{\alpha}_1+k_2\boldsymbol{\alpha}_2+\cdots+k_m\boldsymbol{\alpha}_m=\boldsymbol{0}$$

恒成立，则称向量组 $\boldsymbol{\alpha}_1,\boldsymbol{\alpha}_2,\cdots,\boldsymbol{\alpha}_m$ 线性相关；否则，称向量组 $\boldsymbol{\alpha}_1,\boldsymbol{\alpha}_2,\cdots,\boldsymbol{\alpha}_m$ 线性无关。即若仅当 $k_1=k_2=\cdots=k_m=0$ 时，上式才成立，则 $\boldsymbol{\alpha}_1,\boldsymbol{\alpha}_2,\cdots,\boldsymbol{\alpha}_m$ 线性无关。

定理 1 若关于向量组 $\boldsymbol{\alpha}_1,\boldsymbol{\alpha}_2,\cdots,\boldsymbol{\alpha}_m$ 的齐次线性方程组

$$x_1\boldsymbol{\alpha}_1+x_2\boldsymbol{\alpha}_2+\cdots+x_m\boldsymbol{\alpha}_m=\boldsymbol{0}$$

有非零解，则向量组 $\boldsymbol{\alpha}_1,\boldsymbol{\alpha}_2,\cdots,\boldsymbol{\alpha}_m$ 线性相关；若齐次线性方程组只有唯一的零解，则向量组 $\boldsymbol{\alpha}_1,\boldsymbol{\alpha}_2,\cdots,\boldsymbol{\alpha}_m$ 线性无关。

定理 2 向量组 $\boldsymbol{\alpha}_1,\boldsymbol{\alpha}_2,\cdots,\boldsymbol{\alpha}_m$ $(m\geqslant 2)$ 线性相关的充分必要条件是：其中至少有一个向量可以由其余向量线性表示。

附录 F 公开数据集介绍与下载

数据集（Data Set），顾名思义是一个数据的集合，数据的每一行都对应于数据集中的一个成员，每一列代表一个特定变量（字段、属性）。公共的数据集方便各位学者将实验结果做对比，以此来说明自己算法的正确性。

可以用两种方法导入数据。一种是导入各大平台内置的数据集，例如，Scikit-Learn 提供了一些标准数据集（如表 T6-1 所示），其中，鸢尾花数据集是由三种鸢尾花各 50 条数据构成的数据集，每个样本包含萼片（Sepals）的长和宽、花瓣（Petals）的长和宽 4 个特征，用于分类任务；波士顿房价数据集包含 506 条数据，每条数据包含城镇犯罪率、一氧化氮浓度、住宅平均房间数、到中心区域的距离及自住房平均房价等信息。

表 T6-1　Scikit-Learn 中的标准数据集

类　别	数据集名称	调 用 方 式	适 用 算 法
小数据集	波士顿房价数据集	load_boston()	回归
	鸢尾花数据集	load_iris()	分类
	糖尿病数据集	load_diabetes()	回归
	手写数字数据集	load_digits()	分类
大数据集	Olivetti 脸部图像数据集	fetch_olivetti_faces()	降维
	新闻分类数据集	fetch_20newsgroups()	分类
	带标签的人脸数据集	fetch_lfw_people()	分类、降维
	路透社新闻语料数据集	fetch_rcv1()	分类

另外一种是导入本地的或者网络上的数据集。下面主要从图像、文本、语音和视频方面介绍一些经典的数据集。

 图像

1. MNIST

MNIST 数据集来自美国国家标准与技术研究所（National Institute of Standards and Technology, NIST），是一个用于手写数字识别的数据集（如图 F6-1 所示），数据集中包含 60000 个训练样本、10000 个示例测试样本，每个样本图像的宽×高为 28×28 像素，已经归一化并形成固定大小，预处理工作已经基本完成。图片都被转成二进制存放到文件里面，每个像素被

转成了 0～255，0 代表白色，255 代表黑色，标签值是 0～9。在机器学习中，主流的机器学习平台(包括 Scikit-learn)很多都使用该数据集作为入门级别的介绍和应用，主要包含以下 4 个文件：

- Training set images: train-images-idx3-ubyte.gz（9.9MB，包含 60000 个样本）;
- Training set labels: train-labels-idx1-ubyte.gz（29KB，包含 60000 个标签）;
- Test set images: t10k-images-idx3-ubyte.gz（1.6MB，包含 10000 个样本）;
- Test set labels: t10k-labels-idx1-ubyte.gz（5KB，包含 10000 个标签）。

下载地址：http://yann.lecun.com/exdb/mnist/。

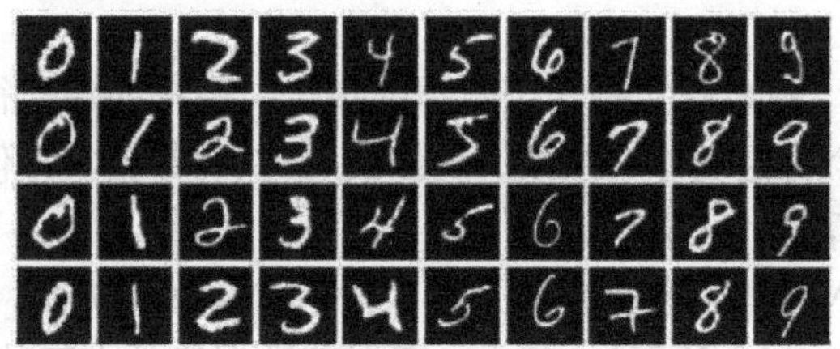

图 F6-1 MNIST 数据集示意图

2. Dogs vs. Cats 数据集

Dogs vs. Cats 数据集是 Kaggle 数据竞赛的一道赛题，利用给定的数据集，用算法实现猫和狗的识别。数据集由训练数据和测试数据组成，训练数据包含猫和狗各 12500 张图片，测试数据包含 12500 张猫和狗的图片（见图 F6-2），数据格式为处理后的 CSV 文件。

下载地址：https://www.kaggle.com/c/dogs-vs-cats/data/。

图 F6-2 Dogs vs. Cats 数据集示意图

3. ImageNet

MNIST 将初学者领进了图像识别领域，而 ImageNet 数据集对图像识别起到了巨大的推动作用。ImageNet 是图像识别领域应用得非常多的一个数据集，其文档详细，有专门的团队维护，使用非常方便，几乎成为了目前图像识别领域算法性能检验的“标准”数据集。

ImageNet 数据集就像一个网络一样，拥有多个 node（节点）。每个 node 相当于一个 item 或者 subcategory。ImageNet 数据集平均提供 1000 个图像来说明每个同义集合（概念、类别），实际上就是一个巨大的可供图像/视觉训练的图片库。ImageNet 数据有 1400 多万幅图片，涵盖 2 万多个类别，其中有超过百万的图片有明确的类别标注和图像中物体位置的标注。2010 年 4 月 30 日更新信息如下：

- Total number of non-empty synsets: 21841；
- Total number of images: 14197122；
- Number of images with bounding box annotations: 1034908；
- Number of synsets with SIFT features: 1000；
- Number of images with SIFT features: 1.2 million。

下载地址：http://www.image-net.org/。

4. IMDB-WIKI 500k+

IMDB-WIKI 500k+是一个包含名人人脸图像、年龄、性别的数据集，图像和年龄、性别信息从 IMDb 和 Wikipedia 网站抓取，总计 20284 位名人的 523051 张人脸图像及对应的年龄和性别。其中，获取自 IMDb 的 460723 张，获取自 Wikipedia 的 62328 张，如图 F6-3 所示。

下载地址：https://data.vision.ee.ethz.ch/cvl/rrothe/imdb-wiki/。

图 F6-3　IMDB-WIKI 500k+数据集示意图

5. 3D MNIST

3D MNIST 是一个 3D 数字识别数据集，用以识别三维空间中的数字字符，如图 F6-4 所示。

下载地址：https://www.kaggle.com/daavoo/3d-mnist/。

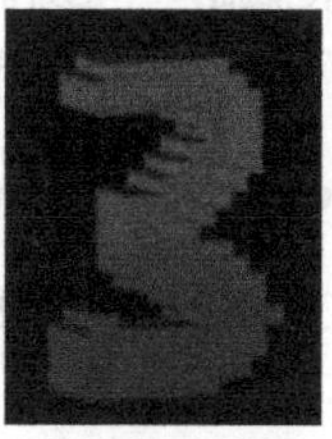

图 F6-4　3D MNIST 数据集示意图

二、文本

1. WikiText

WikiText 是源自高品质维基百科文章的大型语言建模语料库，由 Salesforce MetaMind 维护。

WikiText 英语词库数据（the WikiText Long Term Dependency Language Modeling Dataset）是一个包含 1 亿个词汇的英文词库数据，这些词汇是从 Wikipedia 的优质文章和标杆文章中提

取得到的，包括 WikiText-2 和 WikiText-103 两个版本。WikiText-2 是 PennTreebank（PTB）词库中词汇数量的 2 倍，WikiText-103 是 PennTreebank（PTB）词库中词汇数量的 110 倍。每个词汇还同时保留产生该词汇的原始文章，这尤其适合需要长时间依赖（Long Term Dependency）自然语言建模的场景。与 Penn Treebank（PTB）的 Mikolov 处理版本相比，WikiText 数据集更大。WikiText 数据集还保留数字、大小写和标点符号（见图 F6-5）。

下载地址：http://metamind.io/research/the-wikitext-long-term-dependency-language-modeling-dataset/。

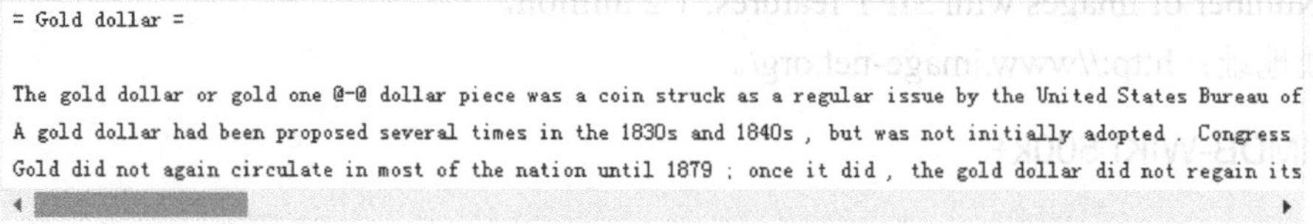

```
= Gold dollar =

The gold dollar or gold one @-@ dollar piece was a coin struck as a regular issue by the United States Bureau of
A gold dollar had been proposed several times in the 1830s and 1840s , but was not initially adopted . Congress
Gold did not again circulate in most of the nation until 1879 ; once it did , the gold dollar did not regain its
```

图 F6-5　WikiText 数据集示意图

2. Question Pairs

第一个来源于 Quora（一个社交网络服务网站）的包含重复/语义相似性标签的数据集，为每个逻辑上不同的查询设置一个规范的页面，使得知识共享在许多方面更加高效。Question Pairs 数据集由超过 40 万行的潜在问题的问答组成。每行数据包含问题 ID、问题全文及指示该行是否真正包含重复对的二进制值，可以应用于自然语言理解和智能问答。Quora 的一个重要原则是每个逻辑上不同的问题都有一个单独的问题页面。举一个简单的例子，“美国人口最多的州是什么？”和“美国哪个州的人口最多？”这样的疑问不应该单独存在，因为两者背后的意图是相同的，在是否重复属性上有所体现，如图 F6-6 所示。

下载地址：https://data.quora.com/First-Quora-Dataset-Release-Question-Pairs/。

id	qid1	qid2	question1	question2	is_duplicate
447	895	896	What are natural numbers?	What is a least natural number?	0
1518	3037	3038	Which pizzas are the most popularly ordered pizzas on Domino's menu?	How many calories does a Dominos pizza have?	0
3272	6542	6543	How do you start a bakery?	How can one start a bakery business?	1
3362	6722	6723	Should I learn python or Java first?	If I had to choose between learning Java and Python, what should I choose to learn first?	1

图 F6-6　Question Pairs 数据集示意图

三、语音

大多数语音识别数据集是有所有权的，这些语音数据为它们的所属公司产生效益，因此，在这一领域里，许多可用的数据集相对比较陈旧。

1. 2000 HUB5 English

2000 HUB5 English 由 LDC（the Linguistic Data Consortium，语言数据联盟）开发，由 NIST 主办的 2000 HUB5 评估中使用的 40 个英语电话谈话的成绩单组成。HUB5 评估系列侧重于通话时的会话语音转换，将会话语音转换为文本。该数据集目标是探索有前途的对话语音识别新领域，开发融合这些想法的先进技术，并衡量新技术的性能。如图 F6-7 所示为该数据集中语音对应文本示意图。

下载地址：https://catalog.ldc.upenn.edu/LDC2002T43/。

```
#Language: eng
#File id: 6489


533.71 535.28 B: they think lunch is too long

533.86 533.95 A: (( ))

535.43 536.44 A: they think lunch is too long

536.67 537.28 B: {laugh}
```

图 F6-7　2000 HUB5 English 数据集示意图

2. LibriSpeech

LibriSpeech 是由 Vassil Panayotov 在 Daniel Povey 的协助下整理的大约 1000 小时的 16kHz 英文演讲的语料库。这些数据包括文本和语音，来源于 LibriVox 项目的有声读物，并经过仔细分类。

下载地址：http://www.openslr.org/12/。

四、视频

Densely Annotated Video Segmentation 视频分割数据

DenselyAnnotatedVideoSegmentation 是一个高清视频中的物体分割数据集（见图 F6-8），包括 50 个视频序列，3455 个帧标注，视频采集自高清 1080p 格式。

下载地址：http://davischallenge.org/。

图 F6-8　Densely Annotated Video Segmentation 视频分割数据示意图

附录 G

人工智能的网络学习资源

 Coursera

Coursera 是免费的大型公开在线课程项目，旨在同世界顶尖大学合作，在线提供免费的网络公开课程。Coursera 的合作院校包括斯坦福大学、密歇根大学、普林斯顿大学、宾夕法尼亚大学、佐治亚理工学院、杜克大学、华盛顿大学、加州理工学院、莱斯大学、爱丁堡大学、多伦多大学、洛桑联邦理工学院-洛桑（瑞士）、约翰·霍普金斯大学公共卫生学院、加州大学旧金山分校、伊利诺伊大学厄巴纳-香槟分校及弗吉尼亚大学等。

1. Machine Learning

Andrew Ng（吴恩达）是斯坦福大学的副教授，也曾是百度的首席科学家。该课程主要讲解有监督和无监督学习、线性和逻辑回归、正则化方法、朴素贝叶斯理论，并探讨了机器学习的应用和如何实现相关机器学习算法。默认听课的学生已经具备一定的概率、线性代数和计算机科学方面的基础知识。本课程大约 11 周，尽管课程使用 Octave 和 MATLAB 软件辅助分析，但吴恩达老师用极其清楚直白的语言深入浅出地讲解，侧重于概念理解而不是数学，对数学、统计、IT 基础薄弱的学生十分友好，获得大量好评，值得一学。

课程链接：https://www.coursera.org/learn/MacOShine-learning/。

2. Neural Networks for Machine Learning

本门课程是深度学习必修课程，讲师为该领域的专家 Geoffrey Hinton。课程聚焦于神经网络和深度学习，是深入了解该领域最好的课程之一。课程要求初学者具备微积分、Python 基础，涉及许多专有名词，对初学者难度较大，需自己查找相关资料。

课程官方介绍："（你会在这门课）学习人工神经网络及它们如何应用于机器学习，比方说语音、物体识别、图像分割（Image Segmentation）、建模语言、人体运动，等等。我们同时强调基础算法，以及对它们成功应用所需的实用技巧。"

Coursera 课程链接：https://www.coursera.org/learn/neural-networks/。

网易课程链接：http://c.open.163.com/coursera/courseIntro.htm?cid=77/。

3. Artificial Intelligence

本课程由中国台湾大学的于天立助理教授主讲，给予人工智能一般性的介绍，并且深入探索三种常用的搜索：不利用问题特性的 uninformed search、使用问题特性的 informed search，以及针对零和对局的 adversarial search。课程中除了讲解各种搜索的技术之外，也同时探讨它们的优缺点及应用范围，使学习者更容易运用相关技术。课程有两大课程目标：使学习者了解如何以搜索达成人工智能；使学习者能将相关技术应用到自己的问题上。

课程链接：https://www.coursera.org/learn/rengong-zhineng/。

二、Udacity 平台

Udacity 是一家营利性在线教育机构，教学所用语言为英语。Udacity 的平台不仅有视频，还有自己的学习管理系统，内置编程接口、论坛和社交元素。

1. 人工智能入门

该课程是人工智能入门最好的公开课之一，课程内容主要涉及领域包括：概率推理、机器学习、信息检索、机器人学、自然语言处理等。两位主讲者 Peter Norvig 和 Sebastian Thrun，一个是 Google 研究总监，另一个是斯坦福著名机器学习教授，均是与吴恩达、Yann Lecun 同级别的顶级人工智能专家。该课程倾向于介绍人工智能的实际应用，其课程练习广受好评。

课程链接：https://cn.udacity.com/course/intro-to-artificial-intelligence--cs271/。

2. 机器学习入门（中/英）

机器学习是通向数据分析领域最令人兴奋的职业生涯的“头等舱”机票。随着数据源及处理这些数据所需计算能力的不断增强，直捣数据“黄龙”已成为快速获取洞见和做出预测的最简单直白的方法。

机器学习将计算机科学和统计学结合起来，驾驭这种预测能力。对于所有志向远大的数据分析师和数据科学家，或者希望将浩瀚的原始数据整理成提纯的趋势和预测值的其他所有人士，机器学习都是一项必备技能。本课程通过机器学习的视角讲授终端到终端的数据调查过程。课程讲解如何提取和识别最能表示数据的有用特征、一些最重要的机器学习算法，以及如何评价机器学习算法的性能。此课程提供中文版本。

课程链接：https://cn.udacity.com/course/intro-to-MacOShine-learning--ud120/。

3. 深度学习（中/英）by Google

Udacity 提供的“将机器学习带入了新的阶段”，这门课程是免费的课程。谷歌这门为期三个月的课程并不是为初学者设计的，它介绍的是深度学习、深度神经网络、卷积网络的动机，以及面向文本和序列的深度模型。课程导师 Vincent Vanhoucke 和 Arpan Chakraborty 希望参与者能够具有 Python 和 GitHub 编程经验，并且了解机器学习、统计学、线性代数和微积分的基本概念。区别其他平台课程，TensorFlow（谷歌内部深度学习图书馆）课程的好处是学生可以自定义学习进度。

课程链接：https://cn.udacity.com/course/deep-learning--ud730/。

4. 机器学习（进阶）

机器学习标志着计算机科学、数据分析、软件工程和人工智能领域内的重大技术突破。AlphaGo 战胜人类围棋冠军、人脸识别、大数据挖掘，都和机器学习密切相关。这个项目将引导学生如何成长为一名机器学习工程师，并将预测模型应用于金融、医疗、教育等领域内的大数据处理。先修知识需要掌握中级编程知识、中级统计学知识、中级微积分和线性代数知识。

课程链接：https://cn.udacity.com/course/MacOShine-learning-engineer-nanodegree--nd009-cn-advanced/。

三、edX

Machine Learning

该课程的主讲者是哥伦比亚大学副教授 John Paisley，他只是一名相对普通的青年学者，于 2017 年首次开课，是时下较新的机器学习入门课程。这门课中，学习者会了解到机器学习的算法、模型和方法，以及它们在现实生活中的应用。

课程链接：https://www.edx.org/course/MacOShine-learning-columbiax-csmm-102x/。

四、学堂在线

人工智能前线系列课程

在本系列课程中，微软亚洲研究院的研究员们带来人工智能研究前沿知识，包括多媒体计算、知识挖掘与图计算、自然语言处理及微软认证服务技术。同时，通过项目实践增强学习者的人工智能技术实践能力，对人工智能感兴趣的人群都可以参加学习。

课程链接：http://www.xuetangx.com/livecast/microdegree/introduce/5/。

附录 H

人工智能的技术图谱

人工智能（AI）、机器学习（ML）、深度学习（DL）的关系如图 F8-1 所示。

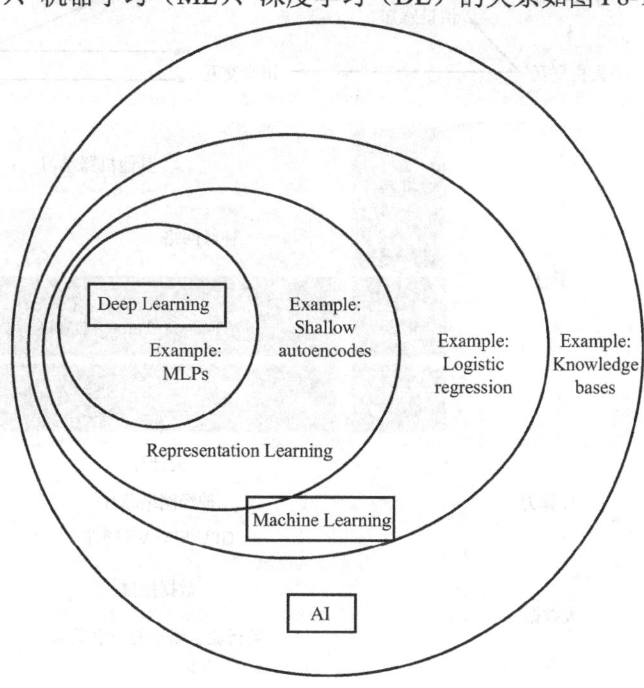

图 F8-1　人工智能、机器学习、深度学习的关系

人工智能可看作是人的大脑，是用机器来诠释人类的智能；机器学习是让这个大脑去掌握认知能力的过程，是实现人工智能的一种方式；深度学习是大脑掌握认知能力过程中很有效率的一种学习工具，是一种实现机器学习的技术。所以人工智能是目的、是结果，机器学习是方法，深度学习是工具。

1. 人工智能分类

- 弱人工智能：特定领域，感知与记忆存储，如图像识别、语音识别；
- 强人工智能：多领域综合，认知学习与决策执行，如自动驾驶；
- 超人工智能：超越人类的智能，独立意识与创新创造。

如图 F8-2 所示，人工智能产业链有三层结构，分别是基础层、技术层、应用层。基础层以硬件为核心，专业化、加速化的运算速度是关键，包括大数据、计算力和算法。技术层专注通用平台，算法、模型为关键，开源化是趋势，包括计算机视觉、语音识别和自然语言处理。应用层与产业场景的深度融合是发展方向。

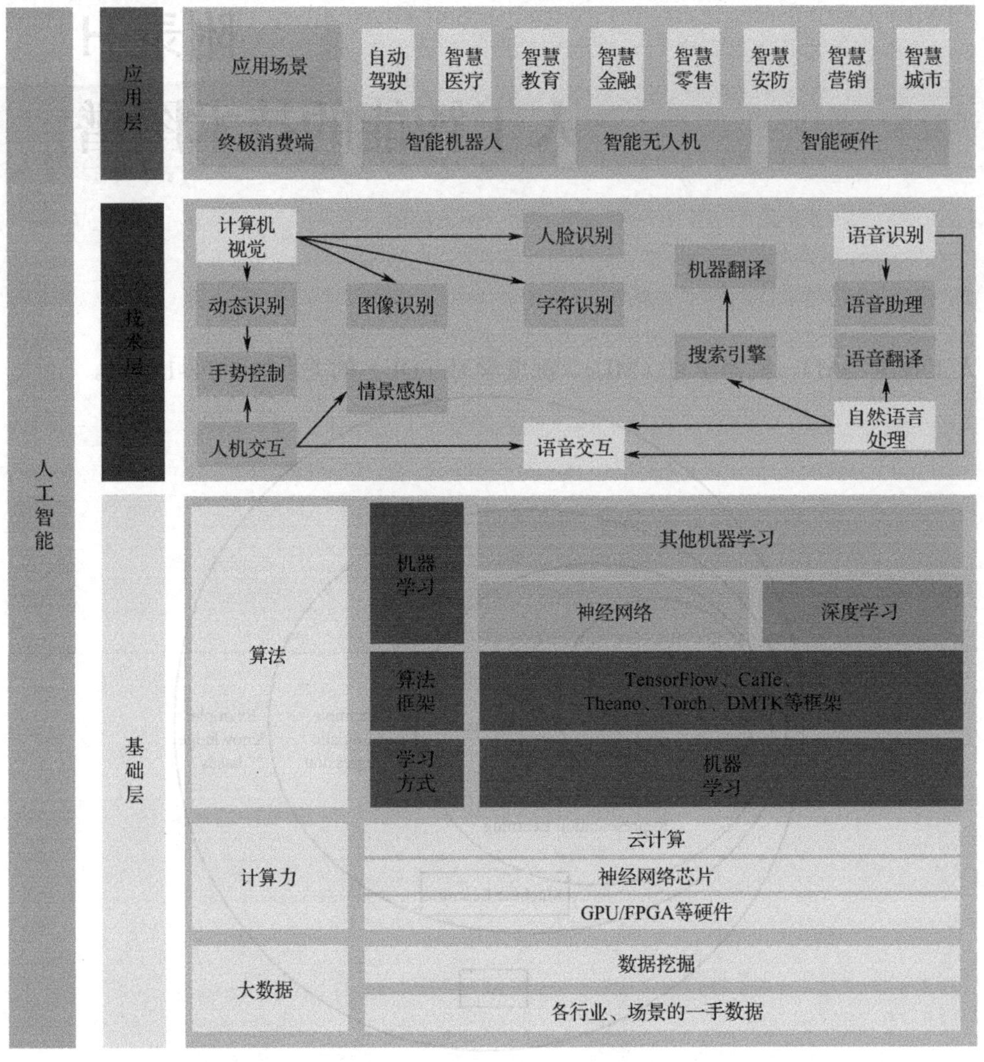

F8-2 人工智能产业链有三层结构

2. 人工智能技术应用领域（见图 F8-3）

◆ 互联网和移动互联网应用：搜索引擎、内容推荐引擎、精准营销、语音与自然语言交互、图像内容理解检索、视频内容理解检索、用户画像、反欺诈。

◆ 自动驾驶、智慧交通、物流、共享出行：自动驾驶汽车（传感器、感知、规划、控制、整车集成、车联网、高精度地图、模拟器）、智慧公路网络和交通标志、共享出行、自动物流车辆和物流机器人、智能物流规划。

◆ 智能金融：银行业（风控和反欺诈、精准营销、投资决策、智能客服）、保险业（风控和反欺诈、精准营销、智能理赔、智能客服）、证券基金投行业（量化交易、智能投顾）。

◆ 智慧医疗：医学影像智能判读、辅助诊断、病历理解与检索、手术机器人、康复智能设备、智能制药。

人工智能技术图谱			
数学基础	微积分、线性代数、概率统计、信息论、集合论和图论、博弈论		
计算机基础	计算机原理、程序设计语言、操作系统、分布式系统、算法基础		
机器学习算法	机器学习基础	估计方法、特征工程	
	线性模型	线性回归	
	逻辑回归		
	决策树模型	GBDT	
	支持向量机		
	贝叶斯分类器		
	神经网络	深度学习	MLP、CNN、RNN、GAN
	聚类算法	K均值算法	
机器学习分类	有监督学习	分类任务、回归任务	
	无监督学习	聚类任务	
	半监督学习		
	强化学习		
问题领域	语言识别、字符识别（手写识别）、机器视觉、自然语言处理（机器翻译）、自然语言理解、知识推理、自动控制、游戏理论和人机对弈（象棋、围棋、德州扑克、星际争霸）、数据挖掘		
机器学习架构	加速芯片	CPU、GPU、FPGA、ASIC、TPU	
	虚拟化容器	Docker	
	分布式结构	Spark	
	库与计算框架	TenorFlow、Scikit-learn、Caffe、MXNET、Theano、Torch、Microsoft CNTK	
	可视化解决方案		
	云服务	Amazon ML、Google Cloud ML、Microsoft Azure ML、阿里云ML	
数据集	计算机视觉	MNIST、CIFAR 10 & CIFAR 100、ImageNet、LSUN、PASCAL VOC、SVHN、MS COCO、Visual Genome、Labeled Faces in the Wild	
	自然语言	文本分类数据集、WikiText、Question Pairs、SQuAD、CMU Q/A Dataset、Maluuba Datasets、Billion Words、Common Crawl、bAbi、The Children’s Book Test、Stanford Sentiment Treebank、Newsgroups、Reuters、IMDB、UCI’s Spambase	
	语音	2000 HUB5 English、Libri Speech、VoxForge、TIMIT、CHIME、TED-LIUM：TED	
	推荐和排序系统	Netflix Challenge、MovieLens、Million Song Dataset、Last.fm	
	网络和图表	Amazon Co-Purchasing和Amazon Reviews、Friendster Social Network Dataset	
	地理测绘数据库	OpenStreetMap、Landsat 8、NEXRAD	
其他相关AI技术	知识图谱、统计语言模型、专家系统、遗传算法、博弈算法（纳什均衡）		

图 F8-3　人工智能技术图谱

- ◆ 家用机器人和服务机器人：智能家居、老幼伴侣、生活服务。
- ◆ 智能制造业：工业机器人、智能生产系统。
- ◆ 人工智能辅助教育：智慧课堂、学习机器人。
- ◆ 智慧农业：智慧农业管理系统、智慧农业设备。

- ◆ 智能新闻写作：写稿机器人、资料收集机器人。
- ◆ 机器翻译：文字翻译、声音翻译、同声传译。
- ◆ 机器仿生：动物仿生、器官仿生。
- ◆ 智能律师助理：智能法律咨询、案例数据库机器人。
- ◆ 人工智能驱动的娱乐业。
- ◆ 人工智能艺术创作。
- ◆ 智能客服。
- ◆ ……

附录I

人工智能技术应用就业岗位与技能需求

目前，就业市场上对人工智能技术应用岗位的需求可以粗略地分为算法、数据分析、应用研发、解决方案、运维、市场及销售等几大类。

1．算法工程师

算法工程师包括：音/视频算法工程师（通常统称为语音/视频/图形开发工程师）、图像处理算法工程师、计算机视觉算法工程师、自然语言算法工程师、数据挖掘算法工程师、搜索算法工程师、控制算法工程师（机器人控制）等。

算法工程师的任务是制定一套合理的算法逻辑，让AI快速、准确地习得某个指令。当前人力资源市场对算法工程师的需求主要集中在数据挖掘、自然语言处理、机器学习、计算机视觉、移动端图像算法、底层优化算法等岗位。算法工程师的专业要求通常是人工智能、计算机、电子、通信、数学等相关专业；学历基本要求本科及以上（但随着AI技术落地的普及，学历要求也随之下降，如苏州在2017年度的AI职位需求中，超过1/3的用人单位学历要求在大专以上）；英语要求熟练，基本上能阅读国外专业书刊；必须掌握人工智能及计算机相关知识，熟练使用仿真工具MATLAB等；必须会一门编程语言。

算法工程师的技能要求在不同方向的差异较大，但都必须通晓：

- 机器学习。
- 大数据处理：熟悉至少一个分布式计算框架Hadoop/Spark/Storm/Map-Reduce/MPI。
- 数据挖掘。
- 扎实的数学功底。
- 熟悉至少一门编程语言，例如，Java/Python/R/C/C++。

（1）图像算法/计算机视觉工程师类

包括图像算法工程师、图像处理工程师、音/视频处理算法工程师、计算机视觉工程师。

要求人工智能、计算机、数学、统计学相关专业毕业；能使用深度学习方法解决视频图像中的目标检测、分类、识别、分割、语义理解等问题；精通Python及C/C++语音，掌握常见的机器学习、模式识别算法；能够利用采集样本进行训练和算法优化；精通DirectX HLSL和OpenGL GLSL等shader语言，熟悉常见图像处理算法GPU实现及优化；熟练使用TensorFlow开发平台、MATLAB数学软件、CUDA运算平台、VTK图像图形开源软件（医学领域：ITK，医学图像处理软件包）；熟悉OpenCV/OpenGL/Caffe等常用开源库；通晓人脸识别、行人检测、视频分析、三维建模、动态跟踪、车识别、目标检测跟踪识别等技术；熟悉基于GPU的算法设计与优化及并行优化；对于音/视频领域还必须掌握H.264等视频编解码标准和 FFMPEG，熟悉 RTMP 等流媒体传输协议，熟悉视频和音频解码算法，研究各种多媒体文件格式、GPU 加速等。

（2）机器学习工程师

要求人工智能、计算机、数学、统计学相关专业毕业；通晓人工智能、机器学习；熟悉 Hadoop/Hive 及 Map-Reduce 计算模式，熟悉 Spark、Shark；熟悉大数据挖掘；能够进行高性能、高并发的机器学习、数据挖掘方法及架构的研发。

（3）自然语言处理工程师

要求人工智能、计算机相关专业毕业；掌握文本数据库；熟悉中文分词标注、文本分类、语言模型、实体识别、知识图谱抽取和推理、问答系统设计、深度问答等 NLP 相关算法；能够应用 NLP、机器学习等技术解决海量 UGC 的文本相关性；能够进行分词、词性分析、实体识别、新词发现、语义关联等 NLP 基础性研究与开发；掌握人工智能技术、分布式处理、Hadoop；掌握数据结构和算法。

（4）数据挖掘算法工程师类

包括推荐算法工程师、数据挖掘算法工程师。

要求计算机、通信、应用数学、金融数学、模式识别、人工智能等专业毕业；掌握机器学习、数据挖掘技术；熟悉常用机器学习和数据挖掘算法，包括但不限于决策树、KMeans、SVM、线性回归、逻辑回归及神经网络等算法；熟练使用 SQL、MATLAB、Python 等工具；对分布式计算框架如 Hadoop、Spark、Storm 等大规模数据存储与运算平台有实践经验；有扎实的数学基础。

（5）搜索算法工程师

要求人工智能、计算机、数学、统计学相关专业毕业；通晓数据结构、海量数据处理、高性能计算、大规模分布式系统开发；熟悉 Hadoop、Lucene；精通 Lucene/Solr/Elastic Search 等技术，并有二次开发经验；精通倒排索引、全文检索、分词、排序等相关技术；熟悉 Java，熟悉 Spring、MyBatis、Netty 等主流框架；优秀的数据库设计和优化能力，精通 MySQL 数据库应用；了解推荐引擎和数据挖掘及机器学习的理论知识。

（6）控制算法工程师类

包括云台控制算法、飞控控制算法、机器人控制算法工程师。

要求人工智能、计算机、电子信息工程、航天航空、自动化等相关专业毕业；精通自动控制原理（如 PID）、现代控制理论，精通组合导航原理、姿态融合算法、电机驱动；精通卡尔曼滤波，熟悉状态空间分析法对控制系统进行数学模型建模、分析调试；有硬件设计的基础。

2. 数据分析工程师

包括数据分析工程师和数据标注专员。

数据分析工程师的任务是获取海量数据，从中找出规律，给出解决方案，包括通过大数据平台分析行业的经营数据，完成统计与预测的工作；进行数据分析，挖掘数据特征及潜在的关联，为运营提供参考依据；从数据的角度给出决策建议；行业数据的整理、统计、建模与分析，进行数据分析相关软件的设计与开发；进行机器学习算法研究及并行化实现，为各种大规模机器学习应用提供稳定服务。

要求计算机、应用数学、数据挖掘、机器学习、人工智能、统计、运筹学等专业毕业；

对机器学习、数据挖掘算法及其应用有比较全面的认识和理解；熟悉数据分析常用方法，熟悉 R、Python、Scala 等语言；熟练运用 Java 或 C++并具备 Python 语言开发能力；有 SQL 开发经验；具有 NLP 处理工具、网络爬虫，结构化数据提取、数据分析等使用/开发经验；有 Hadoop、MapReduce、Spark 等经验；有自然语言处理、机器翻译等 AI 领域的相关经验。

数据分析的另一个岗位是数据标注专员。其任务是负责对资源样本进行数据标注和简单分析；提取资源样本中的特征并进行标注、分析整理及归类；充分理解数据标注的背景和标准，较为精确地完成任务，为相关策略的制定提供依据。任职要求：沟通能力好，责任心强，思维逻辑能力强，细致认真，有耐心；有人工智能、机器学习、智能识别统计分析方面的工作经验；头脑灵活，对分析数据和发现问题比较敏感；思维灵活，熟悉办公软件，对日常英语较为熟练。

3．人工智能运维工程师

AI 运维工程师的任务是负责 AI 技术落地传统行业的部署实施；负责 AI 私有化场景下运维解决方案，保障高可用，如高可用架构设计与优化、部署、变更迭代、监控、预案建设、客户需求响应；负责 AI 私有化部署交付过程，保障交付效率，如服务器软硬件安装、Linux 系统调试、模块负载均衡；负责 AI 私有化运维平台研发，如通过自动化、平台化的方式解决私有场景中的各类通用运维问题；同时负责 AI 业务架构的可运维性设计，推动及开发高效的自动化运维、管理工具，提升运维工作效率；进行全方位的性能优化，将用户体验提升到极致；进行精确容量测算和规划，优化运营成本；保障服务稳定，负责各产品线服务 7×24 的正常运行等。

要求计算机相关专业毕业，具备互联网运维工作经验；精通 Linux 系统，熟练使用 Shell、Python、C、Java 等一门以上编程语言；熟练使用 Office 等办公软件，有较强的分析和解决问题能力，强烈的责任感、缜密的逻辑思维能力，善于用数据说话；具备良好的项目管理及执行能力；熟悉常见运维工具的使用如 zabbix、puppet 等，有二次开发经验者；熟悉 Linux 底层、网络，以及 Container、KVM 等虚拟化资源隔离技术；熟悉 Java 语言，掌握基本 Java 服务故障定位经验，熟悉 JVM、GC 调优；有机器学习、计算机视觉、自然语言处理等领域工作经验。

4．应用研发工程师（AI+）

AI 应用研发工程师的主要任务是负责 AI 技术落地于传统行业的应用开发，如使用语音识别、语义理解、图像识别、人脸识别技术等 AI 前沿技术建设智慧城市、智能客服等；负责客户 AI 应用项目的系统设计和开发工作，协助算法工程师将 AI 技术应用到客户实际项目中去。AI 应用研发的本质是 AI+。目前 AI 技术落地传统行业大概可以分为以下几类。

- 智能（服务）机器人：服务机器人、客服机器人、家用服务机器人、餐饮服务机器人、医疗机器人、迎宾机器人、儿童机器人、仿真机器人、拟脑机器人、教育机器人、清洁机器人、传感型机器人、交互型机器人、自主型机器人、娱乐机器人、对话式机器人等。
- 智能识别机器应用：生物识别、图像识别、指纹识别、智能语音识别、智能语言识别、自然语言识别、虹膜识别、人脸识别、静脉识别、文字识别、视网膜识别、遥感图像识别、车牌识别、驻波识别、多维识别等。

- 智能生活：自动驾驶汽车、自动驾驶辅助系统、自动驾驶轨道列车、自动驾驶航空设备、智能交通、智慧教育、智慧医疗、无人购物、智能控制技术、智能家居、智能家电、智能穿戴设备、虚拟现实、增强现实等。
- 机器视觉/机器学习及其应用：智能搜索引擎、计算机视觉、图像处理、机器翻译、数据挖掘、知识发现、知识表示、知识处理系统等。
- 其他人工智能：大数据及数据智能、人机交互、生命科学、人工智能科研机构、实验室、高等院校、培训机构、新闻媒体等相关单位。

AI 应用研发工程师的任职要求：人工智能、计算机、软件或相关专业毕业，具有扎实的代码功底和实战能力；熟练掌握 Java、Python、Shell 语言及其生态圈；熟悉 Linux 操作系统及其环境中的开发模式；熟悉常用的数据库技术，了解常用的各类开源框架、组件或中间件；熟悉 Hadoop 技术及其生态圈（Spark 等）；熟悉相关行业（产业）。

5. 解决方案工程师

目前在 AI 技术落地于传统产业时，严重缺乏既懂 AI 技术又懂实际业务的人才。懂 AI 技术是指较为系统深入地学习过机器学习，能讲清楚神经网络训练过程，用过 Caffe 或者 TensorFlow 或别的框架。懂实际业务是指深入理解某行业，知道某行业商业模式和痛点。AI 技术落地要从行业真正的痛点和需求出发，找好垂直领域并专注做深。

AI 解决方案工程师的任务是把 AI 核心技术和行业需求进行绑定。与人工智能相关行业典型用户进行需求与技术交流；针对相关人工智能行业典型应用场景，进行深度学习软件框架设计，研发相关模型、算法，采用深度学习方法提升其应用准确率；针对相关人工智能行业典型应用场景，设计深度学习数据处理、训练、推理过程的系统架构，包括数据存储、计算、调度架构，并对关键技术问题进行验证，解决相关技术难点问题，形成产品型解决方案；联合用户进行解决方案验证和优化，对 AI 解决方案产品进行测试与验证，给出方案评测报告和优化建议；对 AI 技术进行支持、技术培训和文档输出。

AI 解决方案工程师的入职门槛较高，不仅要了解 AI 技术本身，还要了解哪些行业对 AI 有需求，在具备 AI 技术的基础知识的同时，还必须具有产品和商业市场思维。通常要求入职者具有机器学习、深度学习、人工智能、计算机视觉、语音等相关专业背景；熟悉机器学习算法，深度学习 CNN、RNN、LSTM 等算法；具有计算机视觉、智能语音、视频处理、金融、医疗健康等相关专业知识或工作经验；熟悉 Linux 下 Shell、C、C++、Python 等编程，熟悉 CUDA；具有基于 Linux 下 GPU 平台的应用和系统测试经验，具有 Linux 下 GPU 多节点多卡使用和正确率调优经验，CUDA 程序开发经验；熟练使用 Caffe、Tensorflow、MXNet、Torch、CNTK 等至少一种深度学习框架；熟悉 Linux，具有 Linux 下的编程经验，熟悉 HPC 系统架构；具有大规模 AI 系统设计经验。

6. AI 市场运营、销售工程师

AI 市场运营、销售工程师的任务是学习与掌握相关技术知识和产品知识，培养敏锐的市场捕捉和判别能力；系统整合客户资源，疏通销售渠道，全面负责产品的推广与销售；掌握客户需求，建设渠道，主动开拓，完成上级下达的任务指标；独立完成项目的策划与推广，建立和维护良好的客户关系；掌握市场动态，及时向销售经理汇报行情；负责项目合同的策划与撰写，以及产品的检验、交付；稳固老客户，发掘新客户；完善

客户管理体系和市场竞争体系；评估、预测和控制销售成本，促使销售利润最大化；积极与相关部门沟通协调，促使生产与销售过程最优化；根据企业整体销售计划与战略，制定自身的销售目标与策略；负责展销会的策划与实施；提供优质的服务，提高产品的附加价值。

销售工程师的能力要求：大专以上学历，理工科专业背景；具有本行业专业背景；了解自己产品的优缺点，了解市场走向，把握客户心理；有一定的技术背景，对所销售产品比较了解，可以把客户的需求以比较专业的眼光进行分析，反馈给技术部门，便于及时得到技术部门的支持；具有扎实的人际交流能力，给客户以正面的感觉；具备一定的财务能力，对客户进行分析，找到潜在的突破点。

附录 J

Sklearn 常用模块和函数

大　类	小　类	适用问题	实　现	说　明
分类、回归				
1.1 广义线性模型	1.1.1 普通最小二乘法	回归	sklearn.linear_model.LinearRegression	
	1.1.2Ridge/ 岭回归	回归	sklearn.linear_model.Ridge	解决两类回归问题： 一是样本少于变量个数； 二是变量间存在共线性
	1.1.3Lasso	回归	sklearn.linear_model.Lasso	适合特征较少的数据
	1.1.4Multi-task Lasso	回归	sklearn.linear_model.MultiTaskLasso	y 值不是一元的回归问题
	1.1.5Elastic Net	回归	sklearn.linear_model.ElasticNet	结合了 Ridge 和 Lasso
	1.1.6Multi-task Elastic Net	回归	sklearn.linear_model.MultiTaskElasticNet	y 值不是一元的回归问题
	1.1.7Least Angle Regression（LARS）	回归	sklearn.linear_model.Lars	适合高维数据
	1.1.8LARS Lasso	回归	sklearn.linear_model.LassoLars	（1）适合高维数据使用； （2）LARS 算法实现的 lasso 模型
	1.1.9Orthogonal Matching Pursuit （OMP）	回归	sklearn.linear_model.OrthogonalMatchingPursuit	基于贪心算法实现
	1.1.10 贝叶斯回归	回归	sklearn.linear_model.BayesianRidge sklearn.linear_model.ARDRegression	优点： （1）适用于手边数据； （2）可用于在估计过程中包含正规化参数。 缺点：耗时
	1.1.11Logistic regression	分类	sklearn.linear_model.LogisticRegression	

续表

大　类	小　类	适用问题	实　现	说　明
1.1 广义线性模型	1.1.12SGD（随机梯度下降法）	分类/回归	sklearn.linear_model.SGDClassifier sklearn.linear_model.SGDRegressor	适用于大规模数据
	1.1.13Perceptron	分类	sklearn.linear_model.Perceptron	适用于大规模数据
	1.1.14Passive Aggressive Algorithms	分类/回归	sklearn.linear_model.PassiveAggressiveClassifier sklearn.linear_model.PassiveAggressiveRegressor	适用于大规模数据
	1.1.15Huber Regression	回归	sklearn.linear_model.HuberRegressor	能够处理数据中有异常值的情况
	1.1.16 多项式回归	回归	sklearn.preprocessing.PolynomialFeatures	通过 PolynomialFeatures 将非线性特征转化成多项式形式，再用线性模型进行处理
1.2 线性和二次判别分析	1.2.1LDA	分类/降维	sklearn.discriminant_analysis.LinearDiscriminantAnalysis	
	1.2.2QDA	分类	sklearn.discriminant_analysis.QuadraticDiscriminantAnalysis	
1.3 核岭回归	简称 KRR	回归	sklearn.kernel_ridge.KernelRidge	将核技巧应用到岭回归（1.1.2）中，以实现非线性回归
1.4 支持向量机	1.4.1SVC,NuSVC,LinearSVC	分类	sklearn.svm.SVC sklearn.svm.NuSVC sklearn.svm.LinearSVC	SVC 可用于非线性分类，可指定核函数； NuSVC 与 SVC 唯一的不同是可控制支持向量的个数；LinearSVC 用于线性分类
	1.4.2SVR,NuSVR,LinearSVR	回归	sklearn.svm.SVR sklearn.svm.NuSVR sklearn.svm.LinearSVR	同上，将“分类”变成“回归”即可
	1.4.3OneClassSVM	异常检测	sklearn.svm.OneClassSVM	无监督实现异常值检测
1.5 随机梯度下降	同 1.1.12			
1.6 最近邻	1.6.1Unsupervised Nearest Neighbors	--	sklearn.neighbors.NearestNeighbors	无监督实现 K 近邻的寻找
	1.6.2Nearest Neighbors Classification	分类	sklearn.neighbors.KneighborsClassifier sklearn.neighbors.RadiusNeighborsClassifier	（1）不太适用于高维数据； （2）两种实现只是距离度量不一样，后者更适合非均匀的采样

续表

大　　类	小　　类	适用问题	实　　现	说　　明
1.6 最近邻	1.6.3Nearest Neighbors Regression	回归	sklearn.neighbors.KneighborsRegressor sklearn.neighbors.RadiusNeighborsRegressor	同上
	1.6.5Nearest Centroid Classifier	分类	sklearn.neighbors.NearestCentroid	每个类对应一个质心，测试样本被分类到距离最近的质心所在的类别
1.7 高斯过程（GP/GPML）	1.7.1GPR	回归	sklearn.gaussian_process.GaussianProcessRegressor	与 KRR 一样使用了核技巧
	1.7.3GPC	分类	sklearn.gaussian_process.GaussianProcessClassifier	
1.8 交叉分解	实现算法：CCA 和 PLS	--	--	用来计算两个多元数据集的线性关系，当预测数据比观测数据有更多的变量时，用 PLS 更好
1.9 朴素贝叶斯	1.9.1 高斯朴素贝叶斯	分类	sklearn.naive_bayes.GaussianNB	处理特征是连续型变量的情况
	1.9.2 多项式朴素贝叶斯	分类	sklearn.naive_bayes.MultinomialNB	最常见，要求特征是离散数据
	1.9.3 伯努利朴素贝叶斯	分类	sklearn.naive_bayes.BernoulliNB	要求特征是离散的，且为布尔类型，即 True 和 False，或者 1 和 0
1.10 决策树	1.10.1Classification	分类	sklearn.tree.DecisionTreeClassifier	
	1.10.2Regression	回归	sklearn.tree.DecisionTreeRegressor	
1.11 集成方法	1.11.1Bagging	分类/回归	sklearn.ensemble.BaggingClassifier sklearn.ensemble.BaggingRegressor	可以指定基学习器，默认为决策树
	1.11.2Forests of randomized trees	分类/回归	RandomForest（RF，随机森林）： sklearn.ensemble.RandomForestClassifier sklearn.ensemble.RandomForestRegressor ExtraTrees（RF 改进）： sklearn.ensemble.ExtraTreesClassifier sklearn.ensemble.ExtraTreesRegressor	基学习器为决策树
	1.11.3AdaBoost	分类/回归	sklearn.ensemble.AdaBoostClassifier sklearn.ensemble.AdaBoostRegressor	可以指定基学习器，默认为决策树
	1.11.4Gradient Tree Boosting	分类/回归	GBDT:sklearn.ensemble.GradientBoostingClassifier GBRT:sklearn.ensemble.GradientBoostingRegressor	基学习器为决策树
	1.11.5Voting Classifier	分类	sklearn.ensemble.VotingClassifier	必须指定基学习器

续表

大　类	小　类	适用问题	实　现	说　明
1.12 多类与多标签算法	--	--	--	Sklearn 中的分类算法都默认支持多类分类，其中 LinearSVC、LogisticRegression 和 GaussianProcessClassifier 在进行多类分类时需指定参数 multi_class
1.13 特征选择	1.13.1 过滤法之方差选择法	特征选择	sklearn.feature_selection.VarianceThreshold	特征选择方法分为 3 种：过滤法、包裹法和嵌入法。过滤法不用考虑后续学习器
	1.13.2 过滤法之卡方检验	特征选择	sklearn.feature_selection.chi2 sklearn.feature_selection.SelectKBest	
	1.13.3 包裹法之递归特征消除法	特征选择	sklearn.feature_selection.RFE	包裹法需考虑后续学习器，参数中需输入基学习器
	1.13.4 嵌入法	特征选择	sklearn.feature_selection.SelectFromModel	嵌入法是过滤法和嵌入法的结合，参数中也需输入基学习器
1.14 半监督	1.14.1Label Propagation	分类/回归	sklearn.semi_supervised.LabelPropagation sklearn.semi_supervised.LabelSpreading	
1.15 保序回归	--	回归	sklearn.isotonic.IsotonicRegression	
1.16 概率校准	--	--	--	在执行分类时，获得预测的标签的概率
1.17 神经网络模型	（待写）			
降维				
2.5 降维	2.5.1 主成分分析	降维	PCA:sklearn.decomposition.PCA IPCA:sklearn.decomposition.IncrementalPCA KPCA:sklearn.decomposition.KernelPCA SPCA:sklearn.decomposition.SparsePCA	（1）IPCA 比 PCA 有更好的内存效率，适合超大规模降维； （2）KPCA 可以进行非线性降维； （3）SPCA 是 PCA 的变体，降维后返回最佳的稀疏矩阵
	2.5.2 截断奇异值分解	降维	sklearn.decomposition.TruncatedSVD	可以直接对 scipy.sparse 进行矩阵处理
	2.5.3 字典学习	--	sklearn.decomposition.SparseCoder sklearn.decomposition.DictionaryLearning	SparseCoder 实现稀疏编码，DictionaryLearning 实现字典学习

续表

大　类	小　类	适用问题	实　现	说　明
模型评估与选择				
3.1 交叉验证/CV	3.1.1 分割训练集和测试集	--	sklearn.model_selection.train_test_split	
	3.1.2 通过交叉验证评估score	--	sklearn.model_selection.cross_val_score	score 对应性能度量，分类问题默认为 accuracy_score，回归问题默认为 r2_score
	3.1.3 留一法LOO	--	sklearn.model_selection.LeaveOneOut	CV 的特例
	3.1.4 留 P 法LPO	--	sklearn.model_selection.LeavePOut	CV 的特例
3.2 调参	3.2.1 网格搜索	--	sklearn.model_selection.GridSearchCV	最常用的调参方法。可传入学习器、学习器参数范围、性能度量 score（默认为 accuracy_score 或 r2_score）等
	3.2.2 随机搜索	--	sklearn.model_selection.RandomizedSearchCV	参数传入同上
3.3 性能度量	3.3.1 分类度量	--	--	对应交叉验证和调参中的 score
	3.3.2 回归度量	--	--	
	3.3.3 聚类度量	--	--	
3.4 模型持久性	--	--	--	使用 pickle 存放模型，可以使模型不用重复训练
3.5 验证曲线	3.5.1 验证曲线	--	sklearn.model_selection.validation_curve	横轴为某个参数的值，纵轴为模型得分
	3.5.2 学习曲线	--	sklearn.model_selection.learning_curve	横轴为训练数据大小，纵轴为模型得分
数据预处理				
4.3 数据预处理	4.3.1 标准化	数据预处理	标准化: sklearn.preprocessing.scale sklearn.preprocessing.StandardScaler	scale 与 StandardScaler 都是将特征转化成标准正态分布（即均值为 0，方差为 1），且都可以处理 scipy.sparse 矩阵，但一般选择后者
		数据预处理	区间缩放: sklearn.preprocessing.MinMaxScaler sklearn.preprocessing.MaxAbsScale	MinMaxScaler 默认为 0-1 缩放，MaxAbsScaler 可以处理 scipy.sparse 矩阵

续表

大　类	小　类	适用问题	实　现	说　明
4.3 数据预处理	4.3.2 非线性转换	数据预处理	sklearn.preprocessing.QuantileTransformer	可以更少受异常值的影响
	4.3.3 归一化	数据预处理	sklearn.preprocessing.Normalizer	将行向量转换为单位向量，目的在于样本向量在点乘运算或其他核函数计算相似性时，拥有统一的标准
	4.3.4 二值化	数据预处理	sklearn.preprocessing.Binarizer	通过设置阈值对定量特征处理，获取布尔值
	4.3.5 哑编码	数据预处理	sklearn.preprocessing.OneHotEncoder	对定性特征编码。也可用 pandas.get_dummies 实现
	4.3.6 缺失值计算	数据预处理	sklearn.preprocessing.Imputer	可用三种方式填充缺失值，均值（默认）、中位数和众数。也可用 pandas.fillna 实现
	4.3.7 多项式转换	数据预处理	sklearn.preprocessing.PolynomialFeatures	
	4.3.8 自定义转换	数据预处理	sklearn.preprocessing.FunctionTransformer	

参 考 文 献

[1] 王飞跃．新 IT 与新轴心时代：未来的起源和目标[J]．探索与争鸣，2017，（10）．
[2] Fei-Yue Wang. Computational Social Systems in a New Period: A Fast Transition Into [9]the Third Axial Age[J]. IEEE TRANSACTIONS ON COMPUTATIONAL SOCIAL SYSTEMS, 2017, 4.
[3] 王飞跃．“直道超车”的中国人工智能梦[N]．环球时报，2017.15.
[4] 孙志军，薛磊，许阳明，等．深度学习研究综述[J]．计算机应用研究，2012，（8）．
[5] 邓茗春，李刚．几种典型神经网络结构的比较与分析[J]．信息技术与信息化，2008，（6）：29-31.
[6] 余敬，张京，武剑，等．重要矿产资源可持续供给评价与战略研究[M]．北京：经济日报出版社，2015.
[7] 赵力．语音信号处理[M]．北京：机械工业出版社，2009.
[8] [美]Stuart J. Russell，等著．人工智能[M]．3 版．殷建平，等译．北京：清华大学出版社，2017.
[9] 小甲鱼．零基础入门学习 Python[M]．北京：清华大学出版社，2016.
[10] 张良均，杨海宏，何子健，等．Python 与数据挖掘[M]．北京：机械工业出版社，2016.
[11] [印]Gopi Subramanian 著．Python 数据科学指南[M]．方延风，刘丹译．北京：人民邮电出版社，2016.
[12] [印]lvan Idris 著．Python 数据分析实战[M]．冯博，严嘉阳译．北京：机械工业出版社，2017.
[13] 周志华．机器学习[M]．北京：清华大学出版社，2016.
[14] [美]Peter Harrington 著．机器学习实战[M]．李锐，李鹏，等译．北京：人民邮电出版社，2013.
[15] 赵志勇．Python 机器学习算法[M]．北京：电子工业出版社，2017.
[16] 范淼，李超. Python 机器学习及实践——从零开始通往 Kaggle 竞赛之路[M]. 北京：清华大学出版社，2016.
[17] 喻宗泉，喻晗．神经网络控制[M]．西安：西安电子科技大学出版社，2009.
[18] 曾喆昭．神经计算原理及其应用技术[M]．北京：科学出版社，2012.
[19] 刘冰，国海霞. MATLAB 神经网络超级学习手册[M]. 北京：人民邮电出版社，2014.
[20] 韩力群．人工神经网络教程[M]．北京：北京邮电大学出版社，2006.
[21] 张立毅，等. 神经网络盲均衡理论、算法与应用[M]. 北京：清华大学出版社，2013.
[22] 孙增圻，邓志东，张再兴．智能控制理论与技术[M]．2 版．北京：清华大学出版社，2011.
[23] 闻新，张兴旺，朱亚萍，等．智能故障诊断技术：MATLAB 应用[M]．北京：北京航空航天大学出版社，2015.
[24] 吴建华．水利工程综合自动化系统的理论与实践[M]．北京：中国水利水电出版社，2006.

[25] 张宏建，孙志强，等．现代检测技术[M]：北京：化学工业出版社，2007.

[26] 施彦，韩力群，廉小亲．神经网络设计方法与实例分析[M]．北京：北京邮电大学出版社，2009.

[27] 李嘉璇．TensorFlow 技术解析与实战[M]．北京：人民邮电出版社，2017.

[28] 郑泽宇，顾思宇．TensorFlow 实战 Google 深度学习框架[M]．北京：电子工业出版社，2017.

[29] [美]Sam Abrahams，等著．面向机器智能的 TensorFlow 实践[M]．北京：机械工业出版社，2017.

[30] 林大贵．大数据巨量分析与机器学习[M]．北京：清华大学出版社，2017.

[31] [美]BrianWard 著．精通 Linux[M]．江南，等译．北京：人民邮电出版社，2015.

[32] [美]Clinton W. Brownley 著．Python 数据分析基础[M]．陈光欣译．北京：人民邮电出版社出版，2017.

[33] 罗攀，蒋仟．从零开始学 Python 网络爬虫[M]．北京：机械工业出版社，2017.

[34] Scikit-learn: Machine Learning in Python, Pedregosaet al., JMLR 12, pp. 2825-2830, 2011.

[35] [印]Ujjwal Karn, An Intuitive Explanation of Convolutional Neural Networks, The Data Science Blog, August 11, 2016

[36] 张德丰，等．MATLAB 神经网络应用设计[M]．北京：机械工业出版社，2009.

[37] O. L. Mangasarian and W. H. Wolberg: “Cancer diagnosis via linear programming”, SIAM News, Volume 23, Number 5, September 1990, pp 1 & 18.

[38] William H. Wolberg and O.L. Mangasarian: “Multisurface method of pattern separation for medical diagnosis applied to breast cytology”, Proceedings of the National Academy of Sciences, U.S.A., Volume 87, December 1990, pp 9193-9196.

[39] O. L. Mangasarian, R. Setiono, and W.H. Wolberg: “Pattern recognition via linear programming: Theory and application to medical diagnosis”, in: “Large-scale numerical optimization”, Thomas F. Coleman and Yuying Li, editors, SIAM Publications, Philadelphia 1990, pp 22-30.

[40] K. P. Bennett & O. L. Mangasarian: “Robust linear programming discrimination of two linearly inseparable sets”, Optimization Methods and Software 1, 1992, 23-34 (Gordon & Breach Science Publishers).

[41] Harrison, D. and Rubinfeld, D.L. 'Hedonic prices and the demand for clean air', J. Environ. Economics & Management, vol.5, 81-102, 1978.

[42] Used in Belsley, Kuh & Welsch, ‘Regression diagnostics ...’, Wiley, 1980. N.B. Various transformations are used in the table on pages 244-261.

[43] Quinlan,R. (1993). Combining Instance-Based and Model-Based Learning. In Proceedings on the Tenth International Conference of Machine Learning, 236-243, University of Massachusetts, Amherst. Morgan Kaufmann.

[44] Ken Tang and Ponnuthurai N. Suganthan and Xi Yao and A. Kai Qin. Linear dimensionalityreduction using relevance weighted LDA. School of Electrical and Electronic Engineering Nanyang Technological University. 2005.

[45] Claudio Gentile. A New Approximate Maximal Margin Classification Algorithm. NIPS.

2000.
[46] 李航．统计学习方法[M]．北京：清华大学出版社，2019
[47] Michael Bowles 鲍尔斯 著．Python 机器学习 预测分析核心算法[M]．北京：人民邮电出版社，2016.
[48] 普拉提克·乔西（Prateek Joshi）著．Python 机器学习经典实例[M]．北京：人民邮电出版社，2017.
[49] [德]Andreas C. Müller [美]Sarah Guido 著．Python 机器学习基础教程[M]．北京：人民邮电出版社，2018.
[50] 何宇健．Python 与机器学习实战：决策树、集成学习、支持向量机与神经网络算法详解及编程实现[M]．北京：电子工业出版社，2017.
[51] [美] Alexander T. Combs 著. Python 机器学习实践指南[M]. 北京：人民邮电出版社，2017.
[52] 何海群．零起点 Python 机器学习快速入门[M]．北京：电子工业出版社，2017.
[53] 张良均，谭立云，刘名军，等．Python 数据分析与挖掘实战[M]．北京：机械工业出版社，2019.
[54] 雷锋网（www.leiphone.com）
[55] 品途商业评论网（www.pintu360.com）
[56] CSDN 博客（blog.csdn.net）
[57] 菜鸟教程（www.runoob.com）
[58] 廖雪峰的官方网站（www.liaoxuefeng.com）
[59] 博客园（www.cnblogs.com）
[60] yann.lecun.com
[61] ImageNet（www.image-net.org）
[62] MBAlib（wiki.mbalib.com）
[63] GitHub（www.github.com）
[64] TensorFlow（www.tensorflow.org）
[65] 牛人微信（weixin.niurenqushi.com）
[66] 阿里云云栖社区（yq.aliyun.com）
[67] 搜狐网（www.sohu.com）
[68] Coursera（www.coursera.org）
[69] Udacity（cn.udacity.com）
[70] edX（www.edx.org）
[71] 网易公开课（open.163.com）
[72] 学堂在线（www.xuetangx.com）
[73] 百度百科（baike.baidu.com）
[74] scikit-learn（scikit-learn.org/stable/）
[75] kaggle（https://www.kaggle.com/）
[76] pandas（https://pandas.pydata.org/）
[77] matplotlib（https://matplotlib.org/）
[78] numpy（https://numpy.org/）
[79] https://towardsdatascience.com/time-series-of-price-anomaly-detection-13586cd5ff46

反侵权盗版声明

举报电话：（010）88254396；（010）88258888

传　　真：（010）88254397

E-mail：　dbqq@phei.com.cn

通信地址：北京市海淀区万寿路 173 信箱

　　　　　电子工业出版社总编办公室

邮　　编：100036

反侵权盗版声明